"十四五"国家重点图书出版规划项目

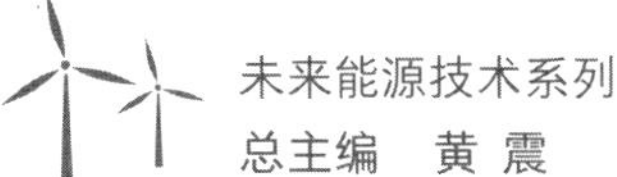

未来能源技术系列
总主编 黄震

综合能源系统建模

从入门到实践

INTEGRATED ENERGY SYSTEM MODELING ENTRY TO PRACTICE

刘学智 严正 张沛超 著

内容提要

本书主要讲述综合能源系统网络流建模与能流优化，内容涵盖供热网分析、电热网联合分析、电热气网多能流分析、综合能源系统协调优化与案例分析以及最新第五代区域供热供冷系统的电热强耦合网等，并包含 MATLAB 软件与 CPLEX 优化软件的编程实践。在物联网、互联网＋、5G 等背景下，本书适用于 Python 编程以及 stm32 与 Arduino 物联网芯片开发板的通信控制编程，有助于培养读者的专业兴趣与实践技能。

本书可作为高等院校高年级本科生、研究生课程参考教材以及电气能源行业工程师、能源互联网或物联网相关行业工程师及创业者的参考书目。

图书在版编目(CIP)数据

综合能源系统建模：从入门到实践／刘学智，严正，张沛超著．—上海：上海交通大学出版社，2021.12 (2023.11重印)
ISBN 978-7-313-25338-5

Ⅰ．①综… Ⅱ．①刘… ②严… ③张… Ⅲ．①能源—系统建模 Ⅳ．①TK01

中国版本图书馆 CIP 数据核字(2021)第 169193 号

综合能源系统建模：从入门到实践
ZONGHE NENGYUAN XITONG JIANMO：CONG RUMEN DAO SHIJIAN

著　　者：刘学智　严　正　张沛超
出版发行：上海交通大学出版社　　地　　址：上海市番禺路 951 号
邮政编码：200030　　电　　话：021-64071208
印　　制：上海新艺印刷有限公司　　经　　销：全国新华书店
开　　本：710 mm×1000 mm　1/16　　印　　张：14.25
字　　数：267 千字
版　　次：2021 年 12 月第 1 版　　印　　次：2023 年 11 月第 3 次印刷
书　　号：ISBN 978-7-313-25338-5　　电子书号：ISBN 978-7-89424-268-6
定　　价：78.00 元

前　言

综合能源系统是未来实现高比例可再生能源接入电网的重要应用场景与载体，它得到国内外广泛关注并迅速发展。综合能源系统是指一定区域内的能源系统利用先进的技术和管理模式，以“两高三低”(系统综合能效的提高、系统运行可靠性的提高；用户用能成本的降低、系统碳排放的降低和系统其他污染物排放的降低)为目标，整合区域内多种能源资源，实现多异质能源子系统之间的协调规划、优化运行、协同管理、交互响应和互补互济，在满足多元化用能需求的同时，有效提升能源利用效率，进而促进能源可持续发展的新型一体化能源系统。

在当前能源系统低碳转型和电力体制改革的新形势下，满足冷、热、电等多类型负荷需求的区域综合能源系统对消纳可再生能源与减少碳排放具有重要意义，国内已开展多个相关示范项目，如苏州同里新能源小镇等。如果说基于智能手机与个人电脑的互联网极大地提高了社会信息交换和生产的效率，那么基于分布式能源的综合能源系统则是极大地提高能源利用率与降低碳排放的重要发展方向。目前分布式能源快速发展，大量分布式能源设备靠近需求侧，以期实现本地能源供给和需求匹配。未来分布式能源大规模应用后，利用微平衡机制实现就地平衡，余量接入电网，可缓解电网调控压力。微平衡机制从现有电网中切割出局部单元，在其内部就地平衡、余量上网、缺口购买、自由交易、市场定价，实现较高的经济效益。若未来能源市场放开后，除了传统的行业内交易主体外，还将吸引一大批上下游生态企业，形成源、网、荷、储多种能源互动交易格局。由此形成的商业模式之一即是聚合商(aggregator)：通过“虚拟电厂”(VPP)的先进信息通信技术和控制系统，实现分布式发电、储能系统、可控负荷等分布式资源的聚合和协调优化，并为电网提供能量与辅助服务。聚合商通过整合其内部能源供应资源和电、热等能源需求，构建适应本地能源供应能力及结构的能源需求曲线，可显著提高系统运行效率。

综合能源系统是一种学科交叉性很强的知识体系，涉及电气工程、能源动力、建筑暖通、低碳经济等多个领域。目前市面上缺乏系统性、通俗易懂、操作性强的介绍综合能源系统的书籍，因此，需要推出一本适用于各大高等院校本科生、研究生，相关行业研究人员、工程师以及分析师的综合能源系统书籍。本书基于作者被引用800次以上的综合能源系统论文，以及上海交通大学电子信息与电气工程学院工程实践与科技创新课程《区域综合能源系统案例设计》编写而成，主要内容为综合能源系统网络流建模与能流优化，涵盖供热网分析、电热网联合分析、电热气网多能流分析、综合能源系统协调优化与案例以及最新第5代热网驱动的电热强耦合网等，并包含MATLAB软件与CPLEX优化软件的编程实践。在物联网、互联网+、5G等背景下，本书适用于市面上流行的MATLAB、CPLEX、Python编程以及stm32与Arduino物联网芯片开发板的通信控制编程，有助于读者培养专业兴趣与实践技能。本书作为入门指导书，带给学生的不仅仅是综合能源系统的学科交叉理论知识，更重要的是给予启发与思考，以满足学生的探索和创新需求。本书倡议能源系统“透明建模”的理念，以循序渐进的方式叙述建模过程，体现为：输入数据描述完整、计算过程详尽且递进、输出结果直观且可复现、结果分析有洞见性（insights）。核心不在于模型公式的复杂性，而在于思路新颖、表述清晰及逻辑流畅。

本书第1章为概述。第2章论述热力网分析，包括水力-热力模型的分解与联立求解。该模型适用于环状热力网，并考虑水力交汇点的精细化温度建模。第3章论述电网与热网的联合分析，包括电力-水力-热力的分解求解与联立求解；进一步地将模型应用于Barry岛实际系统，计算如何用热电联供CHP① 机组同时满足电负荷与热负荷。第4章论述电-热-气多能流分析，在电热网耦合基础上，介绍天然气网的燃气流分析，以及不同种类的能源转换设备模型。通过全系统转换效率矩阵与置换矩阵，将各种能源转换设备的电、热、气方程进行综合建模。第5章论述综合能源系统存储和转换设备的协调优化模型，以多能源网络中的电、热、气方程作为约束条件。

① CHP，热电联产技术的简称，全称为combined heat and power。

第6章分析实际优化案例，以英国曼彻斯特大学综合能源网为例，分析电网碳强度、能源价格和碳排放价格对能源转换设备运行的影响。计算投资成本(CAPEX)、运行成本(OPEX)、自消纳率(SCR)与内部收益率(IRR)等技术经济指标。第7章基于当前最新发展的共享热网(或称能源总线系统、第5代区域供热供冷系统)论述电热网强耦合的能源元胞系统，以丰富综合能源系统的理论体系。

本书各章节之间的递进关系表示如下：

电力系统潮流分析+热力网分析$\xrightarrow{\text{类比}}$电热网联合分析$\xrightarrow{\text{类比}}$燃气网分析+能源转换设备建模$\xrightarrow{\text{置换矩阵}}$综合能源系统多能流联合计算+配电网优化运行方法$\xrightarrow{\text{融合扩展}}$能源转换设备优化运行方法+光伏-储能协调优化运行$\xrightarrow{\text{分解协调}}$综合能源系统一体化优化运行$\xrightarrow{\text{共享热网}}$电热网强耦合的能源元胞系统建模。

读者可根据本书内容开发区域能源系统智能供应的集成仿真系统，采用软硬件结合的方式，设计能源局域网(光伏、热电联供、热泵、锅炉、电池储能、各类可调可控负荷等)的优化与控制方案；通过软件编程，结合物联网芯片开发板等，实现能源局域网各类设备的能量流优化与通信控制；通过能源转换技术的对比、选择、评估，综合多种能源系统之间的能源转换，以满足用户的供电和供热需求；对区域供电、供热、供天然气能源系统集成分析、时域仿真与优化运行。进一步地，本书有助于开发通用的、可扩展的大规模复杂综合能源优化运行软件平台，能适用于不同地理气候资源条件。书中软件的应用主体与潜在市场包括电网公司、房地产开发商、综合能源服务商、热力公司、燃气公司、能源咨询公司、高等院校、科研机构、工业园区、大工业企业等。

本书电子资源包含每章节的编程源代码以及大量不断更新的电子资源如课堂及讲座视频等(详见书中二维码)。

感谢上海交通大学提供的卓越研究环境与发展平台；感谢国家重点研发计划“面向新型城镇的能源互联网关键技术及应用”，上海市浦江人才计划“综合能源系统的一体化分析与规划方法”，上海交通大学-英国利兹大学学术交流基金项目；感谢上海交通大学出版社编辑张潇的悉心修改。

由于时间仓促，写作过程中难免存在遗漏和错误，欢迎读者批评指正。

本书章节架构安排

第1章 综合能源系统概述

第2章 供热网稳态分析
- 水力模型质量流率计算
- 热力模型供水与回水温度计算
- 水力-热力模型分解计算与联立计算

第3章 电网与热网联合分析
- 电力系统潮流分析
- 电热网耦合设备建模
- 电力-水力-热力模型分解与联立计算
- Barry岛电热网实际系统分析

第4章 电-热-气多能流分析
- 天然气网燃气流分析
- 能源转换设备的效率矩阵与置换矩阵建模
- 曼彻斯特大学实际电-热-气网算例分析

第5章 综合能源系统协调优化
- 优化架构
- 光伏-储能系统功率流建模
- 目标函数与约束条件
- 技术经济指标

第6章 优化案例分析
- 综合能源系统的协调优化案例
- 计及热泵的光伏-储能系统优化案例

第7章 电热网强耦合的能源元胞
- 电热网强耦合的发展思路
- 电热网建模现状分析
- 强耦合的能源元胞方案

术语、变量及其单位

变量

V	电压(V)
θ	电压相角(rad)
P	电力有功功率(MW_e)
Q	电力无功功率(MVar)
S	电力复合功率(MVA)
$\boldsymbol{\Phi}$	热力功率(MW_{th})
$\dot{m}$	管段质量流率(kg/s)
$\dot{m}_q$	节点注入或流出的质量流率(kg/s)
T_s	节点供水温度(℃)
T_o	节点出水温度(℃)
T_r	节点回水温度(℃)
T_a	环境温度(℃)
T_s'	T_s与T_a之差(℃)
T_r'	T_r与T_a之差(℃)
T_{start}	管段始端的温度(℃)
T_{end}	管段末端的温度(℃)
h_f	管段水头损失(m)
H	压头(m)
H_c	允许的最小水头差(m)
H_p	水泵压头(m)
$\boldsymbol{A}$	网络关联矩阵
$\boldsymbol{B}$	回路关联矩阵
c_p	水的比热容[J/(kg·K)]
$\boldsymbol{\lambda}$	管段单位长度的总传热系数[W/(m·K)]
c_m	热电比

c'_{m}	CHP 与热泵组合系统的等效热电比
Z	描述机组热力输出与电力生产的折中关系的比率
K	管段的摩阻系数
L	管段长度(m)
D	管段直径(m)
ρ	密度(kg/m^3)
g	重力加速度(m/s^2)
f	摩擦系数(friction factor)
Re	雷诺系数(Reynolds number)
ε	管段粗糙度(m)
v	流体流速(m/s)
μ	流体的运动黏度(kinematic viscosity)(m^2/s)
$\boldsymbol{J}$	雅可比矩阵
$\Delta\boldsymbol{F}$	偏差向量
$\boldsymbol{x}$	未知状态变量向量
$\boldsymbol{C}$	系数矩阵
$\boldsymbol{b}$	解的列向量
P_{CHP}	CHP 机组的电力输出(MW_e)
Φ_{CHP}	CHP 机组的热力输出(MW_{th})
P_{hp}	热泵消耗的电力(MW_e)
Φ_{hp}	热泵生产的热力(MW_{th})
P_{con}	抽凝式蒸汽轮机 CHP 机组在全冷凝模式的电力生产(MW_e)
α	CHP 机组分配给热泵的电力占总生产电力的比例
η_e	抽凝式机组的全冷凝模式下的电力生产效率
F_{in}	燃料输入功率(MW)
η_b	电锅炉的效率
COP	性能系数
η_p	循环水泵的效率
P_p	循环水泵消耗的电力功率(MW_e)
$\dot{m}_p$	通过循环水泵的质量流率(kg/s)
ι	热网最大压力降的关键路径中所有管段的集合
$\boldsymbol{Y}$	阻抗矩阵
Real	复数表达式的实部
Imag	复数表达式的虚部

$f_{i,\text{source}}$	源 i 的燃料成本(¥/h)
λ	燃料的递增成本[¥/(MW·h)]
n_{node}	热网节点数目
n_{load}	热网负荷数目
n_{loop}	热网环路数目
n_{pipe}	热网管段数目
N	电网节点数目

上标与下标

p	循环水泵(pump)
hp	热泵(heat pump)
b	锅炉(boiler)
e	电力网(electrical network)
h	热力网(heat network)
g	燃气网(gas network)
sp	给定(specified)

目　　录

插 图 目 录

表格目录

第1章　概　　述

当前电力系统正经历着前所未有的变革：分布式发电和能源存储日益普及，能源消费者对价格波动更敏感，风能和太阳能等可再生能源持续增长，全球气候变化减缓行动下的能源系统呈现低碳化趋势，以及电网、通信、运输和天然气网络等关键基础设施之间的关联性日益增加[1]。在当前能源转型和电力体制改革的新形势下，发展综合能源系统势在必行。

1.1　综合能源系统重要性

综合能源系统近年来在欧美等国家地区以及国内迅速发展，是电气工程、能源动力、建筑暖通、低碳经济等交叉领域的前沿热点之一[2,3]。综合能源系统是指一定区域内的能源系统利用先进的技术和管理模式，以"两高三低"为目标，整合区域内石油、煤炭、天然气和电力等多种能源资源，实现多异质能源子系统之间的协调规划、优化运行、协同管理、交互响应和互补互济，在满足多元化用能需求的同时，有效提升能源利用效率，进而促进能源可持续发展的新型一体化能源系统。我国已开展了多个综合能源多能互补集成优化示范工程项目，大力推广冷、热、电、气一体化集成供能。综合能源系统充分利用多种能源网络的协同作用，通过综合多种能源的相互转换与存储，满足建筑空间或社区里终端用户的供电、供热/冷等能源需求，将能源系统作为整体进行规划运行，可提高系统运行灵活性，从而达到节能减排的目的(见图1.1)[4,5]。

基于智能手机、个人电脑以及数据中心的互联网极大地提高了社会信息交换和生产效率。那么基于家庭用、商用分布式与区域性热电联供CHP系统等能源转换设备的综合能源网则将极大地提高能源利用率和系统灵活性。综合能源网耦合光伏发电、风电等可再生能源以及储能系统，解决弃光弃风问题，同时也与传统大电网耦合，解决传统电网供能端稳定与耗能端负荷不确定的矛盾。

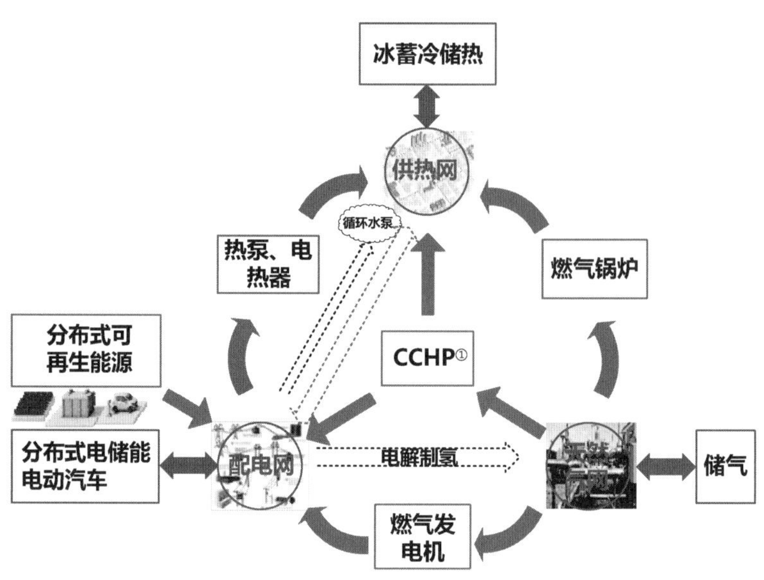

图 1.1　多种能源存储与转换设备紧密连接天然气网、电网与区域供热网的示意图[4,6]

1.2　电、热、气网结构与特征

1.2.1　电力网

电力网包括输电网、配电网等。输电网指电力通过发电机与负荷中心之间的高压电网进行大量输送。配电网指电力通过中低压电网到用户的配送(见图 1.2)[7]。通常发电机的电压范围为 11～25 kV,通过变压器升高到输电网电压等级,在变电站中进行系统各个组件(如线路和变压器)之间的连接与切换[7]。

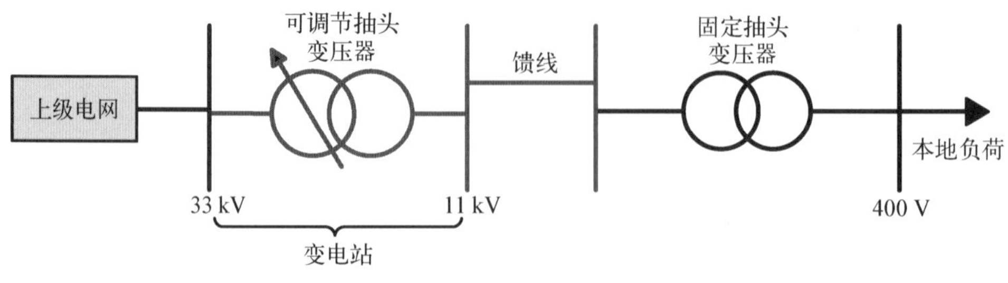

图 1.2　配电网示意图[8]

① CCHP,冷热电联产技术,全称为 combined cooling heating and power。

除了电压等级,配电网与输电网在几个方面有所不同。配电网中支路数目要大得多,且总体结构或拓扑结构也不同。典型配电系统由一个降压(如中国为 35/10 kV、英国为 33/11 kV)的有载分接变压器给许多馈线供电,这些馈线的长度从几百米到几千米不等。沿该路径部署了一系列三相变压器(如中国 10 kV/380 V、英国 11 kV/433 V),通过三相四线网,为楼宇用户提供 220 V(英国:230 V)单相电源[7]。

配电网电压序列与其结构复杂性密切相关。经过长期发展,我国当前配电电压序列主要为 110/35/10/0.4 kV(北京、上海等大城市已有 500 kV 进入市区)。国外配电网的主要趋势是对电压层级进行简化,以巴黎电网为例,其在 20 世纪 60 年代开始进行 20 kV 电网升级改造,经过 20 多年发展,形成了 400/225/20/0.4 kV 的四级电压等级序列。长期实践经验表明:与 10 kV 中压配网相比,20 kV 电压等级具有节省安装空间、降低电缆温度、延长电缆寿命等多方面的经济效益,并且电压序列的优化有利于电网结构的优化。因此,有必要借鉴国外先进电网的有益经验,统一技术标准、推广典型设计,加快电压序列和电网结构优化步伐。

1.2.2 供热网

区域供热网由供水管网与回水管网组成,以热水或蒸汽的形式通过管道从热力生产点向用户输送热量(见图 1.3)[9,10]。供水管网输送热水的温度一般在 70～120℃①,

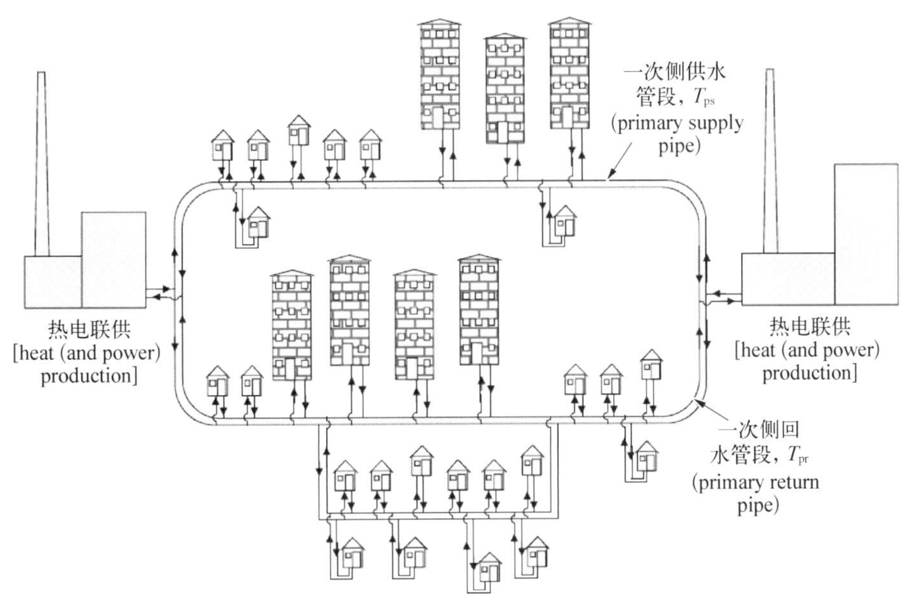

图 1.3 由 2 个热源供热的环状热力管网示意图[14]

① 最新发展的第 5 代供热供冷网 5G DHC 的工作水温低至 12～30℃,将在第 7 章详细介绍。

热量被用户提取后，回水管网输送热水的温度一般在30～70℃。热量通过热交换器直接或间接传输到楼宇内的传统供热系统，该热交换器将管网与用户两个水循环系统隔离[11,12]。由电力驱动的循环水泵位于热电厂与热站，产生并维持供水管网与回水管网之间的压力差[13]。

区域供热网需要部署大量的基础设施，而设施的广泛部署面临许多障碍。迄今为止，区域供热在一些国家(如英国)的普及率较低的部分原因：与传统的天然气或电力驱动的供热系统相比，区域供热的成本相对较高，特别是安装管道的成本[11,15-19]。商业上可行的区域供热网要求恒定的、非常大且连续的热负荷，从而将其适用性限制在特定区域[15,16]。另外，区域供热网是复杂的工程项目，前期建设时间长，投资回收期长[16]。此外，与电力或天然气不同，目前没有单独监管的热力市场[15]。

尽管区域供热网面临挑战，但是它有许多好处：提高能源效率，减少化石燃料的消耗以及有助于现场热源的使用[20,21]。现场热源包括：火力发电厂的低品位热、热泵、生物质CHP机组或锅炉、太阳能集热器、工业废热与地热[11,17,22-25]。区域供热还可以在间歇性风力输出方面提供重要的电力需求侧管理[26]。许多国家都将区域供热作为能更有效利用天然气和推广可再生供热技术的重要推动力[27,28]。区域供热网在北欧国家(如丹麦和瑞典)已发展成熟，在节能与减少碳排放方面发挥了很大作用[11,21,29]。文献[9]综述了CHP系统与集中供热在许多国家的应用。

1.2.3 燃气网

天然气供应系统涉及从天然气生产井到不同终端用户的天然气运输。天然气供应系统由复杂的管道网络、液化天然气(liquefied nature gas，LNG)终端和储气设施组成。天然气从生产现场通过输气网传输到配气网、大型电站和大型工业用户。居民和商用消费者通过低压配气网供应。输气网的特点是高压力(超过40 bar，1 bar=100 kPa)和长距离管道。在欧洲，输气系统运营商(transmission system operator，TSO)拥有并运营输气网。TSO负责平衡供需，确保天然气网在规定的压力限度内可靠且安全地运行。压缩机站沿长距离高压管道安装，以确保网络中气压在可接受的范围内。压缩机站由一个或多个用燃气轮机或电动机驱动的压缩机组成。

天然气供应系统和电力系统是重要的能源基础设施。两种系统都有输网和配网，用于将能源(天然气或电力)从生产侧输送到不同类别的终端消费者。天然气是从天然气生产井中获得的，而电力是通过不同类型的发电技术生产的，例如风力发电机、燃煤发电厂、燃气发电厂和水力发电厂。在天然气系统中输、配气网的压力水平不同，而输、配电网的电压水平不同。尽管天然气和电力系统的传输网络相似，但两个系统都基于其独特的技术和物理特性以不同的方式运行，如电力以光速传播，而天然气以40～60 km/h的流速流经管道。电力系统运行中，电力需求和供应须每秒平衡;天然气系统运行中,由于管道或地下设施能够存储天然气,可以在一定时间范围内(小时或天)对天然气系统进行平衡。

一个简单的燃气网如图 1.4 所示,网络由节点和线段组成。节点代表供给点、需求点和压缩机站的容量和压力,线段代表管道长度和直径以及管道流速。管道和压缩机站中的压力与流量之间的关系由非线性方程式描述。

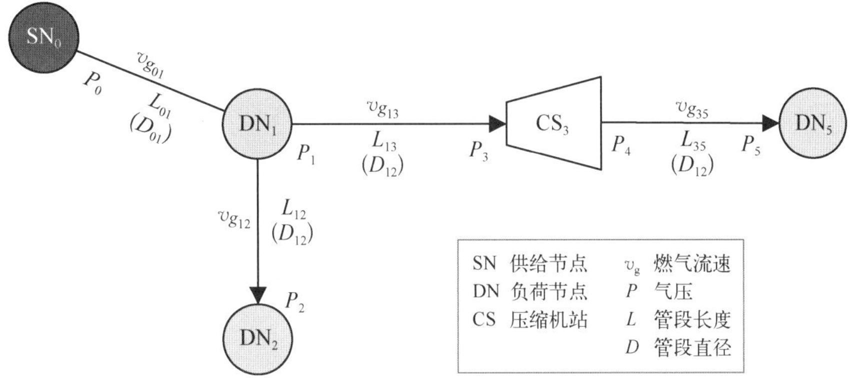

图 1.4　简单的燃气网示意图

1.3　多能互补提高系统灵活性

目前电力系统中可再生能源的消纳问题日益突出,随着可再生能源并网比例不断增加,系统集成成本(system integration cost, SIC)将很高,例如当风电并网比例为30%～40%时,并网集成成本可达发电成本的35%～50%。可再生能源具有随机性、波动性、间歇性等特征,可再生能源的接入对系统造成的额外成本(电网加强的成本、系统备用要求提高的成本、传统电源的调节成本等)也应考虑,这类成本统称为系统集成成本 SIC[30]。德国学者定义集成成本(SIC)为可再生能源发电的市场值与平均电价之差,提出将系统集成成本分解为不确定性导致的平衡成本(balance cost)、位置不灵活导致的网络成本(grid cost)和时域波动性导致的特性成本(profile cost)[31]。假设可以完全预测可再生能源且整个市场传输容量不受限制,这将消除平衡成本与电网成本,但可再生能源的波动性仍会带来经济支出,此即为特性成本。因此,考虑高比例可再生能源接入电力系统的灵活性优化运行成为综合能源系统的核心问题之一。电力系统灵活性定义为在所关注时间尺度的有功平衡中,电力系统通过优化调配各类可用资源,以一定的成本适应发电、电网及负荷随机变化的能力[32,33]。大量波动的可再生能源在一天中的某些时间点集中供电将会导致供给过剩,著名的“鸭型曲线”就是最好的证明。研究电力系统的灵活性资源是否能够满足灵活性需求，以及采用何种技术措施构建满足要求的灵活电力系统是非常重要且必要的。

从物理意义上看，能量、功率和灵活性之间是简单的导数关系，如表 1.1 所示。能量随时间消耗的速率就是功率，当能量消耗率增加时，就需要更多的功率来满足能量需求。功率和灵活性之间的关系是类似的，当需要更多功率时，发电机需加速运行从而具有灵活性。当负荷需求减少时，同样需要灵活性，同时降低功率。功率随时间变化的速率与所需的灵活性规模成正比。

表 1.1　能量、功率与灵活性之间的关系

	关　系	单位	物理量	示　例
E 能量(energy)	$E(t)=\int P(t)\delta t$	W・h	电量	燃料
P 功率(power)	$P(t)=\frac{\delta}{\delta t}E(t)$ $P(t)=\int R(t)\delta t$	W	电力	电源规模
R 灵活性(flexibility) 时间(time)	$R(t)=\frac{\delta}{\delta t}P(t)$	W/h	爬坡率	负荷变化

提高电网灵活性的一种新兴方法是使用称为“需求响应”的资源来更好地管理电力需求。需求响应是指一系列需求方选项，包括在能源盈余时使用更多电力，在能源稀缺时使用更少电力。例如，通过简单地预冷或预热建筑物和供水（恒温器和热水加热器将成为电网灵活性的来源）的同时为房主提供同样的舒适环境和服务。动态电动汽车充电是另一个例子，车辆在电力供过于求和价格低的时候充电，在电力稀缺和高价格期间停止充电或将电力返回电网。一般，配电网运营商对需求响应表示出更大的兴趣。通常，政府政策倾向于引导新负荷的增长（如电动汽车和热泵的使用），而这会对配电网造成挑战。需求模式哪怕发生相对较小的变化，都可能显著降低这些新负荷的入网成本——从广义上讲，高峰期 10%的峰移即可使配电网的投资推迟 20 年。所以，配电商对需求响应的兴趣相当大。

提高传统电源调节能力、增加调峰电源、加强电网互联、提高需求侧响应能力、增加能源存储是提高电力系统灵活性、消纳可再生能源的几种主要途径，另外，多能互补的综合能源系统也提供了一种有效途径，可解决由于新能源并网带来的调峰问题和电网适应性不够的问题。Jenkins 等(英国)深入地阐述了通过燃气系统的创新提高电力系统灵活性的原理，建议推动电力、热力与燃气不同行业间的合作研究，释放综合能源的优势[2]。综合能源优化运行通过改变输入、输出与存储路径从而提高电力系统的灵活性，如图 1.5 所示。在综合能源系统框架下，进一步地通过引入大容量储能，实现电力、热力、燃气多个能源体系的协同优化，提高能源系统大时空范围优化配置能力，可有效解决可再生能源消纳和调峰等问题。因此，深入开展综合能源系统协调优化运行关键技术的研究工作符合能源领域的发展趋势，是实现灵活的能量交易和推动能源互联网发展的物理基础[6]。

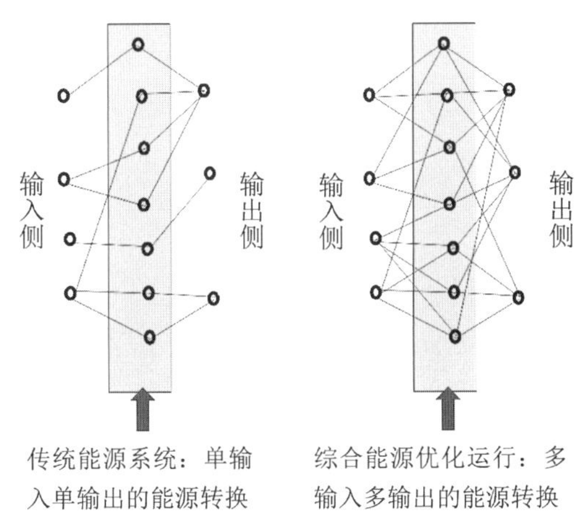

图 1.5 综合能源系统通过增加网络连接密度与转换路径以提高系统灵活性[2]

通过利用燃气与热力系统的可控性从而更好地匹配电力系统中可再生能源的出力特性以及电力系统的峰谷特性。通过不同的能流转换与存储路径，使其他来源的能量流可以被控制，从而实现能源的柔性输送，有利于提高社会供能系统基础设施的利用率，延缓规划中所需的固定设备投资。例如：对用户的供热可以用电锅炉或热泵，或用大型锅炉、热电联供系统通过热水管网进行集中供热，或用小型燃气锅炉、微型热电联供系统消耗天然气资源进行供热，或用太阳能热水器，或利用蓄热装置等进行供热。另一个案例是设置混合配置热泵与锅炉进行供热优于独立规划热泵或锅炉供热，比如电力富余时，燃气锅炉供热转换为用热泵消耗电力供热，反之电力需求高峰时，转换到燃气锅炉供热[34]。新兴的技术组合是微型热电联供机组(mCHP)和太阳能光伏发电(photovoltaic, PV)技术的组合，简称 CHPV 组合。CHPV 是一种在日本引起关注的能源技术组合。mCHP 与光伏技术互补运行：冬季，热负荷最大，mCHP 发电最大，而此时光伏一般也最弱；夏季，热负荷最小，mCHP 发电最小，而此时光伏最强。mCHP 可用于满足建筑物的大部分电力负荷，同时少量的太阳能光伏发电可弥补发电不足，将剩余的太阳能光伏发电外送上级电网获利。

在热电联供驱动的区域供热与热泵的能源系统中，热能转换有利于系统运行与储能的使用，例如，将间歇性可再生能源产出的多余电能转换为热能存储在蓄热罐中[22,23]。许多国家的示范能源工程中，使用含蓄热的 CHP 机组将间歇性可再生能源(如风电)整合到电力系统[35]。一项德国的示范工程中[36]，用沼气热电联供与水力发电来平衡风电与太阳能的波动。另外一些示范工程，将可再生能源转换成热力输入到区域供热网或转换成氢注入天然气管网[37,38]。因此，将电力、热力和燃气系统作为整体考虑协同效应变得越来越重要。

通过多能协同，高效地协调各类能源存储与转换设备(见图 1.6 中能流)，提高电力系统的灵活性，为能源互联网发展提供关键技术支持及理论指导。

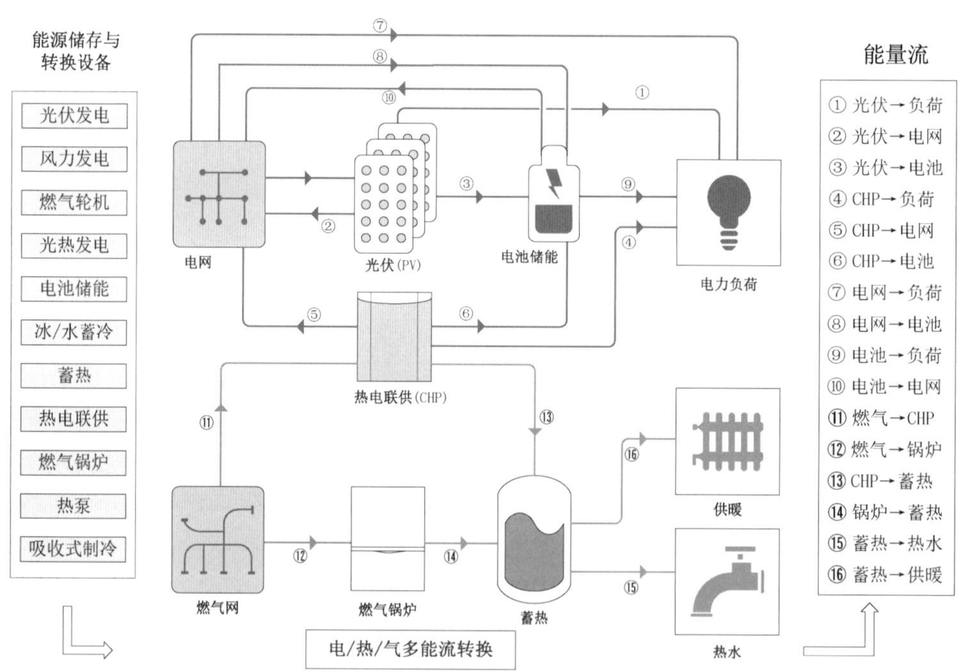

图 1.6　综合能源系统多种设备之间的电-热-气多能流示意图

1.4　分布式资源聚合商

负荷聚合商(资源聚合商)通过整合其内部能源供应资源和电、热等能源需求，构建适应本地能源供应能力及结构的能源需求曲线，可以显著提高能源系统运行效率。研究显示高比例分布式资源的聚合为 1 万户居民（近似 10 MW 电力负荷）或等价的工商业负荷规模时最有效。当把地理区域范围限制在中低压配电网时，这样的规模可以释放出分布式发电与负荷聚合的最大效益。聚合商（aggregator）主要是为中小负荷提供参与市场调节的机会，整合需求侧资源并与其他市场主体进行交易。聚合商与其他市场实体，如分布式能源（distributed energy resources，DER）、发电公司、系统运营商的关系：分布式能源受聚合商管理，接收聚合商传递的价格或激励信号并调整出力；发电公司的发电量和报价曲线会直接影响市场的电力价格；系统运营商负责市场出清并保障系统的安全稳定运行。聚合商在市场中作为分布式能源与系统运营商之间的中间层存在，亦是电力批发市场和零售市场的中间层。聚合商通过“虚拟电厂”（virtual power plants，VPP）的先进信息通信技术和控制系统，实现分布式发电、储能系统、可控负荷等分布式资源的聚合和协调优化，并为电网提供能量与辅助服务。

能源元胞定义为一定的地理边界范围内，根据不同目标控制分布式资源集群[可再生能源、热电联供（CHP）、热泵、电池储能及负荷等]的网络区域，如图 1.7 所示。能源元胞概念是分布式形态系统的典型代表，不仅可成为电力系统的分布式管理机制，还可成为热力和燃气甚至交通能源的分布式管理机制。能源元胞相较于虚拟电厂的一个重要优势：减少了中间交易环节的费用。能源元胞融合了售电商与虚拟电厂的

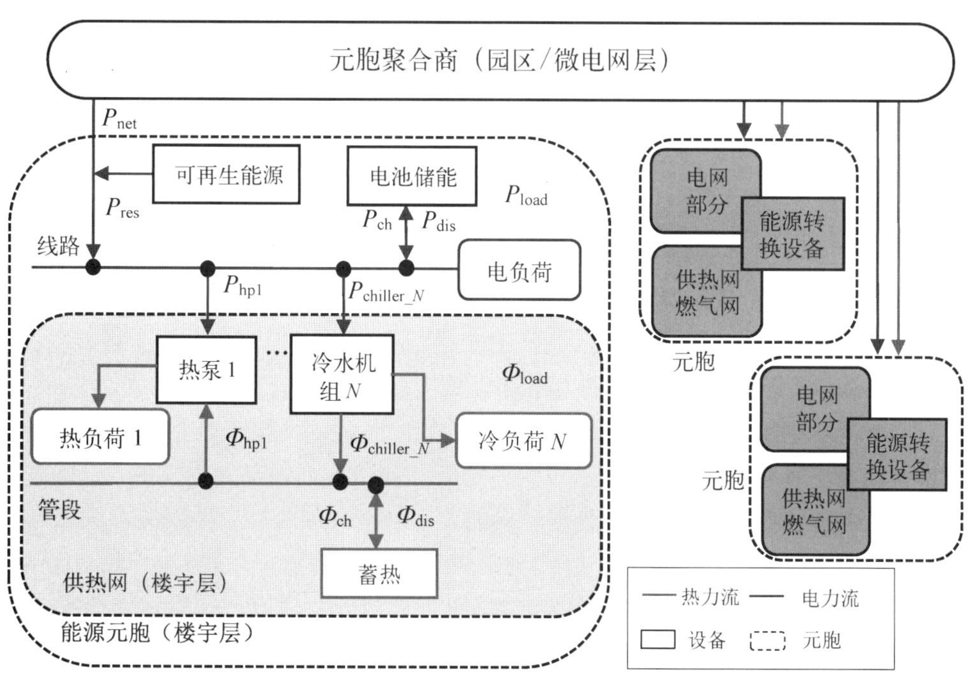

图 1.7　能源元胞灵活性聚合的设备-楼宇-园区分层级示意图

功能。虚拟电厂因关注发电资源而忽视本地负荷消费，元胞则给予用户以优惠价格使用本地发电机组的机会，在元胞中，供需资源的同时优化变得可能。自下而上的元胞进化模型将系统理解为自下而上的由基本成分组成的层级结构，各级别成分构成了网络，个体在网络中相互作用，系统的功能则是这些相互作用的表现。层级体系的结构是复杂系统逐渐演变的内在方法，包含了进化的内涵，即在简单结构上构建更为复杂的结构，故必须使用某种类型的模块化设计，如图 1.7 所示。本书构建的数学模型是基于能源元胞的分层级体系，面向分布式资源的灵活性聚合商。

能源局域网依据电压等级形成层级体系：设备层、楼宇元胞层、园区/微电网层(聚合商)，分别对应设备控制、本地能量管理系统(EMS)、聚合商协调管理系统。聚合商根据用户舒适度偏好设置分时或实时电价、配电网约束等信息，协调智慧能源元胞的灵活性资源的启停与运行。聚合商协同不同的分布式可调控资源，根据能源局域网的整体运行状况进行最优电力交换、共享调节容量和备用容量，合理调控，以更好地匹配可再生能源的出力特性以及电力系统的峰谷特性。通过对海量复杂、异构、时变分布式资源(DERs)的高效聚合与协同控制，实现对配电网内DERs的实时挖掘，最优分配各灵活性可调资源出力，减小净负荷的波动性和不确定性。聚合商调节负荷水平的能力可用峰均比、弹性与适应性等参数描述。聚合商对灵活性资源分层级协调控制的策略：根据上层配电网运营商(distribution network operation，DSO)的下发指令以及下层多个元胞发送的灵活性聚合域信息，计算灵活性响应的分配(即时域上的爬坡出力)，然后向下层多个元胞分别发送灵活性分配指令，最终控制各个分布式设备。

1.5 综合能源建模综述

区域综合能源系统研究在能源动力、化工以及经济学等领域应用时，通常会对电力系统简化处理，不计及潮流计算，这可能导致非可行解如电压越限等问题[39]。在电力系统领域，综合能源建模目前主要采用两类基本模型，一类是能量枢纽(energy hub)模型，另一类是网络拓扑模型。

(1) 能量枢纽模型：现有的综合能源建模理论中，由瑞士联邦理工学院提出的能量枢纽模型被学术界广泛使用并进一步研究[40]。能量枢纽模型将电力系统的每个节点推广成能量枢纽，将电力线路推广成能量互联器(energy interconnector)。其核心思想是通过耦合矩阵来表征系统中的能量输入与输出关系，能量枢纽模型的结构如图 1.8 所示，能量枢纽等效为包含多能源向量(冷、热、电、气以及储能)的输入输出端口模型。图 1.8 中该能量枢纽包含变压器、微型燃气轮机、热交换器、炉膛、电池储能、热水蓄热与吸收式制冷机。

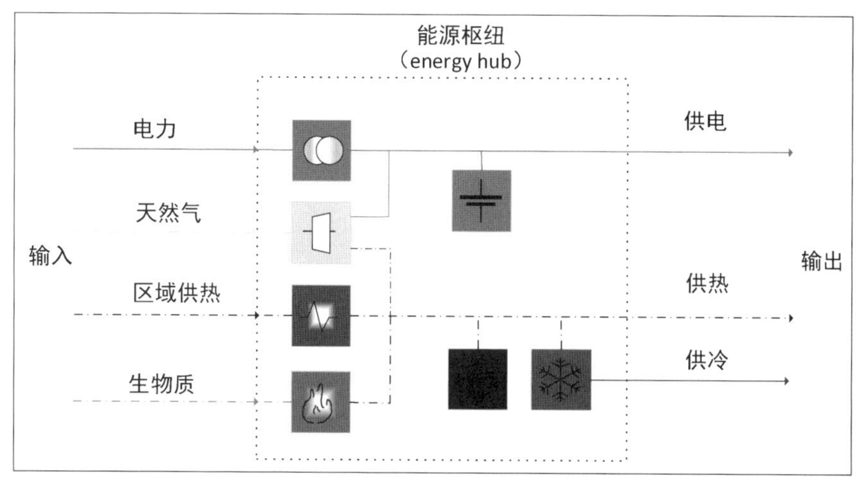

图1.8 能量枢纽模型的结构示意图

能量枢纽模型将综合能源系统的能量输入和输出在宏观上相联系，适用范围广，还可以针对不同系统进一步调整和优化；将物理中的能量供需关系通过数学上的耦合矩阵来表示，使得原本抽象的能量关系有了具体的数学形式；其在建模过程中遵循能量守恒的原则，有助于处理不同系统之间的耦合关系。然而，基于能量枢纽模型对综合能源系统建模仅适用于单一时间断面下的稳态分析，无法对动态过程和多时间尺度进行分析；其仅在宏观上考虑了系统之间的能量平衡关系，没有考虑网络的具体拓扑情况，对于仿真和优化过程中更细节的问题无法进行建模；能量枢纽模型不存在节点矩阵或回路矩阵，导致其无法对系统线路中的损耗进行计算，在优化过程中也无法建立某些支路不等式约束，例如电网中的节点电压上下限约束、热网中管段流量上下限约束等。能量枢纽模型缺乏电网、热网拓扑的具体分析，属于宏观上的能量关系模型，存在一定的局限性，难以在此基础上扩展稳态分析和能量管理的高级应用。

（2）网络拓扑模型：近年来更多学者采用具体的网络拓扑建模方式[5,41]，仿照电网中潮流计算的模型，基于图论对区域供热网络进行建模。根据广义的基尔霍夫第一定律和基尔霍夫第二定律，建立供热网络的水力模型；根据热力学定律，建立供热网络的热力模型。与此同时，耦合设备的相关研究也进一步开展，对其原理特性、耦合关系和可行域等方面都有着更深入的分析。

可见，网络拓扑建模比能量枢纽建模更精细，既考虑了区域电热联合系统的拓扑结构，又不会忽略能量在传输过程中的损耗，并且对于耦合组件的建模更加详尽。因此网络拓扑建模被更广泛地用于能源系统稳态分析的高级应用，也更适用于能量管理方面的研究。

关于综合能源系统多能流分析，国外较早的研究聚焦于电网与天然气网的联合建模[40,42-46]，其中燃气轮机提供了燃气网与电网的联系。英国卡迪夫大学较早地研究了电网与天然气网联合优化[43]以及电网与热网联合分析[5]。瑞士联邦理工学院提出能量枢纽模型，利用能源枢纽概念，将电力、燃气和热力的输入功率通过效率耦合矩阵转换为电力和热力输出功率[40]。英国曼彻斯特大学从能源、环境、技术经济等角度全面综述了多能源系统，并总结了该领域的十个关键研究问题[3]。剑桥大学用可视化能流图分析了能源从供给侧到用户侧的能量流[47]。帝国理工大学研究了从区域到全国范围对电热综合能源基础设施进行一体化规划与运行，从而提高系统灵活性的价值，并比较了电制热与热网供热的影响[48]。哈佛大学研究了电热综合能源系统通过电锅炉与储热设备提高以热定电 CHP 热电联供机组的灵活性来减少弃风情况发生[49]。由美国劳伦斯伯克利国家实验室开发的 DER－CAM 是具有代表性的分布式综合能源选择、设计与运行优化模型的软件[50]。然而，由于地理气候资源条件的不同，综合能源系统在各国的应用情况也不同，如在日本大量使用热泵与户用 CHP 供暖，在北欧则使用区域集中供热的比例较高，而在英国则依靠发达的天然气管网基础设施大量采用户用燃气锅炉供暖，国外的经验能否适用于我国综合能源系统发展，仍有待研究探索。

在国内，清华大学、天津大学等几十所高校与研究机构的众多学者都开展了综合能源系统的广泛研究[51-59]。基于网络拓扑的联合潮流模型中，文献[5，41]将管网热量传输的时延与热损失拆分计算。热损失采用稳态模型计算；统一能路模型通过将气、热流体的偏微分方程转化为常微分方程，可实现对气、热网络动态特性的联合仿真；通过将时域中的气、热网络模型映射至频域，可实现气网、热网与电网的统一建模[52]。文献[60]从电路角度出发，将气网和热网中的元件类比为电路元件，从而提出与电路分析方法相统一的综合能源系统分析方法。广义电路模型通过将多能源网络在时域的复杂特性转换为复频域的代数问题，可建立电、气、热多系统相统一的分布参数电路和网络模型等[51]。另外，广义电路与统一能路理论假设工质流量为恒定，即处于仅改变供热温度的“质调节”运行模式[51,61]。质调节主要通过保持燃料输入速率恒定而改变热源的供热温度；而量调节则保持热源供热温度恒定，通过改变水泵频率和阀门开度而改变管网流量。文献[4]基于网络和能流的映射，用矩阵描述网络，用功率方程描述能流，通过构建转换效率矩阵与置换矩阵，将任意数量的各类能源设备映射到其电、热、气网所在的物理节点，构建所有设备出力与电、热、气网各能流方程关联的联合物理方程。网络流建模对综合能源系统的价值至关重要，因为多能源设备的使用很可能会超过网络运行限制。目前光伏发电、热泵、电动汽车渗透率的提高造成配电网潮流和电压的波动，引发配电网升级改造的需求，包括改变网络结构、扩大容量，以及增加某些调控资源的应用，如储能、有载调压变压器的使用。事实上，电热综合能源的建模仿真（不考虑优化功能）还在研究发展中，正确的建模是一项艰巨的任务，要考虑冷热网的慢动态特性、电热网的复杂相互影响与多时空的综合能源需求响应等。

综合能源系统优化运行涉及能源转换设备、光伏-储能系统以及交互影响等方面。

(1) 不同的地理气候资源条件使得能源转换设备协调优化运行具有一定的复杂性。文献[62]建立了对商业楼宇中多种能源设备同时进行容量设计、选型与运行的优化计算。文献[63]通过构建混合整数线性规划（mixed-integer linear programming, MILP），研究了智慧家庭能量管理系统。文献[29]研究了包含大容量冷、热、气储存的电-热联合系统消纳可再生能源的优化模型。文献[64]研究了分布式能源及储能的选址定容与经济调度，证明了联合优化的有效性。文献[65]针对多能协同的分布式能源系统，提出了基于超结构线性化建模的一套能源系统设备优化设计模型。文献[66]提出了一种多能源微网中多种设备的协调运行方法，以实现运行成本最小化，提高日前能源市场供电、供热、供冷调度的灵活性。文献[59]对供给侧分布式能源系统的设备配置、运行策略协同优化，但没有考虑储能与网络运行约束。文献[67]研究了利用多种能源存储与转换设备提高社区能源系统的灵活性。文献[68]利用 DER - CAM 软件通过构建混合整数线性规划 MILP 模型，从用户角度出发，以微网年供能成本最低和 CO_2 排放量最低为优化目标进行单一或多目标优化规划，确定微网内分布式能源最优的容量组合以及相应的运行计划。但是这些研究绝大多数没有考虑多能源网络的能流计算（电力潮流、热力流、燃气流等）。极少数文献同时考虑了电力系统潮流与热力网传热方程，对电热网的物理运行约束进行建模[69,70]。文献[69]考虑了综合能源包含电网与热网运行约束的优化设计运行，但是没有考虑更多的能源设备如电池储能。文献[71]通过把多能流联合方程构建为优化模型的等式约束，研究了各种能源存储与转换设备的协调优化运行方法。文献[72]基于分解协调方法研究了电热综合能源系统优化运行方法。

(2) 光伏-储能系统在综合能源系统协调优化运行中发挥关键性作用。目前蓬勃发展的电池储能产业推动大容量电池价格快速下降。如果电力能像其他商品一样大量存储，将会彻底改变电力的商品属性。因此有必要开展储能系统优化运行研究，目的是以最小的成本实现寿命长、安全可靠、经济效益高的储能系统，选出最适合的储能系统组成，最佳的配置位置，最优化的使用策略。更重要的是，储能技术与可再生能源的结合，有效提高了可再生能源的利用率。光伏与电池储能耦合的收益来自存储的多余光伏电量释放时被电网收购的价值。在光伏-储能系统配置运行方面，电池储能的容量设计与运行策略是关键。容量太小无法有效地消纳光伏电力，容量太大则电池的投资成本太高，所以在电池的容量与价格以及网络约束之间有一个最优平衡点[73]。目前国内外对于光伏-储能系统配置与运行有大量研究，文献[74]研究了考虑电池衰减的居民光伏-储能系统的经济可行性，文献[75]研究了商业楼宇中光伏-储能系统的容量配置与运行优化，文献[76]研究了电价对社区光伏-储能系统的影响。光伏消纳率（self-consumption）是光伏-储能系统的重要指标，文献[77]研究了光伏系统的平均消纳率，但是缺乏与电池储能系统的耦合。文献[78]研究了光伏与负荷数据的时间尺度对光伏-储能系统的光伏消纳率的影响。能源转换设备的大量使用，如热泵、CHP 系统与空调等对负荷曲线产生影响，会影响光伏-储能系统的配置运行。文献[79]研究了配置储能与热泵对电网峰值影响的对冲作用，但缺乏进一步的成本效益分析。文献[80]研究了热泵对社区电池储能盈利的影响，但没有考虑光伏-电池储能耦合。文献[81]研究了楼宇中 CHP 系统与储能系统的最优配置，但没有考虑光伏或热泵。文献[82]研究了热泵与光伏-储能系统运行的影响。

综上所述，综合能源系统多能协同的建模与优化是一个复杂的大规模数学优化问题。问题的复杂度主要来源于能源技术种类众多以及能源供给和需求的波动性。鉴于此复杂性，优化模型一般未考虑详细的内部网络与相关约束，对电网潮流做了简化处理，也未考虑供热网热力流（压力、流量、温度）与天然气网（压力、流量）燃气流运行方程的计算，因此可能导致非可行解等问题。另一方面，考虑了网络运行约束的模型，所涉及的能源设备种类与数量常常很有限，很难系统化地集成各种能源设备。因此，本书综合能源系统建模采用自下而上（bottom-up），即从能源系统底层开始的研究模式，既考虑综合能源系统网络运行的物理方程或约束，又同时系统化地集成多种能源存储与转换设备。

第 2 章　供热网稳态分析

区域供热网通常由供水和回水管道组成，以热水或蒸汽的形式提供热量，由热力生产点到终端消费者[9,10]。供热网的仿真变量包含：水力模型的压力与质量流率，热力模型的供水与回水温度及热力功率。水力与热力分析可求出各管段的质量流率与各节点的供水与回水温度。水力计算通常先于热力计算进行[10,83-85]。一般采用解环(Hardy-Cross)法或牛顿-拉夫逊(Newton-Raphson)法进行水力分析计算[10,83-86]。解环法单独考虑每个环路，而牛顿-拉夫逊法同时考虑所有环路[10]。文献[83]研究了热力管网的独立水力模型与热力模型，并用牛顿-拉夫逊法求解。

根据文献[10,84,87,88]，热源供水温度与负荷回水温度通常是给定的，除平衡节点外所有节点的质量流率或热力功率是给定的。基于此假设，本章描述了供热网水力-热力联合模型(简称热力流计算)，并用牛顿-拉夫逊法求解。水力模型的网络描述基于图论方法，热力模型的构建基于矩阵方法。

2.1　热网及其运行特点

热网在网络层级上可以分为一级热网和二级热网。其中一级热网类似于电力系统中的输电网，其特点是管道直径大，输送的热功率高，达几十甚至几百兆瓦，以大功率 CHP 机组或热厂作为热源，以热交换站作为负荷；二级热网则类似电力系统中的配电网，即本书所研究的区域供热网络，直接面向热用户供热，热功率通常不超过 10 MW，其以热交换站或者本地产热设备为热源，以热用户为负荷；二级热网或独立存在，或与一级热网通过热交换站连接。

一级热网和二级热网除了规模大小不同，在建模方法、调节方式等方面也有区别。热网的调节方式可以分为质调节(constant flow-variable temperature, CF-VT)和量调节(variable flow-constant temperature, VF-CT)。质调节根据负荷变化对热源出口管道的水温进行相应调整，热网管段的流量则保持不变；而量调节则是对管段流量进行调整，热源出口水温保持不变。

一级热网一般采用质调节方法，因此在建模时其管段流量为固定值。同时由于其传输距离较远，热网延时作用明显，常采用动态热力模型进行建模，利用分块法或节点法来确定每一节管段中的热水温度。而区域供热网络（二级热网）中仅对热源出水温度进行调整，无法满足所有热用户的供热需求，故其采用量调节（VF-CT）方法，在建模时其管段流量为变量，同时由于其传输距离较近，常采用准静态热力模型进行建模，考虑传输过程中的热功率损耗，但不考虑动态延时作用。本书重点对区域供热网络进行建模。

2.2 水力模型

热力网模型类似于电力网。电力网与热力网三大基本定律的类比如表 2.1 所示。Kirchhoff 电流定律（KCL）与 Kirchhoff 电压定律（KVL）描述了支路电流与电压的线性代数关系（对应于热网的流量与压力），与支路的特性无关[10]，基于图论方法描述两定律的内容参见文献[89,90]。

表 2.1 电力网与热力网物理定律的类比

电力网	Kirchhoff 电流定律（KCL）	Kirchhoff 电压定律（KVL）	欧姆定律
热力网	节点流量平衡	回路压力平衡	压力水头方程

为便于说明，图 2.1 显示了含一个环路的简单供热网。由于供水与回水管网的拓扑结构相同，水力模型将只考虑供水管网。

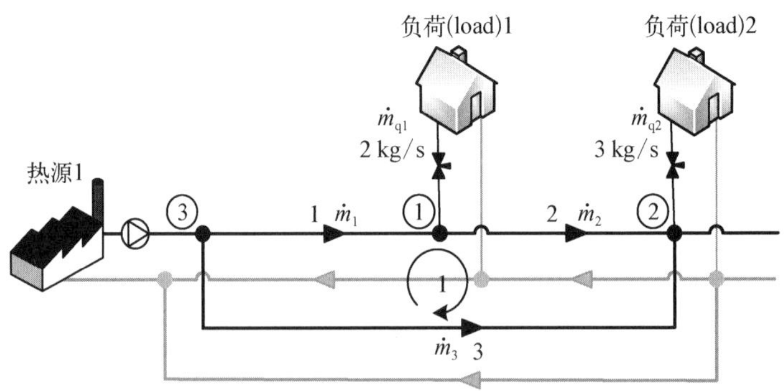

图 2.1 含一个环路的热力网示意图

2.2.1 节点流量平衡

节点流量平衡（continuity of flow）是指流入节点的质量流率等于流出该节点的质量流率与该节点自身消耗的质量流率之和：

$$\left(\sum \dot{m}\right)_{\text{in}} - \left(\sum \dot{m}\right)_{\text{out}} = \dot{m}_{\text{q}} \tag{2.1}$$

式中，$\dot{m}$ 是各管段的质量流率（kg/s），$\dot{m}_q$是从热源注入该节点或该节点供给热负荷的质量流率（kg/s）。

为了用矩阵形式描述节点流量平衡，引入了热力网络关联矩阵 $\boldsymbol{A}_h$（如 $n_{node}=3$，$n_{pipe}=3$，即 3 行 3 列矩阵），n_{node} 是节点数目，n_{pipe}是管段数目。矩阵 $\boldsymbol{A}_h$ 的各元素表示为 a_{ij}，描述如下[90]：

+1，流体从管段 j 流入节点 i；

−1，流体从管段 j 流出节点 i；

0，管段 j 与该节点 i 无连接。

$\dot{\boldsymbol{m}}_q$ 表示节点质量流率（kg/s）的向量。正值表示流出节点，负值表示流入节点。对于如图 2.1 所示热力管网，网络关联矩阵与节点质量流率向量分别为

$$\boldsymbol{A}_h = \begin{array}{c} \\ \\ \text{节点编号} \end{array} \begin{array}{c} \\ 1 \\ 2 \\ 3 \end{array} \overset{\begin{array}{ccc} & \text{管段编号} & \\ 1 & 2 & 3 \end{array}}{\begin{bmatrix} 1 & -1 & 0 \\ 0 & 1 & 1 \\ -1 & 0 & -1 \end{bmatrix}} \quad \dot{\boldsymbol{m}}_q = \begin{bmatrix} 2 \\ 3 \\ -5 \end{bmatrix} \tag{2.2}$$

对节点 1，节点流量平衡法则表示为

$$\dot{m}_1 - \dot{m}_2 = 2 \quad \text{或} \quad A_h(1,\ 1)\dot{m}_1 + A_h(1,\ 2)\dot{m}_2 + A_h(1,\ 3)\dot{m}_3 = \dot{m}_q(1) \tag{2.3}$$

对于整个水力管网，节点流量平衡法则表示为

$$\boldsymbol{A}_h\dot{\boldsymbol{m}} = \dot{\boldsymbol{m}}_q \tag{2.4}$$

节点流量平衡法应用于网络所有节点，但剩 1 个任意节点作为冗余节点，因为通过其他所有节点的节点流量平衡方程线性相加即可得到该冗余节点的方程。所以，图 2.1 中的热力网络关联矩阵 $\boldsymbol{A}_h$ 可表示为

$$\boldsymbol{A}_h = \begin{bmatrix} 1 & -1 & 0 \\ 0 & 1 & 1 \end{bmatrix}$$

2.2.2　回路压力平衡

水头损失是指由于管道摩擦而引起的压力变化。回路压力平衡是指在一个闭合回路中，水头损失的总和等于零：

$$\sum h_f = 0 \tag{2.5}$$

式中，h_f表示管段的水头损失(m)，即管段的始端与末端水头之差。

为了用矩阵形式描述环压降方程，引入环路关联矩阵 $\boldsymbol{B}_\mathbf{h}$(如 $n_{loop}=1$，$n_{pipe}=3$，即 1 行 3 列矩阵)，n_{loop} 表示回路的数目，n_{pipe}表示热网管段数目。$\boldsymbol{B}_h$各个元素表示为 b_{ij}[90]，其描述如下：

+1，管段 j 流体方向与环路 i 定义方向一致；

−1，管段 j 流体方向与环路 i 定义方向相反；

0，管段 j 不属于环路 i。

对于如图 2.1 所示的热力网，其环路关联矩阵表示为

$$\boldsymbol{B}_\mathbf{h}=\begin{matrix} & \text{管段编号} \\ & \begin{matrix}1 & 2 & 3\end{matrix} \\ \text{环路编号}\ 1 & \begin{bmatrix}1 & 1 & -1\end{bmatrix}\end{matrix} \tag{2.6}$$

对于环路 1，方程(2.5)表示为

$$h_{f1}+h_{f2}-h_{f3}=0$$

或

$$B(1,\ 1)\cdot h_{f1}+B(1,\ 2)\cdot h_{f2}+B(1,\ 3)\cdot h_{f3}=0 \tag{2.7}$$

相应地，整体管网的水力方程表示为

$$\boldsymbol{B}_\mathbf{h}\boldsymbol{h}_\mathbf{f}=0 \tag{2.8}$$

式中，$\boldsymbol{B}_\mathbf{h}$ 表示环路关联矩阵，描述了环路与管段的关联关系；$\boldsymbol{h}_\mathbf{f}$ 表示水头损失的向量(m)。

2.2.3 水头损失方程

表示各管段的水头损失(m)与质量流率关系的方程为

$$\boldsymbol{h}_\mathbf{f}=\boldsymbol{K}_\mathbf{h}\dot{\boldsymbol{m}}\ |\ \dot{\boldsymbol{m}}\ | \tag{2.9}$$

式中，$\boldsymbol{K}_\mathbf{h}$ 是系数向量，由方程(2.11)求得。$\boldsymbol{K}_\mathbf{h}$ 一般取决于管段直径。

因此，方程(2.8)可表示为

$$\boldsymbol{B}_\mathbf{h}\boldsymbol{K}_\mathbf{h}\dot{\boldsymbol{m}}\ |\ \dot{\boldsymbol{m}}\ |=\sum_{j=1}^{n_{pipe}}B_{ij}K_j\dot{m}_j\ |\ \dot{m}_j\ |=0 \tag{2.10}$$

式中，n_{pipe}是管段数目；下标 i 是环路编号，j 是管段编号。

管段的水头损失通过 Darcy-Weisbach 方程计算，表示为

$$h_f = f\frac{L}{D}\frac{v^2}{2g} = f\frac{L}{D}\frac{\left(\frac{\dot{m}}{\rho\pi D^2/4}\right)^2}{2g} = \frac{8Lf}{D^5\rho^2\pi^2 g}\dot{m}^2 \tag{2.11}$$

式中，f 是摩擦系数(friction factor)，L 是管段长度(m)，D 是管段内径(m)；v 是流速(m/s)，ρ 是水的密度(kg/m^3)，g 是重力加速度(m/s^2)。因此，系数 K_h可记为：$K_h = \frac{8Lf}{D^5\rho^2\pi^2 g}$。

比摩阻 R 表示每米管长的沿程压力损失(Pa/m)，计算表达式为 $R = \frac{f}{D}\frac{\rho v^2}{2}$。因此，比摩阻 R 与水头损失 h_f的关系为 $R = h_f\frac{\rho g}{L}$。

管段摩擦系数 f 一般取决于雷诺数 Re(Reynolds number)，与流体状态和管道内壁的粗糙水平有关。

对于层流(laminar flow, $Re<2\,320$)，管段摩擦系数的计算表达式为

$$f = \frac{64}{Re} \tag{2.12}$$

对于更常见的湍流(turbulent flow, $Re>4\,000$)，管段摩擦系数的计算表达式为

$$\frac{1}{\sqrt{f}} = -2\lg\left(\frac{\varepsilon/D}{3.7} + \frac{2.51}{Re\sqrt{f}}\right) \tag{2.13}$$

式中，ε 是管段粗糙度(m)。隐式方程(2.13)采用文献[91]中的方法求解。

对于 $2\,300 < Re < 4\,000$，可采用线性插值法(linear interpolation)计算 f。雷诺数由流速求得：

$$Re = \frac{vD}{\mu} \tag{2.14}$$

式中，v 是流速(m/s)，μ 是水的运动黏度(m^2/s)。

流速 v 与质量流率 $\dot{m}$ 的关系式为

$$v = \frac{\dot{m}}{\rho\pi D^2/4} \tag{2.15}$$

在计算各管段的水头损失与管网节点的水头后，以供水节点压力最低或回水节点压力最高为最不利于用户，故需在考虑用户预留压力和热源压力损失基础上，进行热交换站循环水泵选型。根据环状主管网的预留水头，并结合用户侧的管段

进行各用户侧的水力计算及水泵选型。

多热源环状供热管网可通过一点定压的方法确定能源总线系统定压点和水头值，具体方法如下：

(1) 根据各种运行工况水力分析结果，确定出每个运行工况下动水压线最低点，以及对应的保证系统不倒空的水头值 h_i；

(2) 确定各种运行工况下，动水压线最低点与定压点之间的相对水头 Δh_{0i}；

(3) 确定各种运行工况下，定压点必须满足的水头值 $h_{0i}=h_i+\Delta h_{0i}$；

(4) 多源环状管网定压点水头设定的下限值为 $h_0=\max\{h_{0i}\}$。

2.3 水力模型求解

2.3.1 牛顿-拉夫逊法

牛顿-拉夫逊法[92,93]是基于函数 $f(x)$ 在变量 x_0 的泰勒展开：

$$f(x)=f(x_0)+\left.\frac{\partial f}{\partial x}\right|_{x=x_0}(x-x_0)+\left.\frac{\partial^2 f}{\partial x^2}\right|_{x=x_0}(x-x_0)^2+\cdots \tag{2.16}$$

忽略方程(2.16)右端的高阶项，因 $(x-x_0)$ 值充分小，求解 $f(x)=0$ 的线性近似方程，则 x 表示为

$$x=x_0-\left[\left.\frac{\partial f}{\partial x}\right|_{x=x_0}\right]^{-1}f(x_0) \tag{2.17}$$

牛顿-拉夫逊法中新值 $x^{(i+1)}$ 替换旧值 $x^{(i)}$ 的迭代表达式为

$$x^{(i+1)}=x^{(i)}-\boldsymbol{J}^{-1}f(x^{(i)}) \tag{2.18}$$

式中，i 是迭代次数；$\boldsymbol{J}$ 是雅可比矩阵(Jacobian matrix)：

$$\boldsymbol{J}=\left.\frac{\partial f}{\partial x}\right|_{x=x^{(i)}} \tag{2.19}$$

将方程(2.18)不断重复直到不匹配量 $\Delta x=x^{(i+1)}-x^{(i)}$ 小于给定值或算法不收敛。

对于如下非线性方程组：

$$\boldsymbol{F}(\boldsymbol{x})=\begin{cases}F_1(x_1,\ x_2,\ \cdots,\ x_n)=0\\F_2(x_1,\ x_2,\ \cdots,\ x_n)=0\\\qquad\vdots\\F_n(x_1,\ x_2,\ \cdots,\ x_n)=0\end{cases} \tag{2.20}$$

式中，n 为方程个数。

牛顿-拉夫逊法推广到方程组的迭代表达式为

$$\begin{bmatrix} x_1^{(i+1)} \\ x_2^{(i+1)} \\ \vdots \\ x^{(i+1)} \end{bmatrix} = \begin{bmatrix} x_1^{(i)} \\ x_2^{(i)} \\ \vdots \\ x_n^{(i)} \end{bmatrix} - [\boldsymbol{J}^{(i)}]^{-1} \begin{bmatrix} F_1(x^{(i)}) \\ F_2(x^{(i)}) \\ \vdots \\ F_n(x^{(i)}) \end{bmatrix} \tag{2.21}$$

因此雅可比矩阵 $\boldsymbol{J}$（上标 i 为迭代次数）的计算表达式为

$$\boldsymbol{J} = \begin{bmatrix} \dfrac{\partial F_1}{\partial x_1} & \dfrac{\partial F_1}{\partial x_2} & \cdots & \dfrac{\partial F_1}{\partial x_n} \\ \dfrac{\partial F_2}{\partial x_1} & \dfrac{\partial F_2}{\partial x_2} & \cdots & \dfrac{\partial F_2}{\partial x_n} \\ \vdots & \vdots & \ddots & \vdots \\ \dfrac{\partial F_n}{\partial x_1} & \dfrac{\partial F_n}{\partial x_2} & \cdots & \dfrac{\partial F_n}{\partial x_n} \end{bmatrix} \tag{2.22}$$

2.3.2　枝状热力网

简单的枝状供热管网如图 2.2 所示，给定节点质量流率 $\dot{m}_{\mathrm{q}}$，可形成一组线性水力学节点流量平衡方程(2.4)，进而求解各管段质量流率 $\dot{m}$。独立的节点流量平衡方程数目与各管段质量流率的待求变量数目相等。因此，枝状热网求解不需要考虑节点的压力变量。对图 2.2 中节点 1 与节点 2 应用方程(2.4)可得：

$$\begin{aligned} \dot{m}_1 - \dot{m}_2 &= 2 \\ \dot{m}_2 &= 3 \end{aligned} \tag{2.23}$$

枝状热力网的线性方程(2.23)可用 MATLAB 的指令“/”，“\”，或者“linsolve”快速求解。求得各管段 $\dot{m}$ 后，各管段的水头损失可根据方程(2.9)求得，相应地各节点的水头也可求解。

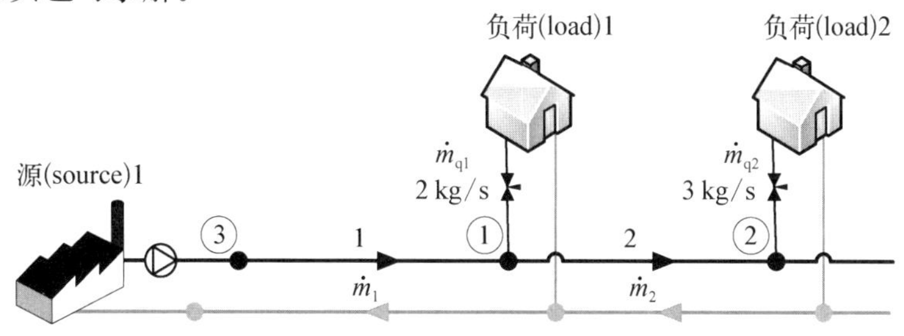

图 2.2　简单的枝状热力管网

2.3.3 环状热力网

对于如图 2.1 所示的环状热力网，管段质量流率的待求变量数目大于独立的节点流量平衡方程数目。因此，除了线性方程(2.4)，还需补充各个环路对应的非线性回路压力平衡方程(2.10)。

给定节点质量流率 $\dot{m}_q$，联合方程(2.4)与方程(2.10)可将待求变量写成管段质量流率 $\dot{m}$、水头 h 或校正质量流率 $\Delta\dot{m}$ 的形式。依据不同待求变量，文献[10, 85]讨论了求解环状供热网的三种水力方程组方法如表 2.2 所示。

表 2.2 3 种水力模型方程组

类　型	支路型变量 $\dot{m}$ 方程	节点型变量 h 方程	$\Delta\dot{m}$ 方程
待求变量	质量流率	压力水头	校正质量流率
方法	牛顿-拉夫逊法	牛顿-拉夫逊法	牛顿-拉夫逊法或 Hardy-Cross 解环法

对于环状管网，不能直接解出各个环路管段中的质量流率。因此，可以先对环路的管段进行初始流量分配。然后，根据初始分配流量和管径计算出各管段压降，但这样计算出的结果不能满足回路压力平衡方程，所以需在已知管径的基础上重新调整各管段的流量分配，再进行压降计算，以消除各环的闭合差，即进行平差计算。Hardy-Cross 方法是应用较为广泛的平差方法(具体方法见附录 A)。该方法的优点是简单易行，对一般管网计算的结果均能收敛，但对初始分配流量值很敏感，当初始分配流量与实际流量相差较大时，其收敛速度会大大放慢。

支路型变量 $\dot{m}$ 方程与 $\Delta\dot{m}$ 方程有效地克服了节点型变量 h 方程的收敛问题[94]。本节讨论 $\dot{m}$ 方程的牛顿-拉夫逊法求解，变量为各管段质量流率。根据等式(2.21)，牛顿-拉夫逊法求解水力学模型(水力模型编程详见附录 B)的迭代格式为

$$\begin{bmatrix} \dot{m}_1^{(i+1)} \\ \dot{m}_2^{(i+1)} \\ \vdots \\ \dot{m}_{n_{\text{pipe}}}^{(i+1)} \end{bmatrix} = \begin{bmatrix} \dot{m}_1^{(i)} \\ \dot{m}_2^{(i)} \\ \vdots \\ \dot{m}_{n_{\text{pipe}}}^{(i)} \end{bmatrix} - [\boldsymbol{J}^{(i)}]^{-1} \begin{bmatrix} \Delta F_1(\dot{m}) \\ \Delta F_2(\dot{m}) \\ \vdots \\ \Delta F_{n_{\text{pipe}}}(\dot{m}) \end{bmatrix} \tag{2.24}$$

式中，$\Delta\boldsymbol{F}$ 是偏差向量(其下标 n_{pipe} 是管段数目)，$\boldsymbol{J}$ 是雅可比矩阵，其上标 i 是迭代次数。

$\Delta\boldsymbol{F}$ 由方程(2.4)与回路压力平衡方程(2.10)组成

$$\Delta \boldsymbol{F}=\begin{bmatrix}\Delta F_1(\dot{m})\\ \Delta F_2(\dot{m})\\ \vdots\\ \Delta F_{n_{\text{pipe}}}(\dot{m})\end{bmatrix}=\begin{bmatrix}\boldsymbol{A}\dot{\boldsymbol{m}}-\dot{\boldsymbol{m}}_{\text{q}}\\ \boldsymbol{BK}\dot{\boldsymbol{m}}\mid\dot{\boldsymbol{m}}\mid\end{bmatrix} \tag{2.25}$$

式中，$\Delta \boldsymbol{F}$ 上部分维数是 $(n_{\text{node}}-1)\times 1$，$\Delta \boldsymbol{F}$ 下部分维数是 $n_{\text{loop}}\times 1$。n_{pipe} 是管段数目，n_{node} 是节点数目，n_{loop} 是环路数目。

因此，依据方程(2.22)，$\boldsymbol{J}$ 表示为

$$\boldsymbol{J}=\begin{bmatrix}\frac{\partial F_1}{\partial \dot{m}_1} & \frac{\partial F_1}{\partial \dot{m}_2} & \cdots & \frac{\partial F_1}{\partial \dot{m}_{n_{\text{pipe}}}}\\ \frac{\partial F_2}{\partial \dot{m}_1} & \frac{\partial F_2}{\partial \dot{m}_2} & \cdots & \frac{\partial F_2}{\partial \dot{m}_{n_{\text{pipe}}}}\\ \vdots & \vdots & \ddots & \vdots\\ \frac{\partial F_{n_{\text{pipe}}}}{\partial \dot{m}_1} & \frac{\partial F_{n_{\text{pipe}}}}{\partial \dot{m}_2} & \cdots & \frac{\partial F_{n_{\text{pipe}}}}{\partial \dot{m}_{n_{\text{pipe}}}}\end{bmatrix}=\begin{bmatrix}\boldsymbol{A}\\ 2\boldsymbol{BK}\mid\dot{\boldsymbol{m}}\mid\end{bmatrix} \tag{2.26}$$

式中，$\boldsymbol{J}$ 的上部分维数是 $(n_{\text{node}}-1)\times n_{\text{pipe}}$，$\boldsymbol{J}$ 的下部分维数是 $n_{\text{loop}}\times n_{\text{pipe}}$。

对于图 2.1 所示的热力网，各管段参数为：$L=400\ \text{m}$，$D=0.15\ \text{m}$，管段粗糙度 $\varepsilon=1.25\times 10^{-3}\ \text{m}$，水的运动黏度 $\mu=0.294\times 10^{-6}\ \text{m}^2/\text{s}$。下面求解该热力网中各管段的质量流率。

依据方程(2.4)，图 2.1 中节点 1 与 2 的质量守恒方程表示为

$$\begin{aligned}\dot{m}_1-\dot{m}_2&=2\\ \dot{m}_2+\dot{m}_3&=3\end{aligned} \tag{2.27}$$

依据方式(2.10)，图 2.1 中环路的压力降方程表示为

$$\sum_{j=1}^{3}B_{1,j}K_j\dot{m}_j\mid\dot{m}_j\mid=K_1\dot{m}_1\mid\dot{m}_1\mid+K_2\dot{m}_2\mid\dot{m}_2\mid-K_3\dot{m}_3\mid\dot{m}_3\mid=0 \tag{2.28}$$

联立方程(2.27)与(2.28)，用牛顿-拉夫逊法求解各管段质量流率。

依据等式(2.25)、(2.26)，$\Delta \boldsymbol{F}$ 与 $\boldsymbol{J}$ 可分别表示为

$$\Delta \boldsymbol{F}=\begin{bmatrix}\dot{m}_1-\dot{m}_2-2\\ \dot{m}_2+\dot{m}_3-3\\ K_1\dot{m}_1\mid\dot{m}_1\mid+K_2\dot{m}_2\mid\dot{m}_2\mid-K_3\dot{m}_3\mid\dot{m}_3\mid\end{bmatrix} \tag{2.29}$$

$$\boldsymbol{J}=\begin{bmatrix}1 & -1 & 0\\ 0 & 1 & 1\\ 2K_1\mid\dot{m}_1\mid & 2K_2\mid\dot{m}_2\mid & -2K_3\mid\dot{m}_3\mid\end{bmatrix} \tag{2.30}$$

假定初始条件，$\dot{\boldsymbol{m}}^{(0)}=\begin{bmatrix}\dot{m}_1^{(0)}\\ \dot{m}_2^{(0)}\\ \dot{m}_3^{(0)}\end{bmatrix}=\begin{bmatrix}1\\1\\1\end{bmatrix}$。

每次迭代中更新支路系数 K。第 0 次迭代时，有

$$\boldsymbol{K}^{(0)}=\begin{bmatrix}0.0179\\0.0179\\0.0269\end{bmatrix},\ \Delta\boldsymbol{F}^{(0)}=\begin{bmatrix}-2\\-1\\0.009\end{bmatrix},\ \boldsymbol{J}^{(0)}=\begin{bmatrix}1 & -1 & 0\\ 0 & 1 & 1\\ 0.0358 & 0.0358 & -0.0537\end{bmatrix}。$$

依据方程(2.24)，$\dot{\boldsymbol{m}}^{(1)}=\dot{\boldsymbol{m}}^{(0)}-(\boldsymbol{J}^{(0)})^{-1}\Delta\boldsymbol{F}^{(0)}=\begin{bmatrix}2.786\\0.786\\2.214\end{bmatrix}$。

上述过程一直重复直到偏差量 $|\Delta\boldsymbol{F}|$ 的最大值小于给定误差 $\varepsilon=10^{-3}$。经 3 次迭代后，收敛结果为：$\dot{\boldsymbol{m}}=\begin{bmatrix}2.712\\0.712\\2.289\end{bmatrix}$。

为验证结果，在西门子商业软件 SINCAL 中构建相同的热力管网[84]。计算结果与本书模型在 10^{-3} 精度上相同，SINCAL 计算所得 $\dot{m}_3=2.289$ 的截图如图 2.3 所示。

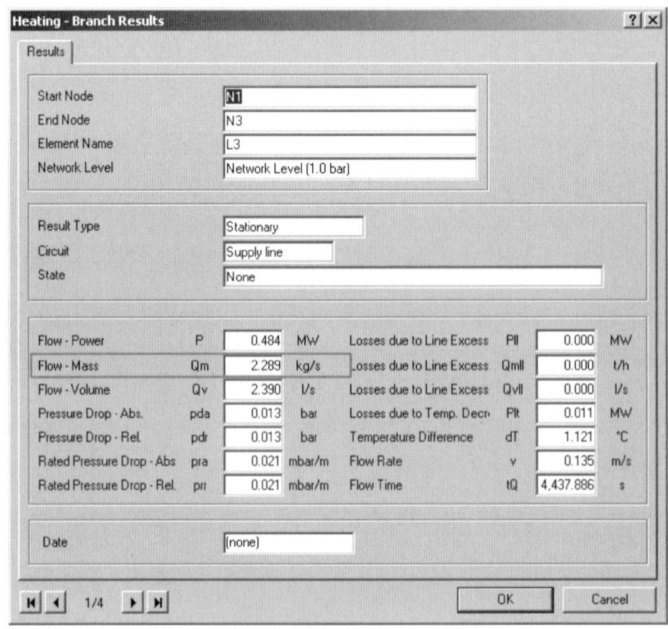

图 2.3　SINCAL 软件计算的图 2.1 中管段 3 的质量流率

2.4　热力模型

利用热力模型计算如图 2.4 所示的热力管网中各节点的温度。每个节点包含 3 个温度变量(见图 2.4)：供水温度(supply temperature，T_s)、出水温度(outlet temperature，T_o)与回水温度(return temperature，T_r)[95]。出水温度定义为回水网络中节点在出口处水力交汇点之前的温度。通常热力学模型中热源的供水温度与负荷的出水温度(水力交汇点之前的回水温度)是给定的[10,84,87,88]。负荷的回水温度取决于供水温度、室温与热负荷等[96-99]。为简单起见，假定已知管网中每个负荷的出水温度或回水温度。

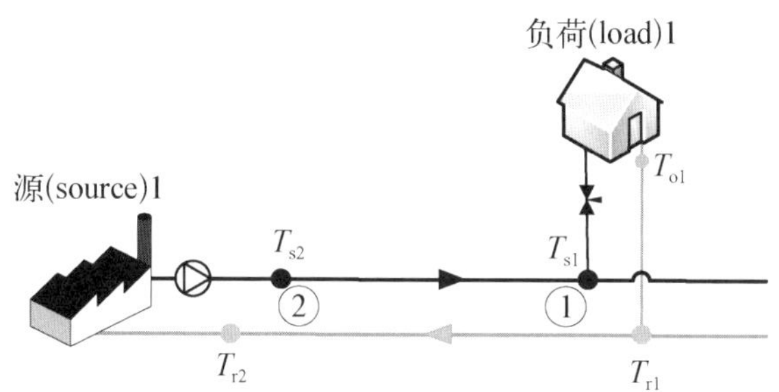

图 2.4　节点所关联的温度变量示意图

节点热力功率与节点质量流率、节点供水温度与回水温度之差成正比，计算公式如下[10,99]

$$\boldsymbol{\Phi}=c_p\dot{\boldsymbol{m}}_{\mathbf{q}}(\boldsymbol{T}_s-\boldsymbol{T}_o) \tag{2.31}$$

式中，$\boldsymbol{\Phi}$ 是节点消耗或供给该节点的热力功率向量(W_{th})；c_p 是水的比热容($J \cdot kg^{-1} \cdot ℃^{-1}$)，$c_p=4.182\times10^{-3}\ MJ \cdot kg^{-1} \cdot ℃^{-1}$；$\dot{\boldsymbol{m}}_{\mathbf{q}}$ 是从热源注入该节点或该节点供给热负荷的质量流率(kg/s)。

管段末端的出口温度由温度降方程(2.32)计算得到，该方程的推导参见文献[10,99,100]。

$$T_{end}=(T_{start}-T_a)e^{-\frac{\lambda L}{c_p\dot{m}}}+T_a \tag{2.32}$$

式中，T_{start} 与 T_{end} 是管段始端节点和末端节点的温度(℃)，T_a 是环境温度(℃)，λ 是管段单位长度的总传热系数($W \cdot m^{-1}℃^{-1}$)，L 是管段长度(m)，$\dot{m}$ 是管段的质量流率(kg/s)。等式(2.32)表明如果管段内流体的质量流率较大，则管段末端节点的温度较高，沿管段的温度下降较小。

为简洁起见，规定 $T'_{start}=T_{start}-T_a$，$T'_{end}=T_{end}-T_a$，$\Psi=e^{-\frac{\lambda L}{c_p\dot{m}}}$，可将等式

(2.32)表示为

$$T'_{\text{end}}=T'_{\text{start}}\Psi \tag{2.33}$$

若热媒经由多根管段流入节点，该节点为水力交汇点，则流出该节点的热媒温度表示为多根管段热媒交汇的温度，计算公式为[10,89,99]

$$\left(\sum \dot{m}_{\text{out}}\right) T_{\text{out}} = \sum \left(\dot{m}_{\text{in}} T_{\text{in}}\right) \tag{2.34}$$

式中，T_{out}是节点的热媒温度(℃)，$\dot{m}_{\text{out}}$是流出节点的各管段质量流率(kg/s)，T_{in}是流入该节点的各管段末端的热媒温度(℃)，$\dot{m}_{\text{in}}$是流入该节点的各管段质量流率(kg/s)。

2.5 热力模型计算方法

对于供热网，可利用热力模型求解负荷的供水温度与热源的回水温度。假设已知热源的供水温度与负荷的出水温度(水力交汇前的回水温度)以及各管段的质量流率[10,84,87,88]。当热力模型的三大方程应用于任意拓扑结构的环状供热管网时，问题变得复杂。因此，本节对热力学模型采用矩阵建模，并用流程图描述计算流程，在此基础上开发了热力模型的 MATLAB 通用求解程序。

简单的环状供热网如图 2.5 所示，用以演示热力模型计算。目标是求解负荷供水温度 T_{s1}、T_{s2}与热源回水温度 T_{r3}。给定变量[84]：$\dot{m}_1=3$ kg/s，$\dot{m}_2=1$ kg/s，$\dot{m}_3=2$ kg/s。$T_{s3}=100$℃，$T_{o1}=T_{o2}=50$℃，环境温度 $T_a=10$℃。各管段参数[84]：$L=400$ m，$\lambda=0.2$ W/(m·K)，$c_p=4\,182$ J/(kg·K)。取 $T'_s=T_s-T_a$，$T'_r=T_r-T_a$。

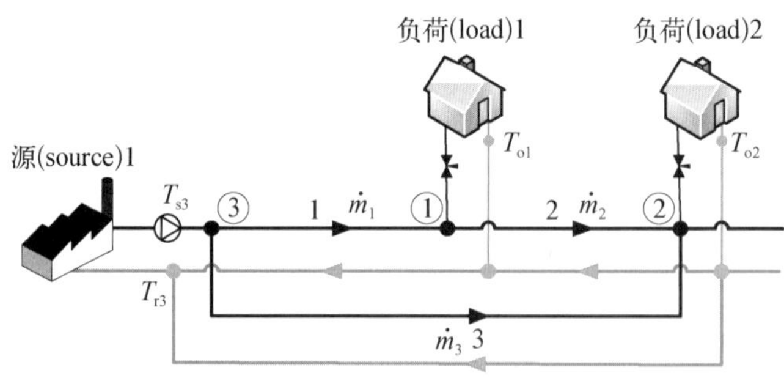

图 2.5 含 1 个环路的简单供热网

2.5.1 供水温度计算

目标是通过热力模型，基于热源供水温度来计算负荷供水温度。对于如图 2.5

所示的热网供水管网,网络关联矩阵表示为

$$\boldsymbol{A}_{\mathrm{h}}= \begin{array}{c} \\ \\ \text{节点编号} \end{array} \begin{array}{c} \\ \\ 1 \\ 2 \\ 3 \end{array} \begin{array}{c} \text{管段编号} \\ \begin{array}{ccc} 1 & 2 & 3 \end{array} \\ \begin{bmatrix} 1 & -1 & 0 \\ 0 & 1 & 1 \\ -1 & 0 & -1 \end{bmatrix} \end{array}$$

矩阵 $\boldsymbol{A}_{\mathrm{h}}$ 的元素 a_{hij} 描述为

+1,热媒从管段 j 流入节点 i;

−1,热媒从管段 j 流出节点 i;

0,管段 j 与该节点 i 无连接。

热力模型计算求解步骤如下:

(1) 基于关联矩阵 $\boldsymbol{A}_{\mathrm{h}}$ 确定水力交汇节点。$\boldsymbol{A}_{\mathrm{h}}$ 第 2 行有 2 个元素"1",说明流体在节点 2 交汇。

(2) 对节点 1,供水温度 T'_{s1} 由温度降方程(2.33)求得

$$T'_{\mathrm{s1}}=T'_{\mathrm{s3}}\boldsymbol{\Psi}_1 \tag{2.35}$$

(3) 对节点 2,供水温度 T'_{s2} 由温度降方程(2.33)与水力交汇温度方程(2.34)求得

$$(\dot{m}_2+\dot{m}_3)T'_{\mathrm{s2}}=\dot{m}_2(T'_{\mathrm{s1}}\boldsymbol{\Psi}_2)+\dot{m}_3(T'_{\mathrm{s3}}\boldsymbol{\Psi}_3) \tag{2.36}$$

(4) 联立温度方程(2.35)与方程(2.36)形成方程组

$$\boldsymbol{C}_{\mathrm{s}}\boldsymbol{T}'_{\mathrm{s}}=\boldsymbol{b}_{\mathrm{s}} \tag{2.37}$$

式中,$\boldsymbol{C}_{\mathrm{s}}$ 是系数矩阵,$\boldsymbol{T}'_{\mathrm{s}}$ 是温度向量,$\boldsymbol{b}_{\mathrm{s}}$ 是列向量,方程组通用的求解流程如图 2.6 所示。

$$\boldsymbol{C}_{\mathrm{s}}=\begin{bmatrix} 1 & 0 \\ -\dot{m}_2\boldsymbol{\Psi}_2 & \dot{m}_{\mathrm{q2}} \end{bmatrix} \quad \boldsymbol{T}'_{\mathrm{s}}=\begin{bmatrix} T'_{\mathrm{s1}} \\ T'_{\mathrm{s2}} \end{bmatrix} \quad \boldsymbol{b}_{\mathrm{s}}=\begin{bmatrix} T'_{\mathrm{s3}}\boldsymbol{\Psi}_1 \\ \dot{m}_3T'_{\mathrm{s3}}\boldsymbol{\Psi}_3 \end{bmatrix} \tag{2.38}$$

将给定参数代入到方程(2.38)

$$\begin{bmatrix} 1 & 0 \\ -0.981 & 3 \end{bmatrix}\begin{bmatrix} T'_{\mathrm{s1}} \\ T'_{\mathrm{s2}} \end{bmatrix}=\begin{bmatrix} 89.428 \\ 178.287 \end{bmatrix} \tag{2.39}$$

线性方程组(2.39)可用 MATLAB 指令"linsolve"求解得出:$T_{\mathrm{s1}}=99.428$℃,$T_{\mathrm{s2}}=98.673$℃。即供水温度从节点 3→1→2 依次递减。

计算供水温度的流程如图 2.6 所示，其中 i，j 是节点编号，k 是支路编号。

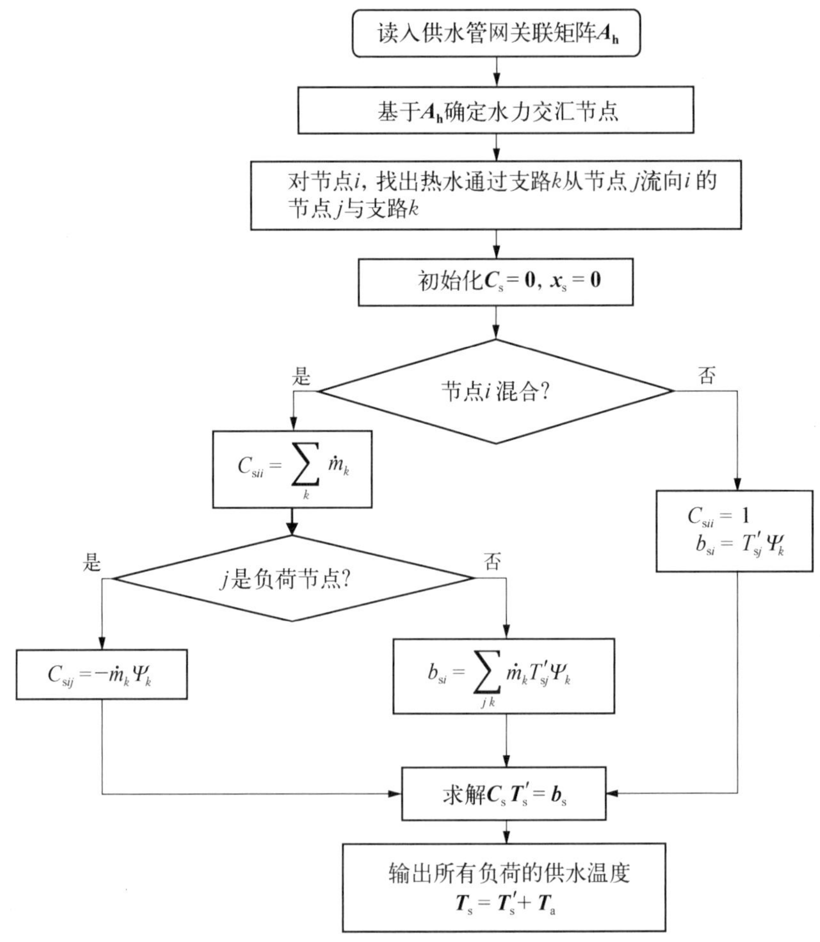

图 2.6　供水温度计算流程图

2.5.2　回水温度计算

目标是通过热力模型，基于负荷出水温度（水力交汇点前的回水温度）计算热源回水温度。回水管网（见图 2.5）的网络关联矩阵是供水管网关联矩阵 $\boldsymbol{A}_h$ 的负值即 $(-\boldsymbol{A}_h)$。回水管网热力计算与供水网热力计算类似，具体步骤如下。

(1) 基于矩阵 $(-\boldsymbol{A}_h)$ 确定水力交汇节点。矩阵 $(-\boldsymbol{A}_h)$ 第 1 行含 1 个元素“1”加上负荷 1 流入节点 1，第 3 行含 2 个元素“1”，说明热媒在节点 1 和 3 交汇。

(2) 对节点 1，回水温度 T'_{r1} 基于温度降方程（2.33）与水力交汇温度方程（2.34）计算

$$\dot{m}_1 T'_{r1} = \dot{m}_2 T'_{r2} \boldsymbol{\Psi}_2 + \dot{m}_{q1} T'_{o1} \tag{2.40}$$

(3) 对节点 2,回水温度 T'_{r2} 等于给定的出水温度

$$T'_{r2} = T'_{o2} \tag{2.41}$$

(4) 类似地,联立温度方程(2.40)与(2.41)形成方程组

$$\boldsymbol{C}_r \boldsymbol{T}'_r = \boldsymbol{b}_r \tag{2.42}$$

式中,$\boldsymbol{C}_r$是系数矩阵,$\boldsymbol{T}'_r$是回水温度变量的向量,$\boldsymbol{b}_r$是列向量。形成矩阵 $\boldsymbol{C}_r$与向量 $\boldsymbol{b}_r$的通用求解流程如图 2.7 所示。

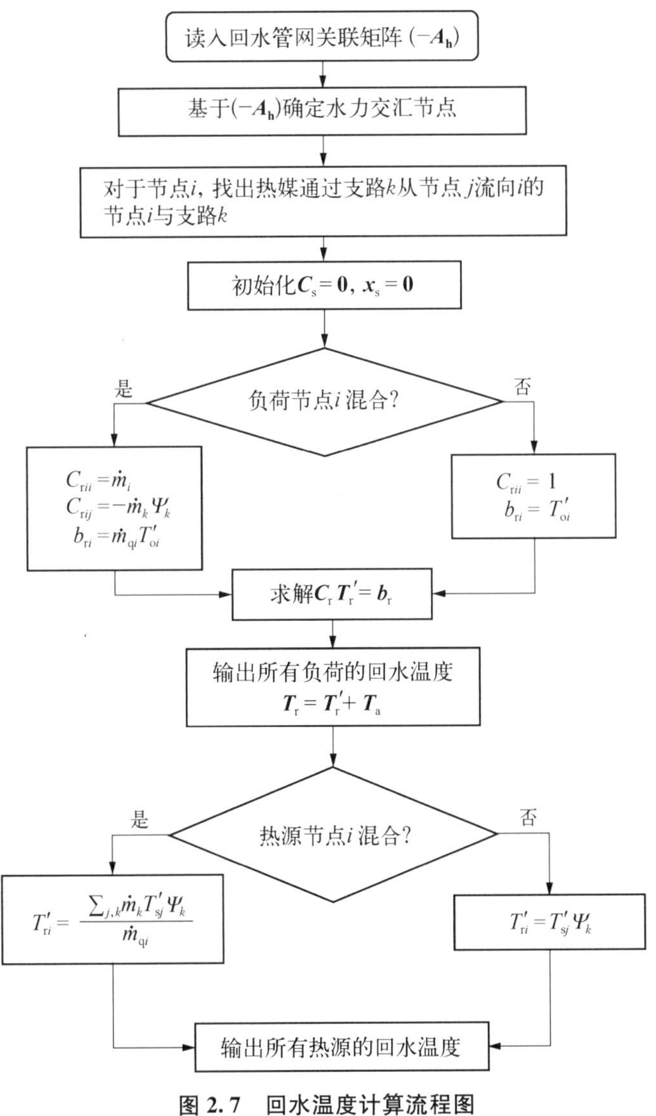

图 2.7　回水温度计算流程图

$$\boldsymbol{C}_{\mathrm{r}}=\begin{bmatrix}\dot{m}_1 & -\dot{m}_2\boldsymbol{\Psi}_2\\ 0 & 1\end{bmatrix}\quad \boldsymbol{T}'_{\mathrm{r}}=\begin{bmatrix}T'_{\mathrm{r}1}\\ T'_{\mathrm{r}2}\end{bmatrix}\quad \boldsymbol{b}_{\mathrm{r}}=\begin{bmatrix}\dot{m}_{\mathrm{q}1}T'_{\mathrm{o}1}\\ T'_{\mathrm{o}2}\end{bmatrix} \tag{2.43}$$

将给定参数代入到方程(2.43)

$$\begin{bmatrix}3 & -0.981\\ 0 & 1\end{bmatrix}\begin{bmatrix}T'_{\mathrm{r}1}\\ T'_{\mathrm{r}2}\end{bmatrix}=\begin{bmatrix}80\\ 40\end{bmatrix} \tag{2.44}$$

用 MATLAB 指令“linsolve”求解方程(2.44)得：$T_{\mathrm{r}1}=49.747$℃，$T_{\mathrm{r}2}=50$℃。

(5) 对热源节点 3，回水温度 $T'_{\mathrm{r}3}$由温度降方程(2.33)与水力交汇温度方程(2.34)求得

$$\dot{m}_{\mathrm{q}3}T'_{\mathrm{r}3}=\dot{m}_1(T'_{\mathrm{r}1}\boldsymbol{\Psi}_1)+\dot{m}_3(T'_{\mathrm{r}2}\boldsymbol{\Psi}_3) \tag{2.45}$$

计算得：$T_{\mathrm{r}3}=49.695$℃。

回水温度计算流程如图 2.7 所示，其中 i，j 是节点编号，k 是支路编号。

2.6 水力-热力模型

对于热力网，水力-热力模型的目标是通过建模计算各管段质量流率 $\dot{\boldsymbol{m}}$、负荷供水温度与热源回水温度。假设已知热源供水温度与负荷出水温度，已知除平衡节点的节点质量流率 $\dot{\boldsymbol{m}}_{\mathrm{q}}$或热功率 $\boldsymbol{\Phi}$[10,84,87,88]。平衡节点定义为平衡系统总热负荷加上损耗与所有 $N-1$ 热源节点功率的差值。

若给定节点注入的质量流率 $\dot{\boldsymbol{m}}_{\mathrm{q}}$，则水力模型与热力模型分开独立计算[83,89]。首先，通过水力模型计算各管段质量流率 $\dot{\boldsymbol{m}}$，然后将 $\dot{\boldsymbol{m}}$ 代入热力模型，通过热力模型求解负荷供水温度与热源回水温度。

若给定节点消耗或供给的热力功率 $\boldsymbol{\Phi}$，则可用两种方法计算水力-热力模型。传统的计算方法是迭代，即水力与热力分解法[84]，本书提出水力-热力联合计算法，即求解联立方程组[41]。

牛顿-拉夫逊法已应用在水力模型的计算中，水力-热力联合方程组计算也采用牛顿-拉夫逊法，且考虑了水力与热力模型的耦合关系。例如，如果不给定水力模型的支路质量流率，就无法进行热力模型计算；在给定节点热功率条件下，如果不给定热力模型的节点热媒温度，就无法计算节点质量流率，从而无法求解水力模型。

本节提出的方法能处理管段流体的任意初始方向。在水力-热力模型每次迭代计算中，根据管段流体方向的变化，网络关联矩阵 $\boldsymbol{A}_{\mathrm{h}}$ 与环路关联矩阵 $\boldsymbol{B}_{\mathrm{h}}$ 会更

新。相应地，水力交汇点及温度方程也会在每次迭代中更新。

2.6.1　水力-热力模型的分解求解

给定节点热力功率的水力-热力模型分解计算如图 2.8 所示。独立的水力与热力模型之间的迭代过程如下：

① 将计算得出的节点质量流率 $\dot{\boldsymbol{m}}_{\mathrm{q}}$ 代入水力模型更新支路质量流率 $\dot{\boldsymbol{m}}$。第 1 次迭代时，$\dot{\boldsymbol{m}}_{\mathrm{q}}$ 是初始给定的。

② 计算热力模型，更新负荷供水温度 $\boldsymbol{T}_{\mathrm{s,\,load}}$ 与热源回水温度 $\boldsymbol{T}_{\mathrm{r,\,source}}$。

③ 将计算的温度反馈至热力功率方程(2.31)，更新节点质量流率 $\dot{\boldsymbol{m}}_{\mathrm{q}}$。

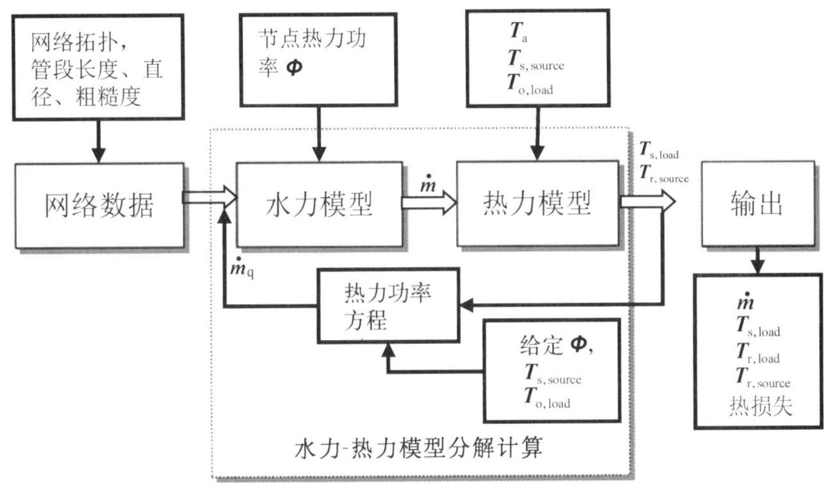

图 2.8　给定节点热力功率的水力-热力模型分解计算示意图

给定节点热力功率的水力-热力模型分解计算的流程图如图 2.9 所示。图中 $\Delta\boldsymbol{T}_{\mathrm{s,\,load}}=\boldsymbol{T}_{\mathrm{s,\,load}}^{(i+1)}-\boldsymbol{T}_{\mathrm{s,\,load}}^{(i)}$，$\Delta\boldsymbol{T}_{\mathrm{r}}=\boldsymbol{T}_{\mathrm{r}}^{(i+1)}-\boldsymbol{T}_{\mathrm{r}}^{(i)}$。将初始化的负荷供水温度 $\boldsymbol{T}_{\mathrm{s,\,load}}$ 与热源回水温度 $\boldsymbol{T}_{\mathrm{r,\,source}}$ 代入热力功率方程(2.31)，以计算节点质量流率 $\dot{\boldsymbol{m}}_{\mathrm{q}}$。

简单的环状热力管网如图 2.10 所示，用来演示分解计算的过程。目标是求图 2.10 中支路质量流率 $\dot{m}_1$，$\dot{m}_2$，$\dot{m}_3$ 与负荷供水温度 $T_{\mathrm{s1,\,load}}$，$T_{\mathrm{s2,\,load}}$ 以及热源回水温度 $T_{\mathrm{r1,\,source}}$。已知变量[84]为：$\Phi_{1,\,\mathrm{load}}=\Phi_{2,\,\mathrm{load}}=0.3\ \mathrm{MW}$，$T_{\mathrm{s1,\,source}}=100℃$，$T_{\mathrm{o1,\,load}}=T_{\mathrm{o2,\,load}}=50℃$。土壤环境温度为 $T_{\mathrm{a}}=10℃$。各管道参数[84]为：$L_1=L_2=400\ \mathrm{m}$，$L_3=600\ \mathrm{m}$，$D=0.15\ \mathrm{m}$，$\varepsilon=1.25\times10^{-3}\ \mathrm{m}$，$\lambda=0.2\ \mathrm{W/mK}$，$c_{\mathrm{p}}=4\,182\ \mathrm{J/(kg\cdot K)}=4.182\times10^{-3}\ \mathrm{MJ/(kg\cdot K)}$。

对于如图 2.10 所示的供水管网，依据方程(2.25)与方程(2.26)，$\Delta\boldsymbol{F}$ 与 $\boldsymbol{J}$ 分别为

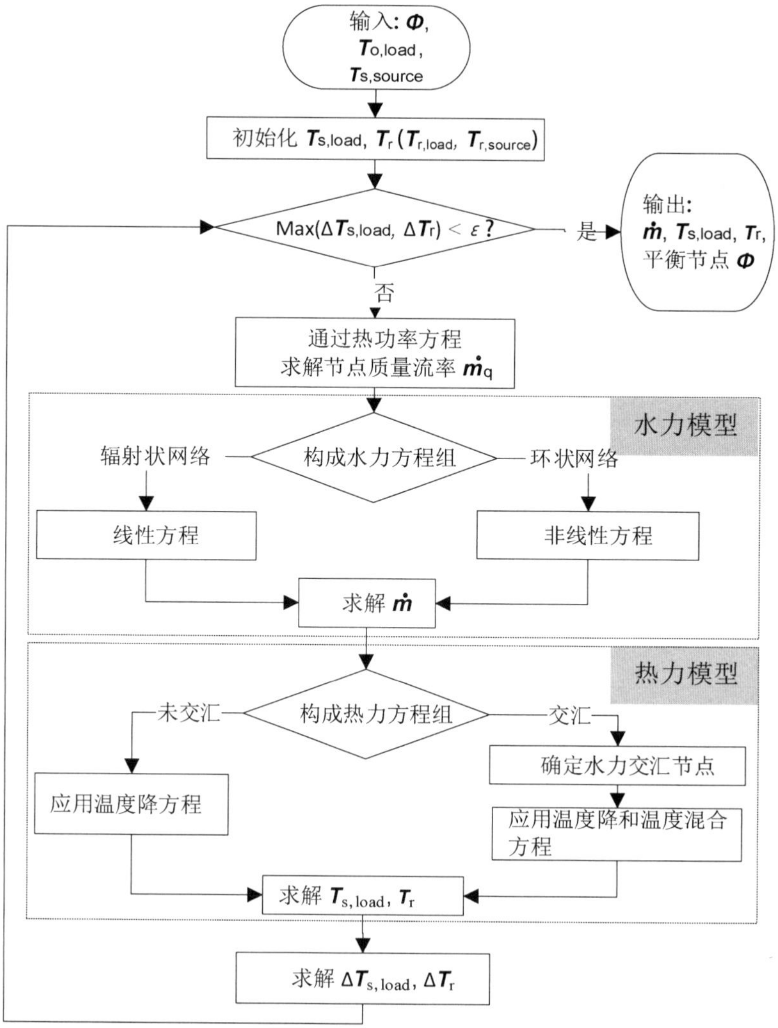

输入：$\boldsymbol{\Phi}$,
$\boldsymbol{T}_{\text{o,load}}$,
$\boldsymbol{T}_{\text{s,source}}$

初始化 $\boldsymbol{T}_{\text{s,load}}$, $\boldsymbol{T}_{\text{r}}$ ($\boldsymbol{T}_{\text{r,load}}$, $\boldsymbol{T}_{\text{r,source}}$)

Max($\Delta\boldsymbol{T}_{\text{s,load}}$, $\Delta\boldsymbol{T}_{\text{r}}$) $< \varepsilon$?

是

输出：
$\dot{\boldsymbol{m}}$, $\boldsymbol{T}_{\text{s,load}}$, $\boldsymbol{T}_{\text{r}}$,
平衡节点 $\boldsymbol{\Phi}$

否

通过热功率方程
求解节点质量流率 $\dot{\boldsymbol{m}}_{\text{q}}$

水力模型

辐射状网络

构成水力方程组

环状网络

线性方程

非线性方程

求解 $\dot{\boldsymbol{m}}$

热力模型

未交汇

构成热力方程组

交汇

确定水力交汇节点

应用温度降方程

应用温度降和温度混合方程

求解 $\boldsymbol{T}_{\text{s,load}}$, $\boldsymbol{T}_{\text{r}}$

求解 $\Delta\boldsymbol{T}_{\text{s,load}}$, $\Delta\boldsymbol{T}_{\text{r}}$

图 2.9　给定节点热力功率的水力-热力模型分解计算流程图

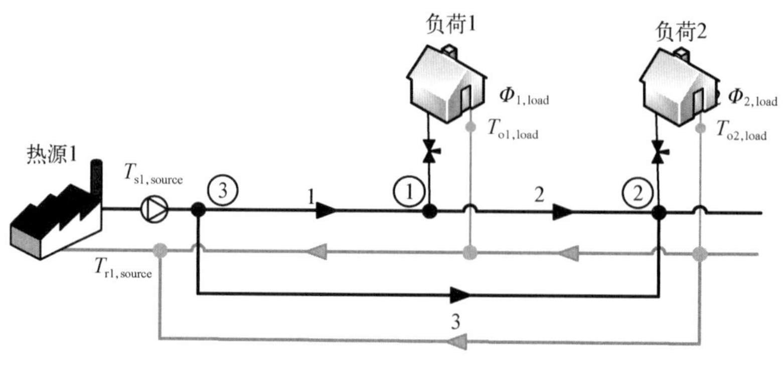

图 2.10　含 1 个环路的简单供热网

$$\Delta \boldsymbol{F}=\begin{bmatrix}\boldsymbol{A}\dot{\boldsymbol{m}}-\dot{\boldsymbol{m}}_{\mathrm{q}}\\ \boldsymbol{BK}\dot{\boldsymbol{m}}\mid\dot{\boldsymbol{m}}\mid\end{bmatrix}=\begin{bmatrix}\dot{m}_1-\dot{m}_2-\dot{m}_{\mathrm{q1}}\\ \dot{m}_2+\dot{m}_3-\dot{m}_{\mathrm{q2}}\\ K_1\dot{m}_1\mid\dot{m}_1\mid+K_2\dot{m}_2\mid\dot{m}_2\mid-K_3\dot{m}_3\mid\dot{m}_3\mid\end{bmatrix} \tag{2.46}$$

$$\boldsymbol{J}=\begin{bmatrix}\boldsymbol{A}\\ 2\boldsymbol{BK}\mid\dot{\boldsymbol{m}}\mid\end{bmatrix}=\begin{bmatrix}1 & -1 & 0\\ 0 & 1 & 1\\ 2K_1\mid\dot{m}_1\mid & 2K_2\mid\dot{m}_2\mid & -2K_3\mid\dot{m}_3\mid\end{bmatrix} \tag{2.47}$$

对如图 2.10 所示的热力管网进行分解计算的步骤如下：

(1) 任意假设初始条件：$T_{\mathrm{s1,load}}^{(0)}=T_{\mathrm{s2,load}}^{(0)}=100℃$，$\dot{\boldsymbol{m}}^{(0)}=[1\quad 1\quad 1]^{\mathrm{T}}$。

(2) 依据热力功率方程(2.31)，计算节点质量流率 $\dot{\boldsymbol{m}}_{\mathrm{q}}=\dfrac{\boldsymbol{\Phi}}{c_p(\boldsymbol{T}_{\mathrm{s}}-\boldsymbol{T}_{\mathrm{o}})}$。第 1 次迭代时，$\dot{m}_{\mathrm{q1}}^{(0)}=\dot{m}_{\mathrm{q2}}^{(0)}=1.435\ \mathrm{kg/s}$。

(3) 计算水力模型，更新 $\dot{\boldsymbol{m}}$。

第 1 次迭代：

$$\Delta\boldsymbol{F}^{(0)}=\begin{bmatrix}-1.435\\ 0.565\\ 0.009\end{bmatrix},\ \boldsymbol{J}^{(0)}=\begin{bmatrix}-1 & -1 & 0\\ 0 & 1 & 1\\ 0.0358 & 0.0358 & -0.0537\end{bmatrix},$$

$$\Delta\dot{\boldsymbol{m}}^{(0)}=-(\boldsymbol{J}^{(0)})^{-1}\Delta\boldsymbol{F}^{(0)}=\begin{bmatrix}0.711\\ -0.724\\ 0.158\end{bmatrix},$$

$$\dot{\boldsymbol{m}}^{(1)}=\dot{\boldsymbol{m}}^{(0)}+\Delta\dot{\boldsymbol{m}}^{(0)}=\begin{bmatrix}1.711\\ 0.276\\ 1.158\end{bmatrix}。$$

(4) 计算热力模型，更新 $T_{\mathrm{s1,load}}$，$T_{\mathrm{s2,load}}$。第 1 次迭代，$T_{\mathrm{s1,load}}^{(1)}=98.999$，$T_{\mathrm{s2,load}}^{(1)}=96.883$。

(5) 重复步骤(2)到(4)，一直迭代直到 $\mid\Delta\boldsymbol{T}_{\mathrm{s,load}}\mid$ 与 $\mid\Delta\dot{\boldsymbol{m}}\mid$ 的最大值小于 ε。

在误差 $\varepsilon=10^{-3}$ 情况下，求解经 4 次迭代计算收敛，$\dot{m}_1=1.642$，$\dot{m}_2=0.177$，$\dot{m}_3=1.345$. $T_{\mathrm{s1,load}}=98.958$，$T_{\mathrm{s2,load}}=97.140$. $T_{\mathrm{r1,load}}=49.558$，$T_{\mathrm{r2,load}}=50$，$T_{\mathrm{r1,source}}=49.125$。

为验证结果，在西门子商业软件 SINCAL 中构建相同的热力管网与参数[84]。计算结果与本书模型在 10^{-3} 精度上相同，SINCAL 计算所得 $T_{\mathrm{s1,load}}=98.958$ 的结果如图 2.11 所示。

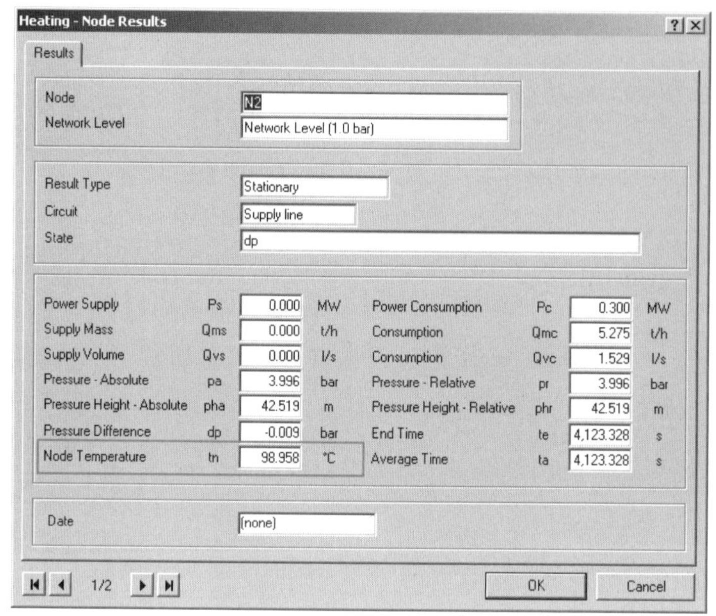

图 2.11　SINCAL 软件中负荷 1 供水温度的计算结果

2.6.2　水力-热力模型联立求解

给定节点热力功率下，水力-热力联立计算将独立的水力模型与热力模型方程联立求解。水力方程与热力方程形成水力-热力联合方程的过程如图 2.12 所示。独立的水力模型与热力模型通过支路质量流量 $\dot{\boldsymbol{m}}$ 关联。节点热力功率 $\boldsymbol{\Phi}$ 与支路质量流量 $\dot{\boldsymbol{m}}$ 的关系可用方程(2.48)来描述。该方程通过将节点流量平衡方程(2.4)的节点质量流率 $\dot{\boldsymbol{m}}_{\mathrm{q}}$ 代入节点功率方程(2.31)以消去中间变量 $\dot{\boldsymbol{m}}_{\mathrm{q}}$。

$$\boldsymbol{\Phi} = c_p \boldsymbol{A}\dot{\boldsymbol{m}}(\boldsymbol{T}_{\mathrm{s}} - \boldsymbol{T}_{\mathrm{o}}) \tag{2.48}$$

整体水力-热力模型的联立计算的流程如图 2.13 所示。

依据方程(2.21)，牛顿-拉夫逊法的迭代格式为

$$\boldsymbol{x}^{(i+1)} = \boldsymbol{x}^{(i)} - (\boldsymbol{J}^{(i)})^{-1}\Delta\boldsymbol{F}(\boldsymbol{x}^{(i)}) \tag{2.49}$$

状态变量 $\boldsymbol{x}$ 表示为

$$\boldsymbol{x} = \begin{bmatrix} \dot{\boldsymbol{m}} \\ \boldsymbol{T}'_{\mathrm{s,\ load}} \\ \boldsymbol{T}'_{\mathrm{r,\ load}} \end{bmatrix} \tag{2.50}$$

式中，$\boldsymbol{x}$ 变量中三部分的维度分别是 $n_{\mathrm{pipe}} \times 1$，$n_{\mathrm{load}} \times 1$，$n_{\mathrm{load}} \times 1$。$n_{\mathrm{pipe}}$ 是管段数目，n_{load} 是负荷数目。$T'_{\mathrm{s}} = T_{\mathrm{s}} - T_{\mathrm{a}}$，$T'_{\mathrm{r}} = T_{\mathrm{r}} - T_{\mathrm{a}}$。

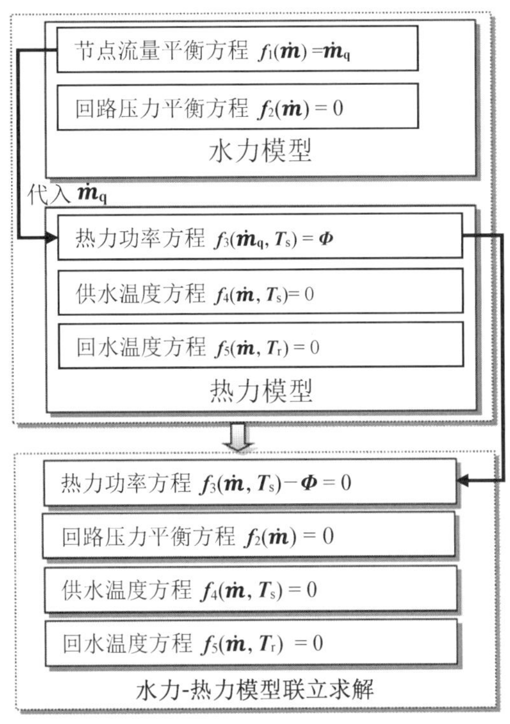

图 2.12　水力方程与热力方程形成水力-热力联合方程的过程

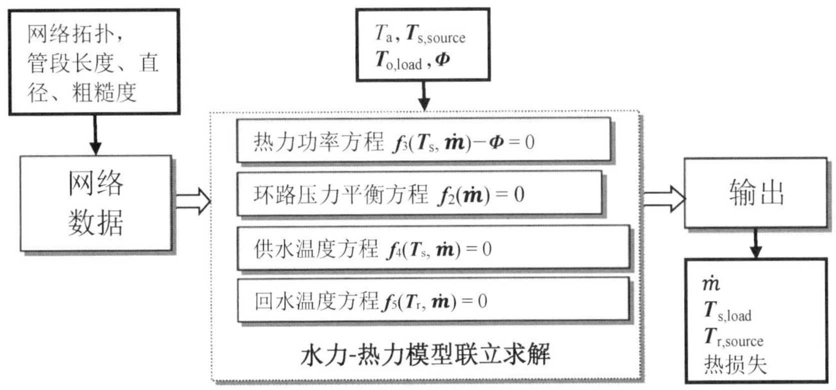

图 2.13　给定节点热力功率的水力-热力联立计算流程

$\Delta \boldsymbol{F}$ 表示为

$$\Delta \boldsymbol{F}=\begin{bmatrix}\Delta \boldsymbol{\Phi} \\ \Delta \boldsymbol{p} \\ \Delta \boldsymbol{T}'_s \\ \Delta \boldsymbol{T}'_r\end{bmatrix}=\begin{bmatrix}c_p \boldsymbol{A}\dot{\boldsymbol{m}}(\boldsymbol{T}_s-\boldsymbol{T}_o)-\boldsymbol{\Phi}^{sp} \\ \boldsymbol{B}\boldsymbol{K}\dot{\boldsymbol{m}}\,|\,\dot{\boldsymbol{m}}\,| \\ \boldsymbol{A}_s\boldsymbol{T}'_{s,\,load}-\boldsymbol{b}_s \\ \boldsymbol{A}_r\boldsymbol{T}'_{r,\,load}-\boldsymbol{b}_r\end{bmatrix}\begin{matrix}\leftarrow \text{热力功率方程} \\ \leftarrow \text{回路压力平衡} \\ \leftarrow \text{供水温度方程} \\ \leftarrow \text{回水温度方程}\end{matrix} \tag{2.51}$$

式中，$\boldsymbol{\Phi}^{sp}$是给定的热力功率。$\Delta\boldsymbol{F}$ 偏差向量的四部分维数分别为 $(n_{node}-1)\times 1$，$n_{loop}\times 1$，$n_{load}\times 1$ 与 $n_{load}\times 1$。

依据方程(2.50)与方程(2.51)，整体雅可比矩阵 $\boldsymbol{J}$ 由 3×3 子矩阵组成。此子矩阵由质量流量、供水温度与回水温度进行划分得出。

$$\boldsymbol{J}=\begin{bmatrix}\boldsymbol{J}_{11} & \boldsymbol{J}_{12} & \boldsymbol{J}_{13}\\ \boldsymbol{J}_{21} & \boldsymbol{J}_{22} & \boldsymbol{J}_{23}\\ \boldsymbol{J}_{31} & \boldsymbol{J}_{32} & \boldsymbol{J}_{33}\end{bmatrix}=\begin{bmatrix}\dfrac{\partial[\Delta\boldsymbol{\Phi};\Delta\boldsymbol{p}]}{\partial\dot{\boldsymbol{m}}} & \dfrac{\partial[\Delta\boldsymbol{\Phi};\Delta\boldsymbol{p}]}{\partial\boldsymbol{T}'_s} & \dfrac{\partial[\Delta\boldsymbol{\Phi};\Delta\boldsymbol{p}]}{\partial\boldsymbol{T}'_r}\\ \dfrac{\partial\Delta\boldsymbol{T}'_s}{\partial\dot{\boldsymbol{m}}} & \dfrac{\partial\Delta\boldsymbol{T}'_s}{\partial\boldsymbol{T}'_s} & \dfrac{\partial\Delta\boldsymbol{T}'_s}{\partial\boldsymbol{T}'_r}\\ \dfrac{\partial\Delta\boldsymbol{T}'_r}{\partial\dot{\boldsymbol{m}}} & \dfrac{\partial\Delta\boldsymbol{T}'_r}{\partial\boldsymbol{T}'_s} & \dfrac{\partial\Delta\boldsymbol{T}'_r}{\partial\boldsymbol{T}'_r}\end{bmatrix} \tag{2.52}$$

式中，灰色背景的子矩阵代表非零元素，其他元素为零。非对角子矩阵 $\boldsymbol{J}_{21}$ 与 $\boldsymbol{J}_{31}$ 的非零元素是水力交汇温度偏差方程对质量流率的导数 $\dot{\boldsymbol{m}}$。它们的值与对角子矩阵 $\boldsymbol{J}_{11}$，$\boldsymbol{J}_{22}$，$\boldsymbol{J}_{33}$ 相比非常小。这是因为质量流率的微小变化对节点混合温度的影响非常小。为简单起见，子矩阵 $\boldsymbol{J}_{21}$ 与 $\boldsymbol{J}_{31}$ 置为零[101]。

依据方程(2.51)与方程(2.52)，$\boldsymbol{J}_{11}$ 类似于水力方程的雅可比矩阵(2.26)。

$$\boldsymbol{J}_{11}=\begin{bmatrix}c_p\boldsymbol{A}(\boldsymbol{T}_s-\boldsymbol{T}_o)\\ 2\boldsymbol{BK}\,|\,\dot{\boldsymbol{m}}\,|\end{bmatrix} \tag{2.53}$$

式中，$\boldsymbol{J}_{11}$ 上半部分维数是 $(n_{node}-1)\times n_{pipe}$，$\boldsymbol{J}_{11}$ 下半部分维数是 $n_{loop}\times n_{pipe}$。

依据方程(2.51)与方程(2.52)，$\boldsymbol{J}_{12}$ 表示为

$$\boldsymbol{J}_{12}=\mathrm{Diag}[c_p\boldsymbol{A}\dot{\boldsymbol{m}}] \tag{2.54}$$

式中，$\boldsymbol{J}_{12}$ 的维数是 $n_{pipe}\times n_{load}$。Diag[$\boldsymbol{E}$]表示对角元素为列向量 $\boldsymbol{E}$ 的矩阵。

依据方程(2.51)与方程(2.52)，$\boldsymbol{J}_{22}$ 与 $\boldsymbol{J}_{33}$ 等于热力模型供水管网与回水管网的系数矩阵：

$$\begin{aligned}\boldsymbol{J}_{22}&=\boldsymbol{A}_s\\ \boldsymbol{J}_{33}&=\boldsymbol{A}_r\end{aligned} \tag{2.55}$$

式中，$\boldsymbol{J}_{22}$ 与 $\boldsymbol{J}_{33}$ 的维数都是 $n_{load}\times n_{load}$。

为演示水力-热力联立求解，将模型方程应用于如图 2.10 所示的热力管网，其中，$n_{pipe}=3$，$n_{node}=3$，$n_{load}=2$ 与 $n_{loop}=1$。

依据方程(2.50)，网络状态变量 $\boldsymbol{x}$ 表示为

$$\boldsymbol{x}=[\dot{m}_1\quad \dot{m}_2\quad \dot{m}_3\quad T'_{s1}\quad T'_{s2}\quad T'_{r1}\quad T'_{r2}]^{\mathrm{T}} \tag{2.56}$$

依据方程(2.51)，偏差向量 $\Delta\boldsymbol{F}$ 表示为

$$\Delta \boldsymbol{F}=\begin{bmatrix}\left[c_p\begin{bmatrix}1 & -1 & 0\\0 & 1 & 1\end{bmatrix}\begin{bmatrix}\dot{m}_1\\\dot{m}_2\\\dot{m}_3\end{bmatrix}\left(\begin{bmatrix}T'_{s1}\\T'_{s2}\end{bmatrix}-\begin{bmatrix}T'_{o1}\\T'_{o2}\end{bmatrix}\right)-\begin{bmatrix}\Phi_1^{sp}\\\Phi_2^{sp}\end{bmatrix}\right]\\ [K_1\dot{m}_1|\dot{m}_1|+K_2\dot{m}_2|\dot{m}_2|-K_3\dot{m}_3|\dot{m}_3|]\\ \begin{bmatrix}1 & 0\\-\dot{m}_2\Psi_2 & \dot{m}_{q2}\end{bmatrix}\begin{bmatrix}T'_{s1}\\T'_{s2}\end{bmatrix}-\begin{bmatrix}T'_3\Psi_1\\\dot{m}_3T'_{s3}\Psi_3\end{bmatrix}\\ \begin{bmatrix}\dot{m}_1 & -\dot{m}_2\Psi_2\\0 & 1\end{bmatrix}\begin{bmatrix}T'_{r1}\\T'_{r2}\end{bmatrix}-\begin{bmatrix}\dot{m}_{q1}T'_{o1}\\T'_{o2}\end{bmatrix}\end{bmatrix} \tag{2.57}$$

依据方程(2.52),雅可比矩阵表示为

$$\boldsymbol{J}=\begin{bmatrix}\boldsymbol{J}_{11} & \boldsymbol{J}_{12} & \boldsymbol{J}_{13}\\\boldsymbol{J}_{21} & \boldsymbol{J}_{22} & \boldsymbol{J}_{23}\\\boldsymbol{J}_{31} & \boldsymbol{J}_{32} & \boldsymbol{J}_{33}\end{bmatrix}=\begin{bmatrix}\frac{\partial F_1}{\partial\dot{m}_1} & \frac{\partial F_1}{\partial\dot{m}_2} & \frac{\partial F_1}{\partial\dot{m}_3} & \frac{\partial F_1}{\partial T'_{s1}} & \frac{\partial F_1}{\partial T'_{s2}} & \frac{\partial F_1}{\partial T'_{r1}} & \frac{\partial F_1}{\partial T'_{r2}}\\ \frac{\partial F_2}{\partial\dot{m}_1} & \frac{\partial F_2}{\partial\dot{m}_2} & \frac{\partial F_2}{\partial\dot{m}_3} & \frac{\partial F_2}{\partial T'_{s1}} & \frac{\partial F_2}{\partial T'_{s2}} & \frac{\partial F_2}{\partial T'_{r1}} & \frac{\partial F_2}{\partial T'_{r2}}\\ \frac{\partial F_3}{\partial\dot{m}_1} & \frac{\partial F_3}{\partial\dot{m}_2} & \frac{\partial F_3}{\partial\dot{m}_3} & \frac{\partial F_3}{\partial T'_{s1}} & \frac{\partial F_3}{\partial T'_{s2}} & \frac{\partial F_3}{\partial T'_{r1}} & \frac{\partial F_3}{\partial T'_{r2}}\\ \frac{\partial F_4}{\partial\dot{m}_1} & \frac{\partial F_4}{\partial\dot{m}_2} & \frac{\partial F_4}{\partial\dot{m}_3} & \frac{\partial F_4}{\partial T'_{s1}} & \frac{\partial F_4}{\partial T'_{s2}} & \frac{\partial F_4}{\partial T'_{r1}} & \frac{\partial F_4}{\partial T'_{r2}}\\ \frac{\partial F_5}{\partial\dot{m}_1} & \frac{\partial F_5}{\partial\dot{m}_2} & \frac{\partial F_5}{\partial\dot{m}_3} & \frac{\partial F_5}{\partial T'_{s1}} & \frac{\partial F_5}{\partial T'_{s2}} & \frac{\partial F_5}{\partial T'_{r1}} & \frac{\partial F_5}{\partial T'_{r2}}\\ \frac{\partial F_6}{\partial\dot{m}_1} & \frac{\partial F_6}{\partial\dot{m}_2} & \frac{\partial F_6}{\partial\dot{m}_3} & \frac{\partial F_6}{\partial T'_{s1}} & \frac{\partial F_6}{\partial T'_{s2}} & \frac{\partial F_6}{\partial T'_{r1}} & \frac{\partial F_6}{\partial T'_{r2}}\\ \frac{\partial F_7}{\partial\dot{m}_1} & \frac{\partial F_7}{\partial\dot{m}_2} & \frac{\partial F_7}{\partial\dot{m}_3} & \frac{\partial F_7}{\partial T'_{s1}} & \frac{\partial F_7}{\partial T'_{s1}} & \frac{\partial F_7}{\partial T'_{r1}} & \frac{\partial F_7}{\partial T'_{r2}}\end{bmatrix} \tag{2.58}$$

依据方程(2.53),$\boldsymbol{J}_{11}$表示为

$$\boldsymbol{J}_{11}=\begin{bmatrix}c_p(T'_{s1}-T'_{o1}) & -c_p(T'_{s1}-T'_{o1}) & 0\\0 & c_p(T'_{s2}-T'_{o2}) & c_p(T'_{s2}-T'_{o2})\\2K_1|\dot{m}_1| & 2K_2|\dot{m}_2| & -2K_3|\dot{m}_3|\end{bmatrix} \tag{2.59}$$

依据方程(2.54),$\boldsymbol{J}_{12}$表示为

$$\boldsymbol{J}_{12}=\begin{bmatrix}c_p(\dot{m}_1-\dot{m}_2) & 0\\0 & c_p(\dot{m}_2+\dot{m}_3)\end{bmatrix} \tag{2.60}$$

依据方程(2.55),$\boldsymbol{J}_{22}$与$\boldsymbol{J}_{33}$表示为

$$\begin{aligned} \boldsymbol{J}_{22} &= \boldsymbol{A}_{\mathrm{s}} = \begin{bmatrix} 1 & 0 \\ -\dot{m}_2 \boldsymbol{\Psi}_2 & \dot{m}_{\mathrm{q2}} \end{bmatrix} \\ \boldsymbol{J}_{33} &= \boldsymbol{A}_{\mathrm{r}} = \begin{bmatrix} \dot{m}_1 & -\dot{m}_2 \boldsymbol{\Psi}_2 \\ 0 & 1 \end{bmatrix} \end{aligned} \tag{2.61}$$

式(2.58)中，$\boldsymbol{J}_{21}$与$\boldsymbol{J}_{31}$近似为0。

由任意初始条件，依据牛顿-拉夫逊迭代方程(2.49)，上述求解计算的第1次迭代结果如下：

$$\boldsymbol{x}^{(0)} = \begin{bmatrix} \dot{m}_1 \\ \dot{m}_2 \\ \dot{m}_3 \\ T'_{\mathrm{s1}} \\ T'_{\mathrm{s2}} \\ T'_{\mathrm{r1}} \\ T'_{\mathrm{r2}} \end{bmatrix} = \begin{bmatrix} 1 \\ 1 \\ 1 \\ 90 \\ 90 \\ 40 \\ 40 \end{bmatrix}, \Delta \boldsymbol{F}^{(0)} = \begin{bmatrix} -0.300 \\ 0.118 \\ 0.009 \\ 1.705 \\ 4.251 \\ 0.758 \\ 0 \end{bmatrix}, \boldsymbol{x}^{(1)} = \boldsymbol{x}^{(0)} - (\boldsymbol{J}^{(0)})^{-1} \Delta \boldsymbol{F}^{(0)} = \begin{bmatrix} 1.762 \\ 0.327 \\ 1.226 \\ 88.295 \\ 87.038 \\ 39.242 \\ 40.000 \end{bmatrix}$$

该迭代过程一直持续直到$|\Delta \boldsymbol{F}|$的最大值小于误差$\varepsilon = 10^{-3}$。5次迭代后计算收敛，联立求解的结果如表2.3所示。水力-热力模型分解计算与联立求解的结果非常接近。微小的差异是由于联立求解的雅可比矩阵简化与两种方法收敛准则的不同导致的。

表2.3　水力-热力模型的分解计算与联立求解结果对比

分解计算	$\dot{m}_1 = 1.6420$，$\dot{m}_2 = 0.1767$，$\dot{m}_3 = 1.3451$ $T_{\mathrm{s1,load}} = 98.9576$，$T_{\mathrm{s2,load}} = 97.1401$ $T_{\mathrm{r1,load}} = 49.5583$，$T_{\mathrm{r2,load}} = 50$，$T_{\mathrm{r1,source}} = 49.1251$
联立求解	$\dot{m}_1 = 1.6420$，$\dot{m}_2 = 0.1767$，$\dot{m}_3 = 1.3451$ $T_{\mathrm{s1,load}} = 98.9575$，$T_{\mathrm{s2,load}} = 97.1400$ $T_{\mathrm{r1,load}} = 49.5583$，$T_{\mathrm{r2,load}} = 50$，$T_{\mathrm{r1,source}} = 49.1251$

2.7　本章小结

本章建立了区域供热网的水力-热力模型。构建模型的目标是求解网络中管段质量流率、负荷供水温度与热源回水温度。假设已知热源供水温度与负荷出水温度；已知除平衡节点之外其他节点的质量流率或热力功率。

本章建立了区域供热网独立的水力模型与热力模型。水力模型基于图论，采用牛顿-拉夫逊法求解含环路的热网。热力模型考虑水力交汇节点温度的精细化建模以及矩阵建模。

当已知网络中各负荷节点所需的流量时，水力方程和热力方程完全解耦，则可采用分解求解，首先计算各支路质量流率，再计算各节点温度。但实际工作中，一般负荷节点的已知量并非流量而是热量，此时水力方程和热力方程无法解耦，需要联立求解水力-热力模型方程。传统上，水力-热力模型是各自分解求解，并通过两者之间的相互迭代来实现的。本章实现了水力-热力模型整体联立方程组的牛顿-拉夫逊法求解计算。计算结果与传统方法的结果非常接近，与 SINCAL 软件的计算结果在 10^{-3} 精度一致。

第 3 章　电网与热网联合分析

电网与热网可通过能源转换设备(如 CHP 机组、热泵、电锅炉)耦合,电热耦合网示意图如图 3.1 所示。两种能源网络通过耦合设备实现能源流动:CHP 机组同时发电发热,热泵与电锅炉消耗电力提供热力,水泵消耗电力驱动热网热媒循环。热泵用于冬季供暖时,机组运行的基本原理是逆卡诺循环:首先气液混合制冷剂在蒸发器内吸收空气中的热量而蒸发,形成蒸汽(汽化),而后经压缩机压缩成高温高压气体,进入冷凝器内放热,被冷凝成液态制冷剂(液化),释放出的热量加热热水至供水温度,液态工质经节流阀降压膨胀后重新回到蒸发器内,继续吸热蒸发而完成一个循环,如此往复。这些耦合设备的组合可看作热电比可调的电热功率输出接口。CHP 机组与热泵组合系统的能流示意图如图 3.2 所示,耦合设备增加了电力与热力系统的灵活性,促进可再生能源消纳。

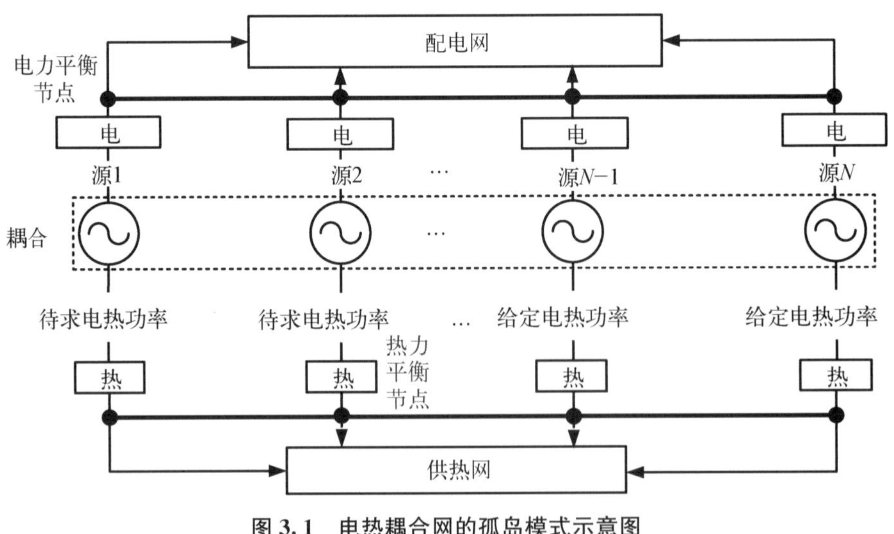

图 3.1　电热耦合网的孤岛模式示意图

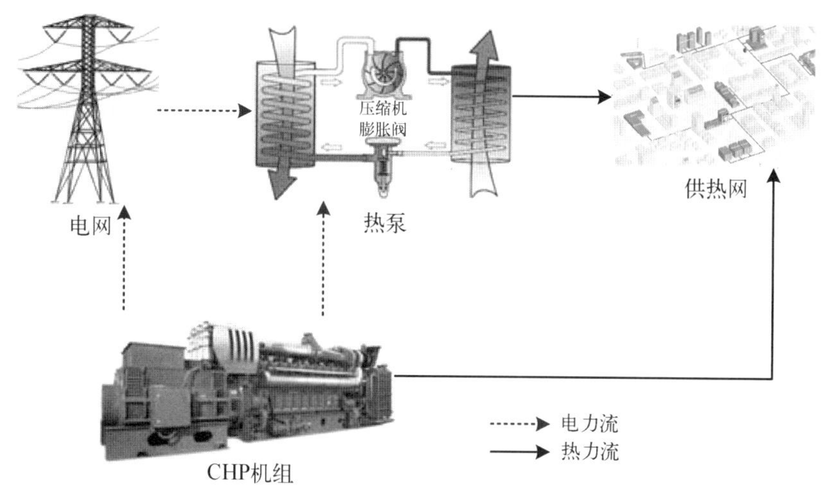

图 3.2　CHP 机组与热泵组合系统的能流示意

3.1　电热耦合网

3.1.1　电热耦合网分析框架

传统电力系统潮流计算包含一个平衡节点，电热联合能流计算则包含一个电力平衡节点与一个热力平衡节点。

(1) 孤岛模式下，CHP 机组提供电力与热力平衡节点如图 3.1 中机组 1 与机组 2。

(2) 电热耦合并网模式如图 3.3 所示，该模式下并网点是电力平衡节点，该平衡节点与热网没有关联。因此，并网模式在数学建模上也可看做孤岛模式的特殊情况。

除了 CHP 机组提供平衡节点，电力功率输出与电压可调节的 CHP 机组作为 PV 节点；其他的 CHP 机组如微型 CHP 作为 PQ 节点。

孤岛模式下，机组 1(电力平衡节点)产生的热力功率由其电力功率计算得出。类似地，机组 2(热力平衡节点)产生的电力功率是热网变量的函数。因为耦合设备，电网或热网无法单独计算，需考虑彼此。

一般可用两种计算方法用来分析电热耦合网络，求解流程如图 3.4 所示 ($\boldsymbol{x}^{(i)}$ 是第 i 次迭代的待求状态变量)：

① 电力-水力-热力分解求解中，独立的水力方程、热力方程与电力潮流方程应依次顺序求解，并由转换设备耦合。孤岛模式的计算过程是一直重复直到结果收敛到给定误差[见图 3.4(a)]。并网模式是分解计算的简单特殊情况[见图 3.4(a)]，即只需一次水力、热力与电力潮流方程的迭代。

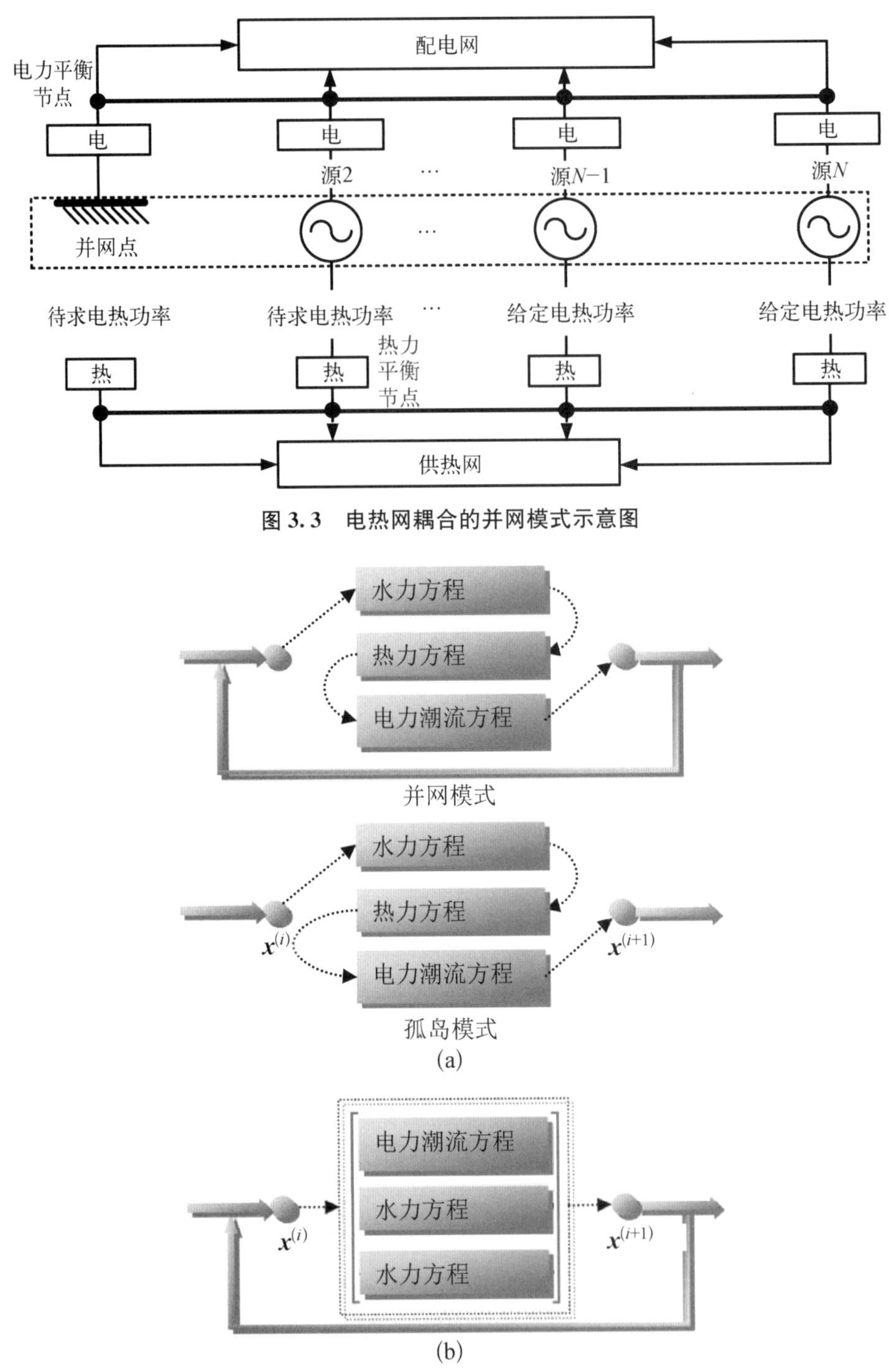

图 3.3　电热网耦合的并网模式示意图

图 3.4　电热耦合网络分析计算方法

(a) 电力-水力-热力分解求解；(b) 电力-水力-热力联立求解

② 电力-水力-热力联立求解时,水力方程、热力方程与电力潮流方程联立成整体方程组,并统一用牛顿-拉夫逊法同时求解[见图 3.4(b)]。该方法基于第 2 章的水力-热力联立求解法计算。

电力-水力-热力联立求解架构如图 3.5 所示。水力-热力方程通过支路流率耦合,电力潮流方程与水力-热力模型通过能源转换设备耦合。电力-水力-热力整体模型根据电力潮流方程、水力方程、热力方程与转换设备模型方程得出。在水力-热力整体方程中,节点质量流率的变量被消去。在电力-水力-热力整体方程中,能源转换设备的电力或热力功率变量被消去,因而联立求解法减小了计算维度。

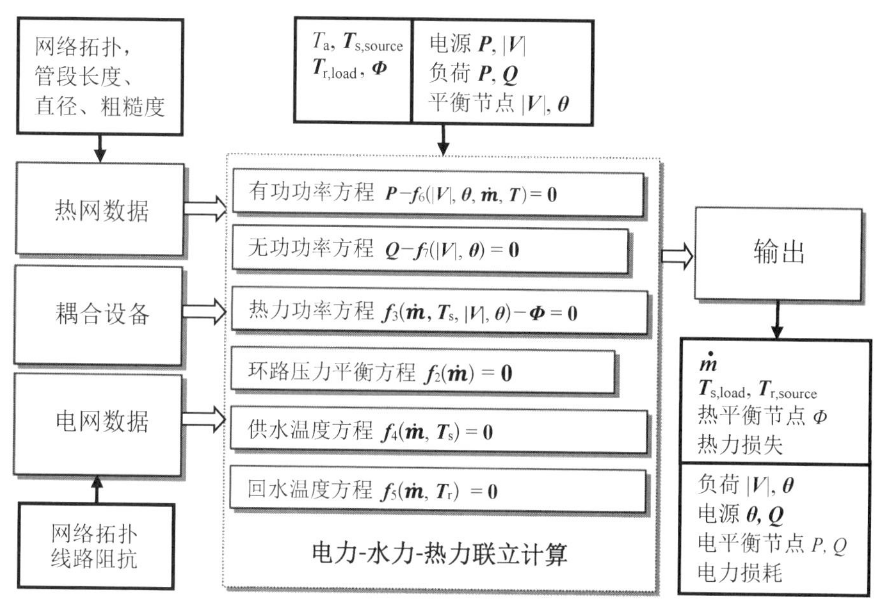

图 3.5　电力-水力-热力联立求解框架

3.1.2　状态变量分析

电力系统交流潮流模型(为与热力流对应,简称为电力流计算)已发展得非常成熟[7,102]。供热管网热力流模型与电力流可进行类比。第 2 章已经阐述了供热管网水力-热力模型。基于电力潮流与热力流,本章提出牛顿-拉夫逊法的电力-水力-热力联立求解,或称为多能流计算。多能流分析中,电网与热网及其耦合设备的给定变量与待求变量如表 3.1 所示。

表 3.1 电网与热网及其耦合设备的给定变量与待求变量

	变 量	给定量	待求量
电网	电压相角 $\boldsymbol{\theta}$	平衡节点	除平衡节点的所有节点
	有功功率 $\boldsymbol{P}$	除平衡节点的所有节点	平衡节点
	电压幅值 $\lvert\boldsymbol{V}\rvert$	源节点	荷节点
	无功功率 $\boldsymbol{Q}$	荷节点	源节点
热网	水头 $\boldsymbol{H}$	某节点	除此节点的所有节点
	热力功率 $\boldsymbol{\Phi}$	除平衡节点的所有节点	平衡节点
	供水温度 $\boldsymbol{T}_s$	源节点	荷节点
	回水温度 $\boldsymbol{T}_r$	荷节点	源节点
	质量流率 $\dot{\boldsymbol{m}}$		所有管段
耦合设备	电力功率 $\boldsymbol{P}_{CHP}$，$\boldsymbol{P}_{hp}$ 热力功率 $\boldsymbol{\Phi}_{CHP}$，$\boldsymbol{\Phi}_{hp}$	CHP 机组热电比； 热泵的 COP； CHP 与热泵的输出	CHP 机组与热泵输入

3.1.3 电力流与热力流类比

根据表 3.1,电网与热网的给定变量类比如表 3.2 所示。相应地,电力流与热力流的节点类型类比如表 3.3 所示。每个节点根据 2 个给定变量进行分类。

表 3.2 电网与热网的给定变量类比

节 点	电 网	热 网
平衡节点	电压相角 $\boldsymbol{\theta}$	水头 $\boldsymbol{H}$
除平衡节点的其他节点	有功功率 $\boldsymbol{P}$	热力功率 $\boldsymbol{\Phi}$
源节点	电压幅值 $\lvert\boldsymbol{V}\rvert$	供水温度 $\boldsymbol{T}_s$
荷节点	无功功率 $\boldsymbol{Q}$	回水温度 $\boldsymbol{T}_r$

表 3.3 电力流与热力流的节点类型类比

电力流	PQ 节点	PV 节点	$V\theta$ 节点
热力流	ΦT_r 节点	ΦT_s 节点	T_sH 节点

3.2 能源转换设备工作机理及模型

电网与热网通过能源转换设备(CHP 机组、热泵、电锅炉与循环水泵等)耦合。

从建模角度，热泵或电锅炉可等效为电力功率为负值的 CHP 机组；发电机可等效为热力功率输出为 0 的 CHP 机组。这些设备及组合可等效为热电比可调节的电力与热力输出接口。接口的电力与热力输出通过等效热电比描述[103]。

3.2.1 热电联供

热电联供 CHP 机组内部主要设备包括锅炉和汽轮机，其依靠燃料加热产生蒸汽来生产电能和热能。其热力循环过程称为朗肯循环，该循环是产生电能和热能的基础。在该循环中，水首先被泵送到高压锅炉中，然后将其加热到与压力对应的沸腾温度，再将水转化为高压蒸汽。高压蒸汽在汽轮机中释放热能发电，当其压力较低后在真空条件下排放至冷凝器，再将热水输送至供水管网，而回水管网的流体则供给水泵，至此完成一次循环。本节讨论 3 种 CHP 机组：燃气轮机 CHP 机组、往复式内燃机 CHP 机组和蒸汽轮机 CHP 机组。

燃气轮机 CHP 机组与往复式内燃机 CHP 机组的热力生产与电力生产的关系可简化为方程(3.1)。由图 3.6(a)可知其热电比为常数[104,105]：

$$c_{\mathrm{m}}=\frac{\Phi_{\mathrm{CHP}}}{P_{\mathrm{CHP}}} \tag{3.1}$$

式中，$P_{\mathrm{CHP}}(\mathrm{MW_e})$是 CHP 机组的输出热力功率，$\Phi_{\mathrm{CHP}}(\mathrm{MW_{th}})$是 CHP 机组的输出电力功率。输出功率根据燃料输入速率变化。c_{m}是热电比[106]。

蒸汽轮机 CHP 机组分为冷凝式机组(condensing)与背压式机组(back-pressure)[107,108]。在背压式机组中，涡轮机后的余热可用于加热，其废气的温度和压力要高于冷凝机组[109]。背压式 CHP 机组的最大特点在于内部不存在凝汽器。经锅炉加热后的高压蒸汽在汽轮机内做功发电后，全部被用来产生热水，热水经管道送至热负荷处。因此，背压式 CHP 机组中所有的二次蒸汽均被使用，不会在冷端消耗热量，热效率较高。背压式 CHP 机组的缺点在于，其输出的热功率与电功率需一直满足固定比例，热电功率比为常数。

抽凝式蒸汽机 CHP 机组(condensing steam turbines with extraction，简称抽凝式 CHP 机组)工作原理如图 3.7 所示，部分蒸汽在中压下抽出，以提供有用的热量[23]。通过改变抽气比例，抽气机组(extraction units)可以从全冷凝模式转换为全抽气模式，从而具有调节热力生产与电力生产比值的能力[23,105,109,110]；抽气比例为 1 表示全抽气模式(full extraction mode)，抽气比例为 0 表示全凝气模式(full condensing mode)。

CHP 机组热力与电力生产的关系用可行域表示[106]。抽凝式机组的可行域是多边形，由四条线段围成如图 3.6(b)所示[111]。线段 OC 与 AB 代表任意热力生产

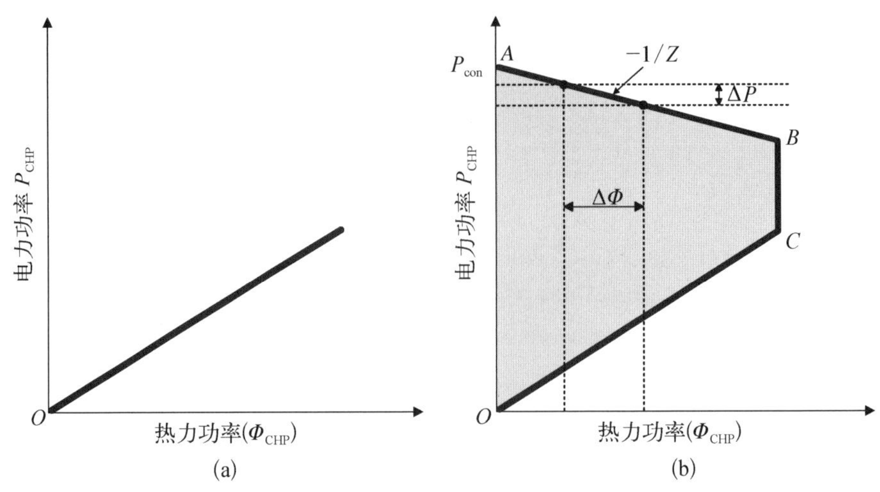

图 3.6　CHP 机组的电力与热力关系

(a) 燃气轮机、往复式内燃机；(b) 抽凝式蒸汽机

对应的电力生产的下限与上限。在图 3.6(b)中[111]：

① 线段 OC 上的点代表背压式涡轮机的部分负荷运行模式；

② 点 C 代表背压式涡轮机的全出力运行模式；

③ 点 B 代表全出力抽凝式涡轮机以最大抽气模式运行；

④ 线段 AB 上的点代表抽凝式涡轮机的部分负荷运行模式。

本节讨论的稳态分析中，抽凝式蒸汽机 CHP 机组的热力与电力生产关系如图 3.6(b)线段 AB 所示。对给定燃料输入速率，当抽气增加时，电力效率下降[112]，热力与电力关系如表达式如下：

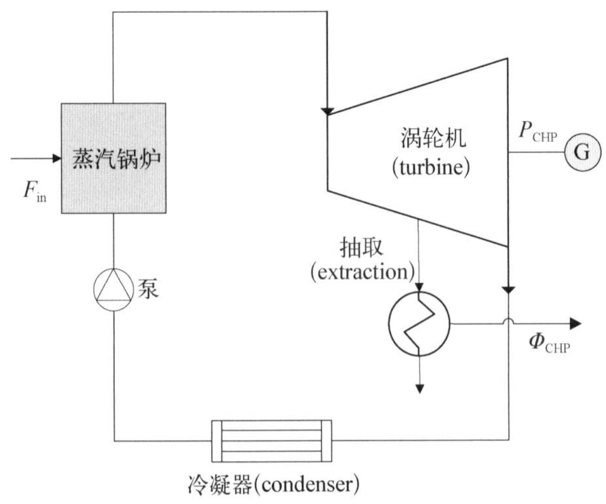

图 3.7　抽凝式蒸汽机 CHP 机组工作原理示意图[105,107,108]

$$Z=\frac{\Delta\Phi}{\Delta P}=\frac{\Phi_{\mathrm{CHP}}-0}{P_{\mathrm{con}}-P_{\mathrm{CHP}}} \tag{3.2}$$

式中，Z 是描述提供给现场的热力与抽凝式蒸汽轮机 CHP 机组生产电力之间折中关系的比率（一般 Z 为 3.9～8.1）[112]。$\Delta\Phi$ 是抽气增加的热力生产，ΔP 是抽气减少的电力生产，P_{CHP}（$\mathrm{MW_e}$）是 CHP 机组电力功率输出，Φ_{CHP}（$\mathrm{MW_{th}}$）是热力功率输出（见图 3.7）。P_{con}（$\mathrm{MW_e}$）是抽凝式机组的全冷凝模式下的电力生产功率，如图 3.6(b)所示。依据方程(3.2)，$(-1/Z)$表示线段 AB 的斜率，P_{con} 表示纵坐标截距（intercept value）如图 3.7(b)所示：

$$P_{\mathrm{con}}=\eta_{\mathrm{e}}F_{\mathrm{in}} \tag{3.3}$$

式中，η_{e}是抽凝式机组的全冷凝模式下的电力生产效率；F_{in}是燃料输入速率（MW），在本章中设为常数。

抽凝式蒸汽轮机 CHP 机组的热电比可由抽气比变化而变化。在孤岛模式下，可选取燃气轮机 CHP 机组与抽凝式 CHP 机组分别提供电力平衡节点与热力平衡节点，因为两个相反特性的热电比（斜率向上与向下）更容易平衡电负荷与热负荷。此处做理想情况假设，CHP 机组产生的电力与热力功率被充分利用而没有弃热。

3.2.2　热泵

热泵是通过做功使热量从温度低的介质流向温度高的介质的装置[113]。热泵能源转换技术利用电能驱动，从环境中吸收低品位的热能，适当提高温度后再向楼宇供热，可减少用电量，达到节能目标[17,114]。热泵的低品位热源通常包括空气、水（地表水和地下水）、土壤、太阳能和废热等。按照热源的不同，热泵可以分为空气源热泵和土壤源热泵。空气源热泵的热源是室外空气，从室外空气中吸收热量，经热泵提高温度后为室内提供供暖。受空气温度的限制，过热或过冷都会降低热泵效率。地源热泵的热源总体是大地，因为大地能储热，相当于蓄能器，这提高了地源热泵的能源利用效率。地源热泵也可以分为地下水热泵、地表水热泵和地埋管地源热泵。

热泵装置的工作原理如图 3.8 所示。热泵在冬季供暖时，先将换向阀转向热泵工作位置，于是由压缩机排出的高压制冷剂蒸汽经换向阀后流入室内蒸发器，制冷剂蒸汽冷凝时放出的潜热将室内空气加热，达到室内取暖目的。冷凝后的液态制冷剂，由反向流过节流装置进入冷凝器，吸收外界热量而蒸发，蒸发后的蒸汽经过换向阀后被压缩机吸入，完成制热循环。在夏季空调制冷时，热泵按制冷工况运行，由压缩机排出的高压蒸汽，经换向阀进入冷凝器，制冷剂蒸汽被冷凝成液体，经节流装置进入蒸发器，并在蒸发器中吸热，将室内空气冷却，蒸发后的制冷剂蒸汽

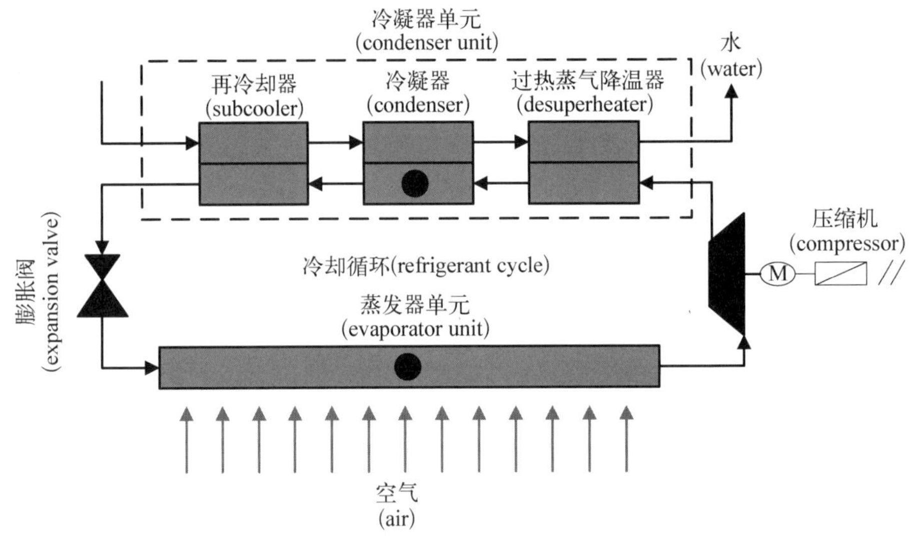

图 3.8　热泵装置的工作原理(黑色圆点表示具有热惯性的环节)

经换向阀后被压缩机吸入，这样周而复始，实现制冷循环。

热泵的性能系数(coefficient of performance，COP)是指热泵输出热功率与输入电功率的比值。总体上，热泵比锅炉更高效，通常输入 1 单位的电力，通过热泵提升后可得到 3～4 单位的热力[17]，但另一方面热泵的投资成本更高[115]。热泵制热时的性能系数称为制热系数，热泵制冷时的性能系数称为制冷系数。COP 的计算公式为

$$\mathrm{COP}=\frac{\Phi_{\mathrm{cond},\,t}}{P_{\mathrm{hp},\,t}} \tag{3.4}$$

式中，热泵性能系数(COP)是热泵生产的热力功率 $\Phi_{\mathrm{cond},\,t}$(热泵在冷凝器处的热功率，$\mathrm{MW_{th}}$)与消耗的电力功率 $P_{\mathrm{hp},\,t}$($\mathrm{MW_e}$)的比率。热泵的 COP 根据热源与热负荷的温度差的大小而变化[116]。

热力学第二定律为热泵 COP 设定了上限，记为 $\mathrm{COP_{carnot}}$。该上限仅取决于热源温度和供热温度，均以开尔文表示：

$$\mathrm{COP_{carnot}}=\frac{\bar{T}_{\mathrm{cond},\,t}}{T_{\mathrm{cond},\,t}-T_{\mathrm{evap},\,t}} \tag{3.5}$$

式中，$\bar{T}_{\mathrm{cond},\,t}$是冷凝器输入和输出之间的平均温度，$\bar{T}_{\mathrm{evap},\,t}$是蒸发器输入和输出之间的平均温度。

热泵实际 COP 与理论 COP 的关系表示为

$$\mathrm{COP_{real}}=\eta_{\mathrm{carnot}}\cdot\eta_{\mathrm{pl},\,t}\cdot\mathrm{COP_{carnot}} \tag{3.6}$$

式中，η_{carnot}是热泵性能系数（COP）相较于热力学最大值（COP_{carnot}）的比值，例如，η_{carnot}设置为0.6。$\eta_{pl,t}$是部分负荷效率。

整理得到热泵的实际COP表示为[113]

$$
\begin{aligned}
COP_{real} &= \frac{\Phi_{cond,t}}{P_{hp,t}} = \eta_{carnot} \cdot \eta_{pl,t} \cdot COP_{carnot} \\
P_{hp,t} \cdot \eta_{carnot} \cdot \eta_{pl,t} &= \Phi_{cond,t} \cdot \frac{\bar{T}_{cond,t} - \bar{T}_{evap,t}}{\bar{T}_{cond,t}}
\end{aligned}
\tag{3.7}
$$

式中，$P_{el,t}$是热泵的耗电功率，$\Phi_{cond,t}$是热泵在冷凝器处的热功率。

应用实践表明，现阶段空气源热泵室外换热器的结霜和除霜问题是造成空气源热泵运行效果不理想的一个主要原因。当空气源热泵机组结霜运行时，随着霜层的增厚，空气源热泵将出现蒸发温度下降、制热量下降、风机性能衰减、电流增大等现象，严重时甚至烧毁压缩机。因此，需要进行周期性除霜以解决这些问题。空气源热泵在−6～5℃，相对湿度在65%以上的气象条件下运行时，室外换热器最易结霜。我国长江流域、华南等地区，虽然冬季空气温度较高，但空气源热泵的结霜问题严重，导致其运行的稳定性和可靠性较低，严重制约其推广应用。此外，空气源热泵的低温适应性是制约空气源热泵推广应用的另一主要原因。当空气源热泵应用于我国黄河流域、华北等寒冷地区，其性能较差，甚至可能无法运行。主要原因是空气源热泵应用于寒冷地区时，随着室外环境温度的降低，制冷剂质量流量下降，供热量急剧减少，压缩机排气温度随着压缩比的升高而急剧升高，使机组无法正常运行或运行可靠性降低，长期运行必然会严重损坏压缩机。结合空气源热泵在我国南方和北方的推广应用实践，必须解决其结霜和低温适用性问题[117]。

3.2.3　电锅炉

电锅炉消耗电力生产热力。电锅炉的效率计算表达式为

$$\eta_b = \frac{\Phi_b}{P_b} \tag{3.8}$$

式中，η_b表示电锅炉的效率，P_b（MW_e）和Φ_b（MW_{th}）分别表示消耗的电力功率与提供的热力功率。

3.2.4　循环水泵

循环水泵位于热电厂，用于在供水管路和回水管路之间产生并维持压力差。供水处的泵压差必须足够高，以确保离泵最远的节点仍具有足够的最小压差，从而允许水从供水管通过热交换器进入回水管[12,105,118]。另外，对于具备一定规模的热

力系统，仅由源节点提供压力可能无法保证工质在全网络中的传输，故应在适当位置增设循环水泵。热源循环泵和用户循环泵供热系统能够保证用户端的资用压差，很好地解决末端压差不足的情况。

循环水泵消耗的电力功率表示为

$$P_{p}=\frac{\dot{m}_{p}gH_{p}}{10^{6}\eta_{p}} \tag{3.9}$$

式中，P_p是循环水泵消耗的电力功率（MW_e），$\dot{m}_p$是通过水泵的质量流率（kg/s），g是重力加速度，η_p是循环水泵的效率；H_p是热网中水泵的水头（m）。可通过选择水泵水头来克服供水与回水管网的流体阻力，以及距离热源水泵最远的安装用户的水头差[13]。水泵水头的计算表达式为[10,13]

$$H_{p}=2\sum_{i\in l}h_{fi}+H_{c} \tag{3.10}$$

式中，H_c是最小的水头差（m）；h_f是管段的水头损失（m）；l是包含管网关键路径中所有管段中压降最大的管段。

3.2.5 耦合设备组合

本节对CHP机组与热泵组合供应系统进行建模。将热泵级联到CHP机组并由CHP机组提供热泵所需的电力，其组合供应系统如图3.9所示。假设热泵可以在部分负荷的工况下运行。组合供应系统与CHP机组的稳态建模类似。组合系统的电力与热力输出通过等效热电比描述[103]。

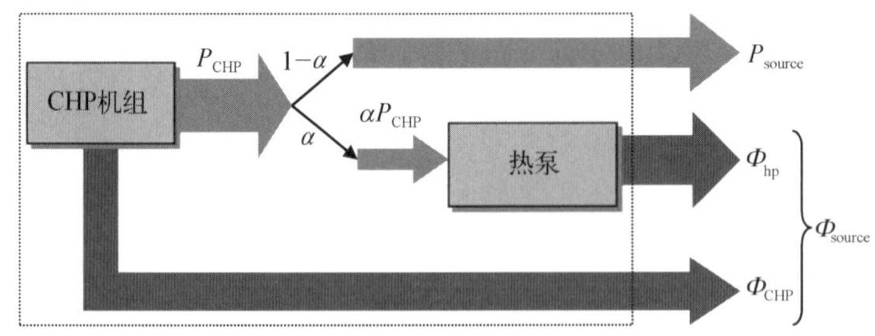

图3.9 CHP与热泵组合供应系统

如图3.9所示的组合系统的热力与电力输出表示为

$$\begin{aligned}\Phi_{source}&=\Phi_{CHP}+\Phi_{hp}=\Phi_{CHP}+\alpha P_{CHP}\mathrm{COP}\\P_{source}&=(1-\alpha)P_{CHP}\end{aligned} \tag{3.11}$$

式中，P_{source}是组合系统的电力输出（MW_e），Φ_{source}是热力输出（MW_{th}）；α是CHP机组电力供给热泵的电力占总发电功率的比例。

因此，等效热电比 c_m' 的计算表达式为

$$c_m' = \frac{\Phi_{source}}{P_{source}} = \frac{\Phi_{CHP} + \alpha P_{CHP} COP}{(1-\alpha) P_{CHP}} \tag{3.12}$$

方程(3.11)与方程(3.12)说明：热电联供 CHP 机组提供电力给热泵，带来热力生产的净增加，但是以净发电量为代价[103]。

对不同类型的 CHP 机组，CHP-热泵组合供应系统的热电比表示如下：

① 对燃气轮机或内燃机 CHP 机组，将由式(3.1)得到的 Φ_{CHP} 代入方程(3.12)得

$$c_m' = \frac{\Phi_{source}}{P_{source}} = \frac{c_m + \alpha COP}{1-\alpha} \tag{3.13}$$

② 对抽凝式 CHP 机组，将由式(3.2)得到 Φ_{CHP} 代入到方程(3.11)得

$$\Phi_{source} = Z(\eta_e F_{in} - P_{CHP}) + \alpha P_{CHP} COP \tag{3.14}$$

整理方程(3.14)，将 P_{CHP} 移到等式左侧得

$$P_{CHP} = \frac{\Phi_{source} - Z\eta_e F_{in}}{\alpha COP - Z} \tag{3.15}$$

将式(3.15)代入到方程(3.11)得

$$P_{source} = (1-\alpha) P_{CHP} = \frac{1-\alpha}{\alpha COP - Z}(\Phi_{source} - Z\eta_e F_{in}) \tag{3.16}$$

进一步地，若考虑 CHP 机组的循环水泵，方程(3.11)中 P_{source} 表示为

$$P_{source} = (1-\alpha) P_{CHP} - P_p \tag{3.17}$$

3.3　电力系统潮流计算

本书第2章中详细描述了热力流计算，本节介绍电力系统潮流计算。电力系统潮流计算是电力系统最基本的计算，也是最重要的计算。所谓潮流计算，就是已知电网的接线方式与参数及运行条件，计算电力系统稳态运行时各母线电压、各支路电流、功率及网损。对于正在运行的电力系统，通过潮流计算可以判断系统中电网母线电压、支路电流和功率是否越限，如果有越限，应即时采取措施，调整运行方式。对于正在规划的电力系统，通过潮流计算，可以为选择系统的电网供电方案和电气设备提供依据。潮流计算还可以为继电保护和自动装置整定计算、电力系统故障计算以及稳定计算等提供原始数据。

当前电力系统潮流计算已经发展得非常成熟完备[7,102]。基于给定的电力系统

线路导纳、节点电压幅值、有功功率与无功功率，可通过潮流计算求出其他节点的电压幅值、电压相角、有功功率与无功功率。

电网中节点 i 的电压 V 在极坐标下表示为

$$V_i = |V_i| \angle\theta_i = |V_i| \mathrm{e}^{\mathrm{j}\theta_i} = |V_i| (\cos\theta_i + \mathrm{j}\sin\theta_i) \tag{3.18}$$

式中，j 是虚数单位。

节点 i 的注入电流可表示为

$$I_i = \sum_{n=1}^{N_\mathrm{e}} Y_{in} V_n \tag{3.19}$$

式中，N_e是电网节点数目，Y_{in}是导纳矩阵，描述节点电流与电压的关系。注入电流为正表示电流流入该节点，注入电流为负表示电流流出该节点。

将电网关联矩阵 $\boldsymbol{A}_\mathbf{e}$ 转换为电网导纳矩阵 $\boldsymbol{Y}$ 的表达式[119]：

$$\boldsymbol{Y} = \boldsymbol{A}_\mathbf{e} \boldsymbol{D}_\mathbf{y} (\boldsymbol{A}_\mathbf{e})^\mathrm{T} \tag{3.20}$$

式中，$\boldsymbol{D}_\mathbf{y}$ 的对角线向量由电网的线路导纳向量形成[7,102]，表示为

$$\boldsymbol{D}_\mathbf{y} = \begin{bmatrix} y_1 & 0 & 0 \\ 0 & \ddots & 0 \\ 0 & 0 & y_{N_l} \end{bmatrix} \tag{3.21}$$

式中，y_{N_l}是线路导纳，N_l是线路数目。

$$y_{ij} = g_{ij} + \mathrm{j}b_{ij} = \frac{r_{ij}}{r_{ij}^2 + x_{ij}^2} - \mathrm{j}\frac{x_{ij}}{r_{ij}^2 + x_{ij}^2} \tag{3.22}$$

式中，r_{ij}是线路电阻，x_{ij}是线路阻抗。

计算所得节点 i 的复功率 $\dot{S}_i$ 表示为

$$\dot{S}_i = P_i + \mathrm{j}Q_i = V_i I_i^* = V_i \sum_{n=1}^{N} (Y_{in} V_n)^* \tag{3.23}$$

式中，$\dot{S}_i$是复功率，P_i是有功功率，Q_i是无功功率。方程(3.23)构成了电力系统潮流方程的极坐标形式。

将电压的极坐标表达式与导纳公式代入到式(3.20)，得

$$P_i + \mathrm{j}Q_i = V_i \mathrm{e}^{\mathrm{j}\theta_i} \sum_{j=1}^{N_\mathrm{e}} (G_{ij} - \mathrm{j}B_{ij}) V_j \mathrm{e}^{-\mathrm{j}\theta_j} \tag{3.24}$$

将上式的实部与虚部分开，则电力系统节点潮流方程表示为：

$$
\begin{aligned}
P_i &= V_i \sum_{j=1}^{N_e} V_j (G_{ij} \cos\theta_{ij} + B_{ij} \sin\theta_{ij}) \\
Q_i &= V_i \sum_{j=1}^{N_e} V_j (G_{ij} \sin\theta_{ij} - \mathrm{j} B_{ij} \cos\theta_{ij})
\end{aligned}
\tag{3.25}
$$

节点 i 的复功率是该节点电源的复功率与负荷的复功率之差。

$$S_i^{\mathrm{sp}} = S_{i,\,\mathrm{source}} - S_{i,\,\mathrm{load}} \tag{3.26}$$

依据方程(3.23)与式(3.26)，节点 i 的复功率偏差量 ΔS_i 定义为给定复功率 S_i^{sp} 减去计算所得复功率 S_i：

$$\Delta S_i = S_i^{\mathrm{sp}} - S_i = S_i^{\mathrm{sp}} - V_i \sum_{n=1}^{N} (Y_{in} V_n)^* \tag{3.27}$$

式中，$V_i = |V_i| \mathrm{e}^{\mathrm{j}\theta_i}$，j 是虚数单位。

对方程(3.27)求偏导，则对角线元素与非对角线元素的计算表达式为[120]

$$\boldsymbol{J}_{S\theta} = \frac{\partial \Delta S_i}{\partial \theta_k} = \begin{cases} \mathrm{j} V_i Y_{ik}^* V_k^* & k \neq i \\ \mathrm{j} V_i Y_{ii}^* V_i^* - \mathrm{j} S_i & k = i \end{cases} \tag{3.28}$$

$$\boldsymbol{J}_{SV} = \frac{\partial \Delta S_i}{\partial |V_k|} = \begin{cases} -V_i Y_{ik}^* \mathrm{e}^{-\mathrm{j}\theta_k} & k \neq i \\ -V_i Y_{ii}^* \mathrm{e}^{-\mathrm{j}\theta_i} - S_i / |V_i| & k = i \end{cases} \tag{3.29}$$

因此，雅可比矩阵表示为

$$\boldsymbol{J}_{\mathrm{e}} = \begin{bmatrix} \mathrm{Real}(\boldsymbol{J}_{S\theta}) & \mathrm{Real}(\boldsymbol{J}_{SV}) \\ \mathrm{Imag}(\boldsymbol{J}_{S\theta}) & \mathrm{Imag}(\boldsymbol{J}_{SV}) \end{bmatrix} \tag{3.30}$$

式中，Real 表示复数的实部，Imag 表示复数的虚部。

因此，电力系统潮流计算的牛顿-拉夫逊法的迭代格式为

$$\begin{bmatrix} \boldsymbol{\theta} \\ |\boldsymbol{V}| \end{bmatrix}^{(i+1)} = \begin{bmatrix} \boldsymbol{\theta} \\ |\boldsymbol{V}| \end{bmatrix}^{(i)} - \boldsymbol{J}_{\mathrm{e}}^{-1} \begin{bmatrix} \Delta \boldsymbol{P} \\ \Delta \boldsymbol{Q} \end{bmatrix} \tag{3.31}$$

式中，$\boldsymbol{\theta}$ 是非平衡节点的电压相角向量；$|\boldsymbol{V}|$ 是 PQ 节点的电压幅值向量；$\Delta \boldsymbol{P}$ 是非平衡节点的有功功率偏差向量；$\Delta \boldsymbol{Q}$ 是 PQ 节点的无功功率偏差向量。

3.4 联合分析

基于 2.5 节中的水力-热力模型与 3.3 节中的电力系统潮流模型，本节提出电热网的联合分析模型。对于热网，模型可计算各管段质量流率、负荷供水温度与所

有节点回水温度。对于电网，本模型可计算负荷电压幅值与所有节点电压相角。本节讨论两种计算方法：电力-水力-热力分解求解与联立求解。

对于电力系统潮流，除平衡节点外，已知电网中所有节点的有功功率；对于热力流，除平衡节点外，也已知热网中所有节点的热力功率。因此，能流分析中，电网与热网通过平衡节点的能源设备耦合。并网模式中，电网与热网通过热力平衡节点的转换设备耦合(如 CHP 机组)，电网的任何电力不足均由并网点提供，因此电网平衡节点到热网的方向没有连接。孤岛模式中，电网与热网通过电力平衡节点和热力平衡节点的转换设备耦合(如 CHP 机组)，电网与热网之间产生了双向关联。通过闭环计算求解每次迭代中电力与热力平衡节点的转换设备功率调整量。因此，电热网中孤岛模式比并网模式有更多交互作用。

如图 3.1 所示的电热耦合网算例可做假设如下。

(1) 源 1 作为热力平衡节点，源 2 作为电力平衡节点：

① 并网模式中，源 1 是燃气 CHP 机组，源 2 是上级电网并网点；

② 孤岛模式中，源 1 是蒸汽 CHP 机组，源 2 是燃气 CHP 机组。

(2) 燃气 CHP 机组的热电比固定，机组响应电热负荷变化，可运行在部分负荷条件下。

(3) 蒸汽轮机 CHP 机组的燃料速率固定，其热电比可调节。

(4) CHP 机组生产的热力被充分利用，即没有热力被废弃。

3.4.1 电力-水力-热力分解计算

电力-水力-热力分解计算基于 2.5 节水力-热力分解求解与 3.3 节电力系统潮流模型。并网模式中，先求解水力-热力模型，其结果通过耦合设备(CHP 机组、热泵、电锅炉与循环水泵等)传递至电网，然后计算电力系统潮流。并网模式只需要 1 次独立的水力-热力计算与潮流计算。孤岛模式中，水力-热力计算与潮流计算依顺序求解，该顺序求解过程反复迭代直至计算结果收敛到给定误差。分解计算的流程图如图 3.10 所示。

电力-水力-热力分解计算的流程图如图 3.10 所示，输入数据与初始变量如表 3.1所示。热力计算输入数据：负荷出水温度($\boldsymbol{T}_{\mathrm{o,\,load}}$)、热源供水温度($\boldsymbol{T}_{\mathrm{s,\,source}}$)、除平衡节点的所有节点热力功率 Φ。热力计算初始化变量为：负荷供水温度($\boldsymbol{T}_{\mathrm{s,\,load}}$)、热源回水温度($\boldsymbol{T}_{\mathrm{r,\,source}}$)。基于上述变量通过热力功率方程(2.27) $\boldsymbol{\Phi}=c_p\dot{\boldsymbol{m}}_{\mathbf{q}}(\boldsymbol{T}_{\mathrm{s}}-\boldsymbol{T}_{\mathrm{r}})$ 求解节点质量流率 $\dot{\boldsymbol{m}}_{\mathbf{q}}$。

热平衡节点机组 1 的热力功率与电力功率表示为 $\Phi_{1,\,\mathrm{source}}$ 与 $P_{1,\,\mathrm{source}}$。电平衡节点机组 2 的热力功率与电力功率表示为 $\Phi_{2,\,\mathrm{source}}$ 与 $P_{2,\,\mathrm{source}}$。

(1) $\Phi_{1,\,\mathrm{source}}$ 通过求解水力-热力分解模型后，由热功率方程(2.42)计算得出：

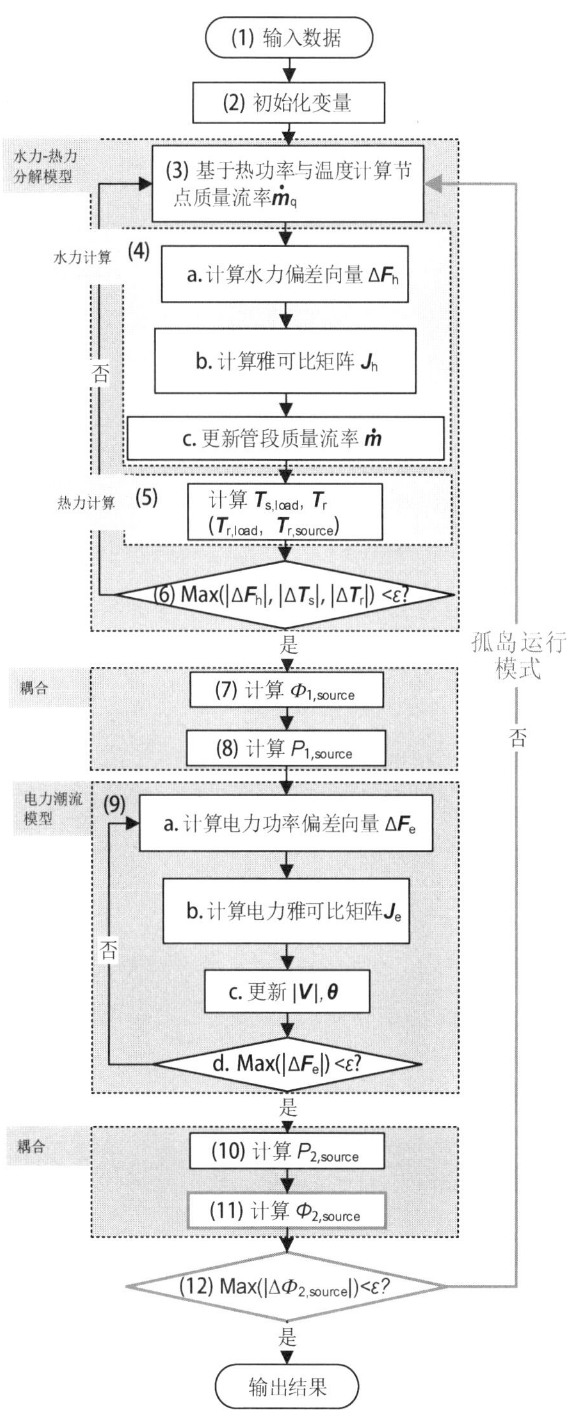

图 3.10　电力-水力-热力分解计算流程图

（包含并网模式与孤岛模式，孤岛模式标注为灰色）

$$\Phi_{1,\text{source}} = c_p \boldsymbol{A}_{1,\text{source}} \dot{\boldsymbol{m}} (T_{\text{s1},\text{source}} - T_{\text{r1},\text{source}}) \tag{3.32}$$

式中，$\boldsymbol{A}_{1,\text{source}}$是热网关联矩阵 $\boldsymbol{A}$ 中热源 1 节点所在行的行向量；$T_{\text{s1},\text{source}}$ 与 $T_{\text{r1},\text{source}}$ 是热源 1 的供水温度与回水温度。

(2) $P_{1,\text{source}}$ 由 $\Phi_{1,\text{source}}$ 计算得出。对燃气机组采用方程(3.1)计算，对蒸汽机组采用方程(3.2)计算：

$$P_{1,\text{source}} = P_{1,\text{CHP}} = \begin{cases} \Phi_{1,\text{source}}/c_{\text{m1}}, & \text{燃气机组} \\ -\Phi_{1,\text{source}}/Z + \eta_{\text{e}} F_{\text{in}}, & \text{蒸汽机组} \end{cases} \tag{3.33}$$

式中，c_{m1}是燃气轮机 CHP 机组 1 的热电比；Z 是描述提供给现场的热力与抽凝式蒸汽轮机 CHP 机组 1 生产电力之间折中关系的比率；η_{e}为蒸汽机组在全冷凝模式下的电力效率；F_{in}是蒸汽机组的燃料速率(MW)。

机组 1 生产的电力会因水泵电力消耗而减小，所以方程(3.33)可表示为

$$P_{1,\text{source}} = P_{1,\text{CHP}} - P_{\text{p}} \tag{3.34}$$

式中，P_{p}是循环水泵消耗的电力功率(MW_{e})，可通过式(3.9)求解。

(3) $P_{2,\text{source}}$通过求解电力系统潮流方程后，由方程(3.23)计算得出

$$P_{2,\text{source}} = P_{2,\text{CHP}} = \text{Re}\left\{V_{2,\text{source}} \sum_{k=1}^{N} (Y_{ik} V_k)^*\right\} \tag{3.35}$$

式中，Re 表示复数表达式的实部。

若考虑循环水泵的电力消耗则

$$P_{2,\text{source}} = P_{2,\text{CHP}} + P_{\text{p}} \tag{3.36}$$

(4) 孤岛模式中，$\Phi_{2,\text{source}}$由 $P_{2,\text{source}}$通过热电比计算得出

$$\Phi_{2,\text{source}} = c_{\text{m2}} P_{2,\text{source}} \tag{3.37}$$

式中，c_{m2}是机组所在 CHP 机组 2 的热电比。

3.4.2 电力-水力-热力联立求解

在电力-水力-热力联立求解计算中，电力系统潮流方程、水力方程与热力方程联立成整体方程组，然后用牛顿-拉夫逊法实现多能源方程同时求解。其计算框架如图 3.5 所示，求解流程图如图 3.11 所示。在电力-水力-热力联立求解计算的每次迭代中，热力管网关联矩阵 $\mathbf{A}_{\text{h}}$ 与环路关联矩阵 $\boldsymbol{B}_{\text{h}}$ 根据各管段质量流率的方向而进行更新。

并网模式中，电网的任何电力不足均由并网点提供，因此电力平衡节点与热力没有关联耦合。热力功率偏差量对电力变量的偏导数是零，即整体雅可比矩阵的非对角左下方子矩阵元素为零。

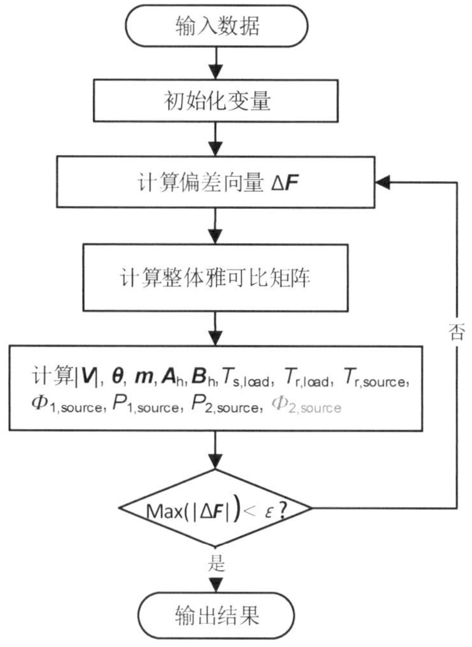

图 3.11　电力-水力-热力联立求解流程图

（考虑并网与孤岛两种模式，孤岛模式标注为灰色）

孤岛模式中，电力平衡节点的热力（$\Phi_{2,\ \mathrm{source}}$）是电网状态变量的函数，即整体雅可比矩阵的非对角左下方子矩阵元素非零。

牛顿-拉夫逊法的迭代关系为

$$\boldsymbol{x}^{(i+1)}=\boldsymbol{x}^{(i)}-\boldsymbol{J}^{-1}\Delta\boldsymbol{F} \tag{3.38}$$

$$\boldsymbol{x}=\begin{bmatrix}\boldsymbol{\theta}\\ |\boldsymbol{V}|\\ \dot{\boldsymbol{m}}\\ \boldsymbol{T}'_{\mathrm{s,\ load}}\\ \boldsymbol{T}'_{\mathrm{r,\ load}}\end{bmatrix} \tag{3.39}$$

依据电力-水力-热力联立求解的框架图（见图 3.5），偏差向量 $\Delta\boldsymbol{F}$ 表示为

$$\Delta\boldsymbol{F}=\begin{bmatrix}\Delta\boldsymbol{P}\\ \Delta\boldsymbol{Q}\\ \Delta\boldsymbol{\Phi}\\ \Delta\boldsymbol{p}\\ \Delta\boldsymbol{T}'_{\mathrm{s}}\\ \Delta\boldsymbol{T}'_{\mathrm{r}}\end{bmatrix}=\begin{bmatrix}\boldsymbol{P}^{\mathrm{sp}}-\mathrm{Real}\{\boldsymbol{V}(\boldsymbol{YV})^{*}\}\\ \boldsymbol{Q}^{\mathrm{sp}}-\mathrm{Imag}\{\boldsymbol{V}(\boldsymbol{YV})^{*}\}\\ C_{\mathrm{p}}\boldsymbol{A}\dot{\boldsymbol{m}}(\boldsymbol{T}_{\mathrm{s}}-\boldsymbol{T}_{\mathrm{o}})-\boldsymbol{\Phi}^{\mathrm{sp}}\\ \boldsymbol{BK}\dot{\boldsymbol{m}}\,|\,\dot{\boldsymbol{m}}\,|-\boldsymbol{0}\\ \boldsymbol{C}_{\mathrm{s}}\boldsymbol{T}'_{\mathrm{s,\ load}}-\boldsymbol{b}_{\mathrm{s}}\\ \boldsymbol{C}_{\mathrm{r}}\boldsymbol{T}'_{\mathrm{r,\ load}}-\boldsymbol{b}_{\mathrm{r}}\end{bmatrix}\begin{matrix}\leftarrow \text{有功功率偏差}\\ \leftarrow \text{无功功率偏差}\\ \leftarrow \text{热力功率偏差}\\ \leftarrow \text{环路压降偏差}\\ \leftarrow \text{供水温度偏差}\\ \leftarrow \text{回水温度偏差}\end{matrix} \tag{3.40}$$

式中，Real 与 Imag 表示实部与虚部，上标 sp 表示给定值(specified)。

传统的电力系统潮流分析中有功功率偏差向量的 $\boldsymbol{P}^{sp}$ 向量为给定的。对于电力-水力-热力联立求解，方程(3.40)的偏差向量 $\Delta\boldsymbol{F}$ 中 $\boldsymbol{P}^{sp}$ 向量的元素 $P_{1,\text{source}}$ 由热平衡节点的热功率决定，表示为热网变量的函数。$P_{1,\text{source}}$ 在 3.4.1 节已描述，因此电力偏差向量 $\Delta\boldsymbol{P}$ 对热力变量 $\dot{\boldsymbol{m}}$ 的偏导非零 $\left(\dfrac{\partial P_{1,\text{source}}}{\partial \dot{m}}\right)$。

传统的水力-热力分析中热力功率偏差向量的 $\boldsymbol{\Phi}^{sp}$ 向量是给定的。在联立求解的孤岛模式中，向量 $\boldsymbol{\Phi}^{sp}$ 中 $\Phi_{2,\text{source}}$ 是电网状态变量的函数。$\Phi_{2,\text{source}}$ 在 3.4.1 节已详细描述，因此热力偏差向量 $\Delta\boldsymbol{\Phi}$ 对电力变量($\boldsymbol{\theta}$，$|\boldsymbol{V}|$)的偏导非零。

整体雅可比矩阵 $\boldsymbol{J}$ 由偏差向量 $\Delta\boldsymbol{F}$ 求出，并由 4 个子矩阵组成：电力的子矩阵 $\boldsymbol{J}_{\text{e}}$，电对热的子矩阵 $\boldsymbol{J}_{\text{eh}}$，热对电的子矩阵 $\boldsymbol{J}_{\text{he}}$ 与热力的子矩阵 $\boldsymbol{J}_{\text{h}}$。

$$\boldsymbol{J}=\begin{bmatrix}\boldsymbol{J}_{\text{e}} & \boldsymbol{J}_{\text{eh}}\\ \boldsymbol{J}_{\text{he}} & \boldsymbol{J}_{\text{h}}\end{bmatrix}=\begin{bmatrix}\dfrac{\partial\Delta P}{\partial\theta} & \dfrac{\partial\Delta P}{\partial|V|} & \dfrac{\partial\Delta P}{\partial\dot{m}} & \dfrac{\partial\Delta P}{\partial T}\\ \dfrac{\partial\Delta Q}{\partial\theta} & \dfrac{\partial\Delta Q}{\partial|V|} & \dfrac{\partial\Delta Q}{\partial\dot{m}} & \dfrac{\partial\Delta Q}{\partial T}\\ \dfrac{\partial\Delta\Phi}{\partial\theta} & \dfrac{\partial\Delta\Phi}{\partial|V|} & \dfrac{\partial\Delta\Phi}{\partial\dot{m}} & \dfrac{\partial\Delta\Phi}{\partial T}\\ \dfrac{\partial\Delta T}{\partial\theta} & \dfrac{\partial\Delta T}{\partial|V|} & \dfrac{\partial\Delta T}{\partial\dot{m}} & \dfrac{\partial\Delta T}{\partial T}\end{bmatrix} \tag{3.41}$$

式中，带阴影的子矩阵或元素为非零，其他元素为零。标注灰色的非对角子矩阵在并网模式下为零，在孤岛模式为非零。

$\boldsymbol{J}_{\text{eh}}$ 中的非零元素 $\dfrac{\partial P_{1,\text{source}}}{\partial \dot{m}}$ 依据式(3.32)与式(3.33)求解：

$$\frac{\partial P_{1,\text{source}}}{\partial \dot{m}}=\frac{\partial P_{1,\text{CHP}}}{\partial \dot{m}}=\begin{cases}c_p\boldsymbol{A}_{1,\text{source}}(T_{\text{s1},\text{source}}-T_{\text{r1},\text{source}})/c_{\text{m1}}, & \text{燃气轮机}\\ -c_p\boldsymbol{A}_{1,\text{source}}(T_{\text{s1},\text{source}}-T_{\text{r1},\text{source}})/Z, & \text{蒸汽轮机}\end{cases} \tag{3.42}$$

式中，$\boldsymbol{A}_{1,\text{source}}$ 为热网关联矩阵 $\boldsymbol{A}$ 中与热平衡节点机组 1 相关的一行向量。$T_{\text{r1},\text{source}}$ 是回水网络中管段质量流率 $\dot{\boldsymbol{m}}$ 与负荷回水温度 $\boldsymbol{T}'_{\text{r},\text{load}}$ 的函数。为简化起见，$T_{\text{r1},\text{source}}$ 对 $\dot{\boldsymbol{m}}$ 与 $\boldsymbol{T}'_{\text{r},\text{load}}$ 的偏导很小可忽略不计。

方程(3.33)与方程(3.34)中，循环水泵的消耗电力功率 P_{p} 对 $\dot{\boldsymbol{m}}$ 的偏导很小可忽略不计。

对于 $\boldsymbol{J}_{\text{he}}$，并网模式下，热力功率不是电网变量的函数，因此 $\boldsymbol{J}_{\text{he}}=\boldsymbol{0}$。孤岛模式中，$\boldsymbol{J}_{\text{he}}$ 非零，并可依据方程(3.35)与方程(3.37)计算得出

$$\left[\frac{\partial \Phi_{2,\text{ source}}}{\partial \theta_{\text{k}}} \quad \frac{\partial \Phi_{2,\text{ ource}}}{\partial \mid V_{\text{k}} \mid}\right] = c_{\text{m2}}\left[\text{Re}(\text{j}V_i Y_{ik}^* V_k^*) \quad \text{Re}(-V_i Y_{ik}^* \text{e}^{-\text{j}\theta_k})\right] \tag{3.43}$$

式中，下标 i 代表电力平衡节点所在机组 2。

3.5　简单算例

3.5.1　电力-水力-热力分解求解

1）并网模式

本节将通过一个简单算例阐述并网模式下的电力-水力-热力分解求解。如图 3.12 所示的并网模式算例中，机组 1 指连接电网与热网的耦合设备（CHP 机组、热泵与循环水泵等）。下标 e 表示节点电力变量，下标 h 表示节点热力变量。依据表 3.1，该算例的已知变量与待求变量如表 3.4 所示。电网与热网的相关参数见附录 D。

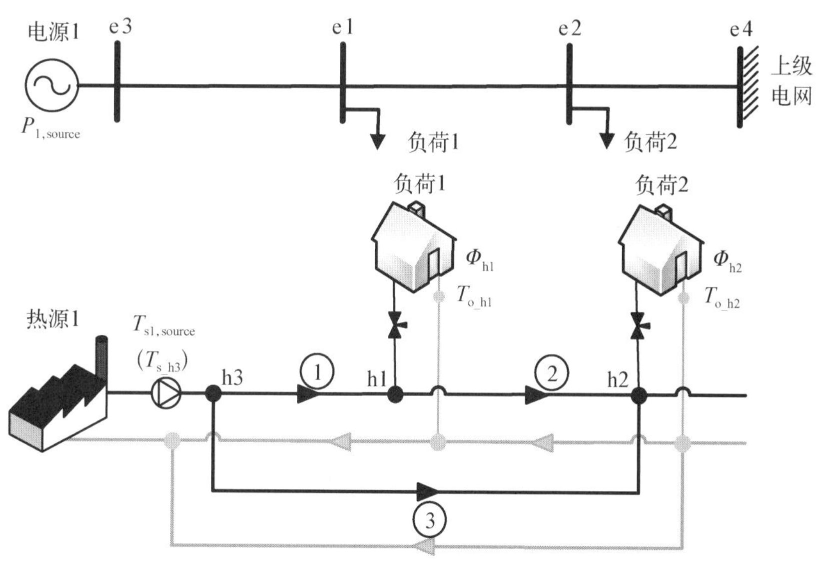

图 3.12　并网模式的简单配电网与环状热网

表 3.4　并网模式下电网与热网的给定与待求变量

	变　量	给　　定	待　　求
电网	电压相角 $\boldsymbol{\theta}$	θ_{e4}	θ_{e1}，θ_{e2}，θ_{e3}
	有功功率 $\boldsymbol{P}$	P_{e1}，P_{e2}	$P_{\text{e3}}(P_{1,\text{ source}})$，$P_{\text{e4}}(P_{\text{grid}})$

（续表）

	变　量	给　　定	待　　求
电网	电压幅值 $\|\boldsymbol{V}\|$	$\|V_{e3}\|(\|V_{1,\,source}\|)$，$V_{e4}\|(\|V_{grid}\|)$	$\|V_{e1}\|$，$\|V_{e2}\|$
	无功功率 $\boldsymbol{Q}$	Q_{e1}，Q_{e2}	Q_{e3}，Q_{e4}
热网	水头 $\boldsymbol{H}$	H_{h2}	H_{h1}，H_{h3}
	热力功率 $\boldsymbol{\Phi}$	Φ_{h1}，Φ_{h2}	$\Phi_{h3}(\boldsymbol{\Phi}_{1,\,source})$
	供水温度 $\boldsymbol{T}_s$	$T_{s\_h3}(T_{s1,\,source})$	T_{s_h1}，T_{s_h2}
	回水温度 $\boldsymbol{T}_r$	T_{o_h1}，T_{o_h2}	T_{r_h1}，T_{r_h2}，$T_{r\_h3}(T_{r1,\,source})$
	质量流率 $\dot{\boldsymbol{m}}$		$\dot{m}_1$，$\dot{m}_2$，$\dot{m}_3$

依据方程(3.33)与方程(3.34)，$P_{1,\,source}$表示为

$$P_{1,\,source}=\begin{cases}\Phi_{1,\,source}/c_{m1}, & \text{仅 CHP}\\ \Phi_{1,\,source}/c_{m1}-P_p, & \text{CHP＋热泵}\end{cases} \tag{3.44}$$

式中，c_{m1}是燃气轮机 CHP 机组 1 的热电比。

依据计算流程图(见图 3.10)，求解由 CHP 机组耦合的简单算例的计算步骤(1)～(10)如下。

(1) 给定热力变量与电力变量如表 3.5 所示，其中给定热力变量标注在图 3.12 中。

表 3.5　简单算例的给定变量

热力网给定变量
① 负荷的热力功率：$\Phi_{h1}=\Phi_{h2}=0.3\ \mathrm{MW_{th}}$ ② 机组 1 的供水温度：$T_{s1,\,source}=100℃$ ③ 热负荷的出水温度：$T_{o\_h1}=T_{o\_h2}=50℃$
配电网给定变量
① 电力负荷的有功功率：$P_{e1}=P_{e2}=0.15\ \mathrm{MW_e}$ ② 电力负荷的功率因数：PF＝0.95，因此，$Q_{e1}=Q_{e2}=0.049\,3$ MVar ③ 机组 1 与并网点的电压幅值：$\|V_{1,\,source}\|=\|V_{e3}\|=1.05$p. u.，$\|V_{grid}\|=\|V_{e4}\|=1.02$p. u. ④ 并网点的电压相角：$\theta_{grid}=\theta_{e4}=0°$

(2) 假设热网与电网的初始条件如下：

① 热网，$T_{s\_h1}^{(0)}=T_{s\_h2}^{(0)}=100℃$，$\dot{\boldsymbol{m}}^{(0)}=\begin{bmatrix}\dot{m}_1^{(0)}\\ \dot{m}_2^{(0)}\\ \dot{m}_3^{(0)}\end{bmatrix}=\begin{bmatrix}1\\1\\1\end{bmatrix}$。

② 电网，$[\theta_{e1}^{(0)} \quad \theta_{e2}^{(0)} \quad \theta_{e3}^{(0)} \quad |V_{e1}^{(0)}| \quad |V_{e2}^{(0)}|]^{T}=[0 \quad 0 \quad 0 \quad 1 \quad 1]^{T}$。

(3) 依据热力功率方程(2.27)，计算节点质量流率。第1次迭代计算时

$$\dot{m}_{q\_h1}^{(1)}=\frac{\Phi_{h1}}{C_p(T_{s\_h1}^{(0)}-T_{o\_h1})}=\frac{0.3}{4.218\times10^{-3}\times(100-50)}=1.4347\ \mathrm{kg/s}$$

$$\dot{m}_{q\_h2}^{(1)}=\frac{\Phi_{h2}}{C_p(T_{s\_h2}^{(0)}-T_{o\_h2})}=\frac{0.3}{4.218\times10^{-3}\times(100-50)}=1.4347\ \mathrm{kg/s}$$

(4) 水力计算。通过水力模型计算，基于 $\dot{\boldsymbol{m}}_q$ 更新管段质量流率 $\dot{\boldsymbol{m}}$。

① 依据节点流量平衡方程(2.3)与回路压力平衡(2.8)，计算水力模型偏差向量 $\Delta\boldsymbol{F}_h$：

$$\Delta\boldsymbol{F}_h=\begin{bmatrix}\boldsymbol{A}\dot{\boldsymbol{m}}-\dot{\boldsymbol{m}}_q\\ \boldsymbol{BK}\dot{\boldsymbol{m}}|\dot{\boldsymbol{m}}|\end{bmatrix}=\begin{bmatrix}\dot{m}_1-\dot{m}_2-\dot{m}_{q\_h1}\\ \dot{m}_2+\dot{m}_3-\dot{m}_{q\_h2}\\ K_1\dot{m}_1|\dot{m}_1|+K_2\dot{m}_2|\dot{m}_2|-K_3\dot{m}_3|\dot{m}_3|\end{bmatrix}$$

第1次迭代时

$$\Delta\boldsymbol{F}_h^{(1)}=\begin{bmatrix}-1.4347\\ 0.5653\\ 0.0090\end{bmatrix}$$

② 水力模型的雅可比矩阵为

$$\boldsymbol{J}_h=\begin{bmatrix}\boldsymbol{A}\\ \boldsymbol{2BK}|\dot{\boldsymbol{m}}|\end{bmatrix}=\begin{bmatrix}1 & -1 & 0\\ 0 & 1 & 1\\ 2K_1|\dot{m}_1| & 2K_2|\dot{m}_2| & -2K_3|\dot{m}_3|\end{bmatrix}$$

第1次迭代时

$$\boldsymbol{J}_h^{(1)}=\begin{bmatrix}-1 & -1 & 0\\ 0 & 1 & 1\\ 0.0358 & 0.0358 & -0.0537\end{bmatrix}$$

③ 更新管段质量流率 $\dot{\boldsymbol{m}}$：

$$\dot{\boldsymbol{m}}^{(1)}=\dot{\boldsymbol{m}}^{(0)}-(\boldsymbol{J}_h^{(1)})^{-1}\Delta\boldsymbol{F}_h^{(1)}=\begin{bmatrix}1.7111\\ 0.2764\\ 1.1583\end{bmatrix}$$

(5) 热力计算。依据温度降方程(2.29)与水力交汇温度方程(2.30)，计算节点温度。

① 基于 $\dot{\boldsymbol{m}}^{(1)}$ 与给定的 $T_{s1,\,source}(T_{s\_h3})$，计算 $T_{s\_h1}^{(1)}$，$T_{s\_h2}^{(1)}$

$$\begin{cases} T'_{\text{s\_h1}} = T'_{\text{s\_h3}}\Psi_{\text{h1}} \\ (\dot{m}_2+\dot{m}_3)T'_{\text{s\_h2}} = \dot{m}_2(T'_{\text{s\_h1}}\Psi_{\text{h2}}) + \dot{m}_3(T'_{\text{s\_h3}}\Psi_{\text{h3}}) \end{cases} \Rightarrow \begin{bmatrix} T^{(1)}_{\text{s\_h1}} \\ T^{(1)}_{\text{s\_h2}} \end{bmatrix} = \begin{bmatrix} 98.9994 \\ 96.8828 \end{bmatrix}$$

式中，$T'_{\text{s}} = T_{\text{s}} - T_{\text{a}}$，$\Psi = \text{e}^{-\frac{\lambda L}{c_p \dot{m}}}$。

② 基于 $\dot{\boldsymbol{m}}^{(1)}$ 与给定的 $T_{\text{o\_h1}}$，$T_{\text{o\_h2}}$，计算 $T^{(1)}_{\text{r\_h1}}$，$T^{(1)}_{\text{r\_h2}}$

$$\begin{cases} \dot{m}_1 T'_{\text{r\_h1}} = \dot{m}_2 T'_{\text{r\_h2}}\Psi_{\text{h2}} + (\dot{m}_1 - \dot{m}_2)T'_{\text{o\_h1}} \\ T'_{\text{r\_h2}} = T'_{\text{o\_h2}} \end{cases} \Rightarrow \begin{bmatrix} T^{(1)}_{\text{r\_h1}} \\ T^{(1)}_{\text{r\_h2}} \end{bmatrix} = \begin{bmatrix} 49.5679 \\ 50.0000 \end{bmatrix}$$

③ 基于 $\dot{\boldsymbol{m}}^{(1)}$ 与 $T^{(1)}_{\text{r\_h1}}$，$\text{T}^{(1)}_{\text{r\_h2}}$，计算 $T^{(1)}_{\text{r1, source}}(T^{(1)}_{\text{r\_h3}})$

$$(\dot{m}_1+\dot{m}_3)T'_{\text{r\_h3}} = \dot{m}_1(T'_{\text{r\_h1}}\Psi_{\text{h1}}) + \dot{m}_3(T'_{\text{r\_h1}}\Psi_{\text{h3}}) \Rightarrow T^{(1)}_{\text{r1, source}} = T^{(1)}_{\text{r\_h3}} = 49.3397$$

(6) 分解计算的过程从步骤(3)一直迭代，直到向量 $|\Delta \boldsymbol{F}_{\text{h}}|$，$|\Delta \boldsymbol{T}_{\text{s}}|$ 与 $|\Delta \boldsymbol{T}_{\text{r}}|$ 的最大值小于 $\varepsilon = 10^{-3}$。

计算发现，4 次迭代后，计算结果收敛，管段质量流率与温度为

$$\begin{bmatrix} \dot{m}_1 \\ \dot{m}_2 \\ \dot{m}_3 \end{bmatrix} = \begin{bmatrix} 1.6420 \\ 0.1767 \\ 1.3451 \end{bmatrix}, \quad \begin{bmatrix} T_{\text{s\_h1}} \\ T_{\text{s\_h2}} \\ T_{\text{r\_h1}} \\ T_{\text{r\_h2}} \\ T_{\text{r1, source}} \end{bmatrix} = \begin{bmatrix} 98.9576 \\ 97.1401 \\ 49.5583 \\ 50.0000 \\ 49.1251 \end{bmatrix}$$

(7) 计算机组 1 的热力功率 $\Phi_{1,\text{ source}}$。

① 首先，基于步骤(6)求解的 $\dot{\boldsymbol{m}}$，计算 $\dot{m}_{\text{q1, source}}$

$$\dot{m}_{\text{q1, source}} = \dot{m}_1 + \dot{m}_3 = 1.6420 + 1.3451 = 2.9871\ \text{kg/s}$$

② 然后，将 $\dot{m}_{\text{q1, source}}$ 与步骤(6)求解的 $T_{\text{r1, source}}$ 代入到热功率方程(2.27)，得

$$\begin{aligned} \Phi_{1,\text{ source}} &= c_p \dot{m}_{\text{q1, source}}(T_{\text{s1, source}} - T_{\text{r1, source}}) \\ &= 4.182 \times 10^{-3} \times 2.9871 \times (100 - 49.1251) \\ &= 0.6355\ \text{MW}_{\text{th}} \end{aligned}$$

因此，热网损耗为 $\Phi_{\text{loss}} = 0.0355\ \text{MW}_{\text{th}}$。

(8) 依据方程(3.44)，求解机组 1 生产的电力功率，$P_{1,\text{ source}} = \Phi_{1,\text{ source}}/c_{\text{m1}} = 0.6355/1.3 = 0.4889\ \text{MW}_{\text{e}}$。

(9) 电力系统潮流计算。

① 计算电力潮流模型的偏差向量 $\Delta \boldsymbol{F}^{(1)}_{\text{e}}$。第 1 次迭代时，

$$\Delta \boldsymbol{F}_{e}^{(1)} = \begin{bmatrix} P_{e1} - \mathrm{Re}\{V_{e1}(Y_{e11}V_{e1} + Y_{e12}V_{e2} + Y_{e13}V_{e3})^*\} \\ P_{e2} - \mathrm{Re}\{V_{e2}(Y_{e12}V_{e1} + Y_{e22}V_{e2} + Y_{e24}V_{e4})^*\} \\ P_{1,\mathrm{source}} - \mathrm{Re}\{V_{e3}(Y_{e13}V_{e1} + Y_{e33}V_{e3})^*\} \\ Q_{e1} - \mathrm{Im}\{V_{e1}(Y_{e11}V_{e1} + Y_{e12}V_{e2} + Y_{e13}V_{e3})^*\} \\ Q_{e2} - \mathrm{Im}\{V_{e2}(Y_{e12}V_{e1} + Y_{e22}V_{e2} + Y_{e24}V_{e4})^*\} \end{bmatrix} = \begin{bmatrix} -0.0135 \\ -0.0954 \\ 0.3455 \\ 0.1899 \\ 0.0464 \end{bmatrix}$$

② 电力潮流的雅可比矩阵 $\boldsymbol{J}_{e}^{(1)}$ 为

$$\boldsymbol{J}_{e}^{(1)} = \begin{bmatrix} 9.8056 & -4.7832 & -5.0224 & 5.3231 & -2.7298 \\ -4.7832 & 9.6621 & 0.0000 & -2.7298 & 5.4050 \\ -5.0224 & 0.0000 & 5.0224 & -2.8663 & 0.0000 \\ -5.5961 & 2.7298 & 2.8663 & 9.3273 & -4.7832 \\ 2.7298 & -5.5142 & 0.0000 & -4.7832 & 9.4708 \end{bmatrix}$$

③ 更新状态变量(电压幅值与相角)

$$\begin{bmatrix} \boldsymbol{\theta} \\ |\boldsymbol{V}| \end{bmatrix}^{(1)} = \begin{bmatrix} \boldsymbol{\theta} \\ |\boldsymbol{V}| \end{bmatrix}^{(0)} - (\boldsymbol{J}_{e}^{(1)})^{-1} \Delta \boldsymbol{F}_{e}^{(1)} = \begin{bmatrix} 6.2584 \\ 2.5531 \\ 10.8359 \\ 1.0194 \\ 1.0092 \end{bmatrix}$$

④ 3 次迭代计算后，结果收敛：$\begin{bmatrix} \theta_{e1} \\ \theta_{e2} \\ \theta_{e3} \\ |V_{e1}| \\ |V_{e2}| \end{bmatrix} = \begin{bmatrix} 5.6833 \\ 2.2959 \\ 9.9627 \\ 1.0150 \\ 1.0056 \end{bmatrix}$

式中，电压相角的单位是 deg，电压幅值的单位是 p. u.

电力系统潮流计算的结果通过了 IPSA 软件与 MATLAB 工具箱 MATPOWER 验证[121,122]。

(10) 计算并网点的电力功率，$P_{grid} = -0.1543\ \mathrm{MW_e}$。因此，电网损耗为 $P_{loss} = 0.0346\ \mathrm{MW_e}$。图 3.10 中步骤(11)与步骤(12)仅适用于孤岛模式，将在下一部分讨论。

若考虑循环水泵时，步骤(8)更新如下：

依据方程(3.44)，得

$$P_{1,\mathrm{source}} = \Phi_{1,\mathrm{source}}/c_{m1} - P_{p} = 0.6355/1.3 - 0.0045 = 0.4844\ \mathrm{MW_e}$$

式中，循环水泵消耗的电量 P_p 依据方程(3.9)求得

$$P_{\mathrm{p}}=\frac{\dot{m}_{\mathrm{q1,\,source}}gH_{\mathrm{p}}}{10^{6}\eta_{\mathrm{p}}}=\frac{2.987\,1\times 9.81\times 100.095\,9}{10^{6}\times 0.65}=0.004\,5\ \mathrm{MW_e}$$

式中，循环水泵的水头 H_{p}依据方程(3.10)求得

$$\begin{aligned}H_{\mathrm{p}}&=2\sum_{i\in\ell}h_{\mathrm{f}i}+H_{\mathrm{c}}=2(K_1\dot{m}_1^2+K_2\dot{m}_2^2)+H_{\mathrm{h2}}\\&=2\times(0.047\,3+0.000\,7)+100=100.095\,9\ \mathrm{m}\end{aligned}$$

式中，H_{c}是允许最小的水头差，在如图 3.12 所示算例中，指负荷节点 2：H_{h2}。

2) 孤岛模式

本节通过一个简单算例，如图 3.13 所示，阐述孤岛模式下的电力-水力-热力分解求解。机组 1 提供热力平衡节点，机组 2 提供电力平衡节点。假设机组 1 是抽凝式蒸汽轮机 CHP 机组，机组 2 是燃气轮机 CHP 机组。依据表 3.1，算例的给定变量与待求变量如表 3.6 所示。配电网与供热网的相关参数见附录 D。

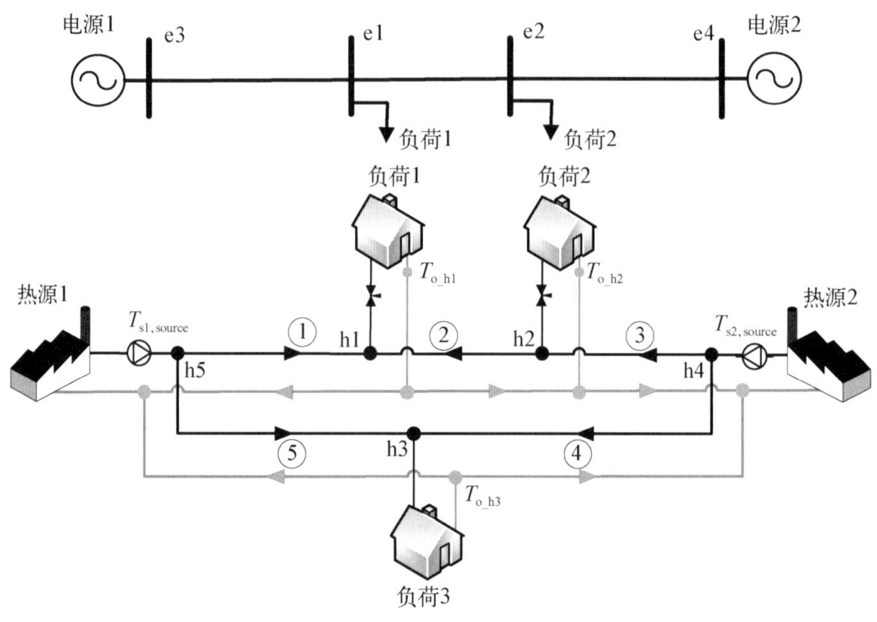

图 3.13　孤岛模式的简单电网与环状热网

表 3.6　孤岛模式下电网与热网的给定与待求变量

	变　量	给　　定	待　　求
电网	电压相角 $\boldsymbol{\theta}$	θ_{e4}	θ_{e1}，θ_{e2}，θ_{e3}
	有功功率 $\boldsymbol{P}$	P_{e1}，P_{e2}	$P_{\mathrm{e3}}(P_{1,\,\mathrm{source}})$，$P_{\mathrm{e4}}(P_{2,\,\mathrm{source}})$

（续表）

	变　量	给　　定	待　　求
电网	电压幅值 $\lvert \boldsymbol{V} \rvert$	$\lvert V_{e3} \rvert (\lvert V_{1,\text{source}} \rvert)$，$\lvert V_{e4} \rvert (\lvert V_{2,\text{source}} \rvert)$	$\lvert V_{e1} \rvert$，$\lvert V_{e2} \rvert$
	无功功率 $\boldsymbol{Q}$	Q_{e1}，Q_{e2}	Q_{e3}，Q_{e4}
热网	水头 $\boldsymbol{H}$	H_{h2}	H_{h1}，H_{h3}，H_{h4}，H_{h5}
	热力功率 $\boldsymbol{\Phi}$	Φ_{h1}，Φ_{h2}，Φ_{h3}	$\Phi_{h4}(\Phi_{1,\text{source}})$，$\Phi_{h5}(\Phi_{2,\text{source}})$
	供水温度 $\boldsymbol{T}_s$	$T_{s\_h4}(T_{s1,\text{source}})$，$T_{s\_h5}(T_{s2,\text{source}})$	T_{s_h1}，T_{s_h2}，T_{s_h3}
	回水温度 $\boldsymbol{T}_r$	T_{o_h1}，T_{o_h2}，T_{o_h3}	T_{r_h1}，T_{r_h2}，T_{r_h3}，$T_{r\_h4}(T_{r1,\text{source}})$，$T_{r\_h5}(T_{r2,\text{source}})$
	质量流率 $\dot{\boldsymbol{m}}$		$\dot{m}_1$，$\dot{m}_2$，$\dot{m}_3$，$\dot{m}_4$，$\dot{m}_5$

依据方程(3.33)与方程(3.34)，机组1为抽凝式蒸汽轮机CHP机组，$P_{1,\text{source}}$表示为

$$P_{1,\text{source}} = -\Phi_{1,\text{source}}/Z + \eta_e F_{\text{in}} \tag{3.45}$$

依据方程(3.33)与方程(3.34)，机组2为燃气轮机CHP机组，则$\Phi_{2,\text{source}}$表示为

$$\Phi_{2,\text{source}} = c_{m2} P_{2,\text{source}} \tag{3.46}$$

用于阐释模型计算过程的示意图如图3.14所示，需通过确定每次迭代中从机组1与机组2生产的热力与电力。该图阐释了计算流程图（见图3.10）中的步骤(7)，(8)，(10)，(11)。图3.14中，左边向下倾斜的线段描述了机组1即抽凝式蒸汽CHP机组的性能曲线，其斜率等于机组1的Z值的负值（即$-Z$）。右边向上倾

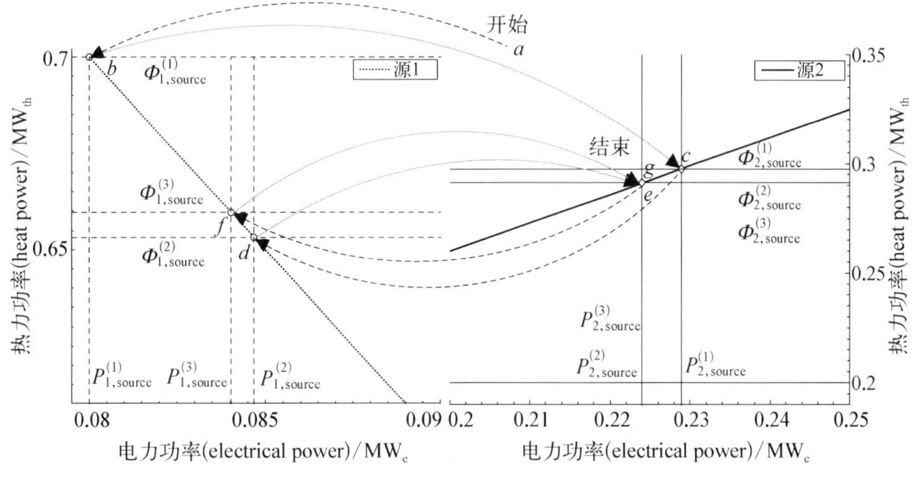

图3.14　电热耦合网中机组1与机组2的电力与热力功率分解计算过程示意图

斜的线段描述了机组 2 即燃气轮机 CHP 机组的性能曲线，其斜率等于机组 2 的热电比(c_{m2})。

根据图 3.10，孤岛模式算例的计算步骤如下。

(1) 算例给定变量如表 3.6 所示。

(2) 假设电网与热网初始条件如下：

热网，$T_{s\_h1}^{(0)}=T_{s\_h2}^{(0)}=T_{s\_h3}^{(0)}=100℃$，$\dot{\boldsymbol{m}}^{(0)}=[1\quad 1\quad 1\quad 1\quad 1]^{\mathrm{T}}$。

$$\Phi_{2,\text{ source}}^{(0)}=0.2\ \mathrm{MW_{th}}$$

电网，$[\theta_{e1}^{(0)}\quad \theta_{e2}^{(0)}\quad \theta_{e3}^{(0)}\quad |V_{e1}^{(0)}|\quad |V_{2}^{(0)}|]^{\mathrm{T}}=[0\quad 0\quad 0\quad 1\quad 1]^{\mathrm{T}}$。

迭代次数 $i=1$。

(3)～(6) 求解水力-热力模型，当迭代次数 $i=1$ 时，如图 3.14 中黑虚线箭头 $a\rightarrow b$ 所示。

(7) 计算 $\Phi_{1,\text{ source}}^{(i)}$，如图 3.14 中水平虚线所示。

(8) 根据机组 1 的效率曲线，由方程(3.45)，计算 $P_{1,\text{ source}}^{(i)}$，如图 3.14 中垂直虚线所示。

(9) 求解电力系统潮流模型，当迭代次数 $i=1$ 时，如图 3.14 中灰线箭头 $b\rightarrow c$ 所示。

(10) 计算 $P_{2,\text{ source}}^{(i)}$，如图 3.14 中垂直实线所示。

(11) 依据机组 2 的效率曲线，由方程(3.46)，计算 $\Phi_{2,\text{ source}}^{(i)}$，如图 3.14 中水平实线所示。

(12) 该迭代过程从步骤(3)一直重复，直到 $\Delta\Phi_{2,\text{ source}}^{(i)}=\Phi_{2,\text{ source}}^{(i)}-\Phi_{2,\text{ source}}^{(i-1)}$ 小于误差 ε。$i=i+1$。

水力-热力模型与电力潮流模型的迭代次数如表 3.7 所示。经 16 次迭代计算后(3+3+4+2+3+1=16)，结果收敛。

表 3.7　水力-热力模型与电力潮流模型的迭代次数

模　型	水力-热力	电力	水力-热力	电力	水力-热力	电力
	$a\rightarrow b$	$b\rightarrow c$	$c\rightarrow d$	$d\rightarrow e$	$e\rightarrow f$	$f\rightarrow g$
迭代次数	3	3	4	2	3	1

3.5.2　电力-水力-热力联立求解

1) 并网模式

本节将通过一个简单算例(见图 3.12)来阐述并网模式下的电力-水力-热力联

立求解计算。

依据方程(3.39)，状态变量 $\boldsymbol{x}$ 表示为

$$\boldsymbol{x}=[\theta_{e1}\quad \theta_{e2}\quad \theta_{e3}\quad |V_{e1}|\quad |V_{e2}|\quad \dot{m}_1\quad \dot{m}_2\quad \dot{m}_3\quad T'_{s\_h1}\quad T'_{s\_h2}\quad T'_{r\_h1}\quad T'_{r\_h2}]^T \tag{3.47}$$

依据方程(3.40)，图 3.12 算例中电热耦合网的偏差向量 $\Delta\boldsymbol{F}$ 表示为

$$\Delta\boldsymbol{F}=\begin{bmatrix}\begin{bmatrix}P_{e1}^{sp}-\mathrm{Real}\{V_{e1}(Y_{e11}V_{e1}+Y_{e12}V_{e2}+Y_{e13}V_{e3})^*\}\\ P_{e2}^{sp}-\mathrm{Real}\{V_{e2}(Y_{e1}V_{e1}+Y_{e22}V_{e2}+Y_{e24}V_{e4})^*\}\\ P_{e3}^{sp}-\mathrm{Real}\{V_{e3}(Y_{e13}V_{e1}+Y_{e33}V_{e3})^*\}\end{bmatrix}\\ \begin{bmatrix}Q_{e1}^{sp}-\mathrm{Imag}\{V_{e1}(Y_{e1}V_{e1}+Y_{e12}V_{e2}+Y_{e1}V_{e3})^*\}\\ Q_{e2}^{sp}-\mathrm{Imag}\{V_{e2}(Y_{e12}V_{e1}+Y_{e2}V_{e2}+Y_{e24}V_{e4})^*\}\end{bmatrix}\\ \begin{bmatrix}c_p\begin{bmatrix}1&-1&0\\0&1&1\end{bmatrix}\begin{bmatrix}\dot{m}_1\\ \dot{m}_2\\ \dot{m}_3\end{bmatrix}\left(\begin{bmatrix}T'_{s\_h1}\\ T'_{s\_h2}\end{bmatrix}-\begin{bmatrix}T'_{o\_h1}\\ T'_{o\_h2}\end{bmatrix}\right)-\begin{bmatrix}\Phi_{h1}^{sp}\\ \Phi_{h2}^{sp}\end{bmatrix}\end{bmatrix}\\ [K_1\dot{m}_1|\dot{m}_1|+K_2\dot{m}_2|\dot{m}_2|-K_3\dot{m}_3|\dot{m}_3|]\\ \begin{bmatrix}1&0\\-\dot{m}_2\Psi_2&q_2\end{bmatrix}\begin{bmatrix}T'_{s\_h1}\\ T'_{s\_h2}\end{bmatrix}-\begin{bmatrix}T'_{s\_h3}\Psi_1\\ \dot{m}_3T'_{s\_h3}\Psi_3\end{bmatrix}\\ \begin{bmatrix}\dot{m}_1&-\dot{m}_2\Psi_2\\0&1\end{bmatrix}\begin{bmatrix}T'_{r\_h1}\\ T'_{r\_h2}\end{bmatrix}-\begin{bmatrix}\dot{m}_{q1}T'_{o\_h1}\\ T'_{o\_h2}\end{bmatrix}\end{bmatrix} \tag{3.48}$$

依据方程(3.32)～(3.34)，偏差向量 $\Delta\boldsymbol{F}$ 的第 3 个元素 P_{e3}^{sp} 是热网变量的函数，表示为

$$P_{e3}^{sp}=C_p\dot{m}_{q\_h3}(T'_{s\_h3}-T'_{r\_h3})/c_{m1} \tag{3.49}$$

用电力-水力-热力联立求解法求解计算如图 3.12 所示的算例的过程如下：

(1) 假设算例的初始条件为

$$\begin{aligned}\boldsymbol{x}^{(0)}&=[\theta_{e1}^{(0)}\ \theta_{e2}^{(0)}\ \theta_{e3}^{(0)}\ |V_{e1}^{(0)}|\ |V_{e2}^{(0)}|\ \dot{m}_1^{(0)}\ \dot{m}_2^{(0)}\ \dot{m}_3^{(0)}\ T'^{(0)}_{s\_h1}\ T'^{(0)}_{s\_h2}\ T'^{(0)}_{o\_h1}\ T'^{(0)}_{o\_h2}]^T\\ &=[0\quad 0\quad 0\quad 1\quad 1\quad 1\quad 1\quad 1\quad 90\quad 90\quad 40\quad 40]^T\end{aligned}$$

(2) 计算偏差向量 $\Delta\boldsymbol{F}$。第 1 次迭代时，

$$\begin{aligned}\Delta\boldsymbol{F}^{(1)}=[&0.0135\quad 0.0954\quad -0.178\quad -0.190\quad -0.0464\cdots\\ &-0.300\quad 0.118\quad 0.009\quad 1.705\quad 4.251\quad 0.758\quad 0]^T\end{aligned}$$

(3) 雅可比矩阵表示为

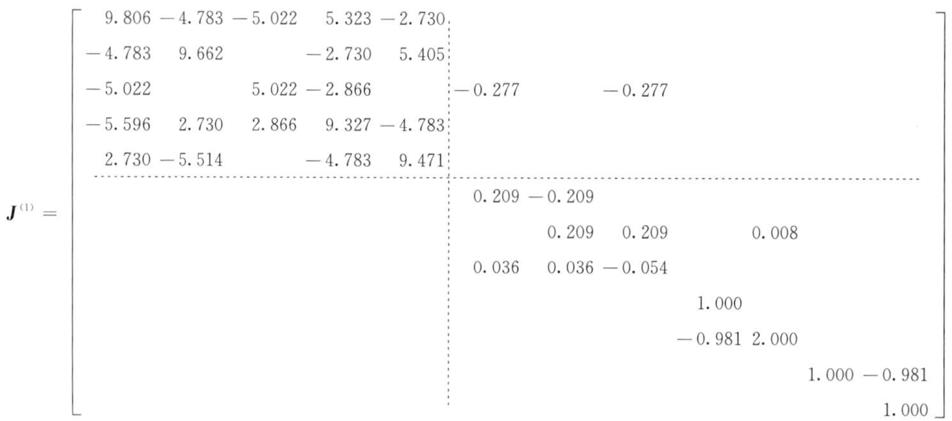

$$
\boldsymbol{J}^{(1)}=\left[\begin{array}{ccccc:ccccccc}
9.806 & -4.783 & -5.022 & 5.323 & -2.730 & & & & & & & \\
-4.783 & 9.662 & & -2.730 & 5.405 & & & & & & & \\
-5.022 & & 5.022 & -2.866 & & -0.277 & & -0.277 & & & & \\
-5.596 & 2.730 & 2.866 & 9.327 & -4.783 & & & & & & & \\
2.730 & -5.514 & & -4.783 & 9.471 & & & & & & & \\
\hdashline
 & & & & & 0.209 & -0.209 & & & & & \\
 & & & & & & 0.209 & 0.209 & & 0.008 & & \\
 & & & & & 0.036 & 0.036 & -0.054 & & & & \\
 & & & & & & & & 1.000 & & & \\
 & & & & & & & & -0.981 & 2.000 & & \\
 & & & & & & & & & & 1.000 & -0.981 \\
 & & & & & & & & & & & 1.000
\end{array}\right]
$$

(4) 更新状态变量。第 1 次迭代时，

$$
\begin{aligned}
\boldsymbol{x}^{(1)} &= x^{(0)}-(\boldsymbol{J}^{(1)})^{-1}\Delta\boldsymbol{F}^{(1)} \\
&= [0.151\quad 0.065\quad 0.251\quad 1.019\quad 1.009\cdots \\
&\qquad 1.762\quad 0.327\quad 1.226\quad 88.295\quad 87.038\quad 39.242\quad 40.000]^{\mathrm{T}}
\end{aligned}
$$

(5) 该过程一直重复迭代直到偏差向量 $|\Delta\boldsymbol{F}|$ 的最大值小于误差 $\varepsilon=10^{-3}$。5 次迭代计算后结果收敛。

2) 孤岛模式

本节通过简单算例(见图 3.13)，阐述孤岛模式下的电力-水力-热力联立求解计算，其过程如图 3.15 所示。每次迭代中，两台机组的电力与热力功率将同时计算得出，并用机组性能效率曲线上的点代表(左边的线段向下倾斜，右边的线段向上倾斜)。由于画图范围的限制，从第 6 次迭代开始画，代表机组 1 出力的点与机

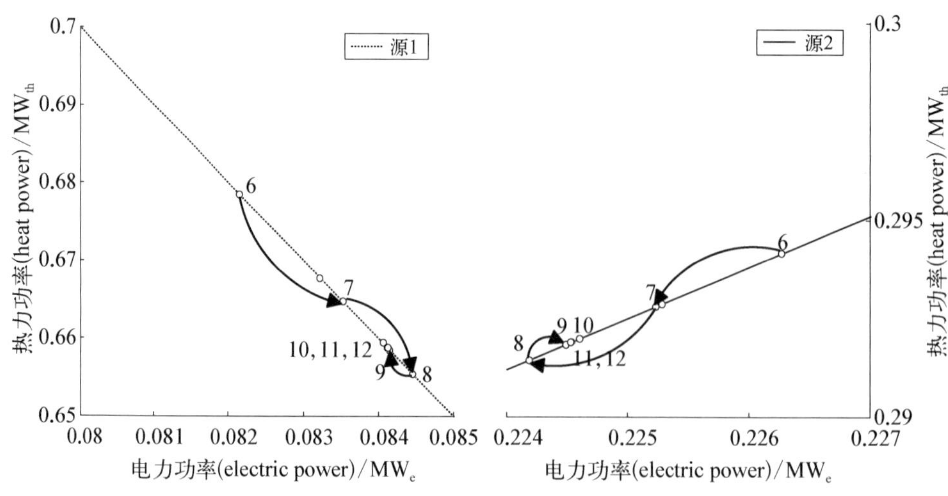

图 3.15　电热耦合网中机组 1 与机组 2 的电力与热力功率的联立求解计算过程

组2出力的点在每次迭代中同时移动到各自线段的下一个位置。该过程一直重复直到偏差向量 $|\Delta \boldsymbol{F}|$ 的最大值小于误差 $\varepsilon = 10^{-3}$。经过12次迭代后，结果收敛。

依据方程(3.33)和方程(3.34)，抽凝式蒸汽轮机CHP机组1的电力功率 $P_{1,\mathrm{source}}$ 表示为

$$
\begin{aligned}
P_{1,\mathrm{source}}^{\mathrm{sp}} &= -\Phi_{1,\mathrm{source}}/Z + \eta_{\mathrm{e}} F_{\mathrm{in}} \\
\Phi_{1,\mathrm{source}} &= c_p \dot{m}_{\mathrm{q1},\mathrm{source}} (T'_{\mathrm{s1},\mathrm{source}} - T'_{\mathrm{r1},\mathrm{source}})
\end{aligned}
\tag{3.50}
$$

依据方程(3.33)与方程(3.34)，燃气轮机CHP机组2的热功率 $\Phi_{2,\mathrm{source}}$ 表示为

$$
\begin{aligned}
\Phi_{2,\mathrm{source}}^{\mathrm{sp}} &= c_{\mathrm{m2}} P_{2,\mathrm{source}} \\
P_{2,\mathrm{source}} &= \mathrm{Re}\left\{ V_{2,\mathrm{source}} \sum_{k=1}^{N} (Y_{ik} V_k)^* \right\}
\end{aligned}
\tag{3.51}
$$

3.5.3 分解与联立求解对比

通过如图3.13所示算例的求解计算，可知电力-水力-热力联立求解与电力-水力-热力分解求解的结果差别非常小。该微小差别是因为两种计算迭代的收敛准则不同，以及联立求解法对雅可比矩阵部分元素的简化处理。两种方法都足够的精确。

两种计算方法的收敛特性如图3.16所示。电力-水力-热力联立求解计算法经过12次迭代收敛，电力-水力-热力分解求解计算法经过16次迭代收敛。联立

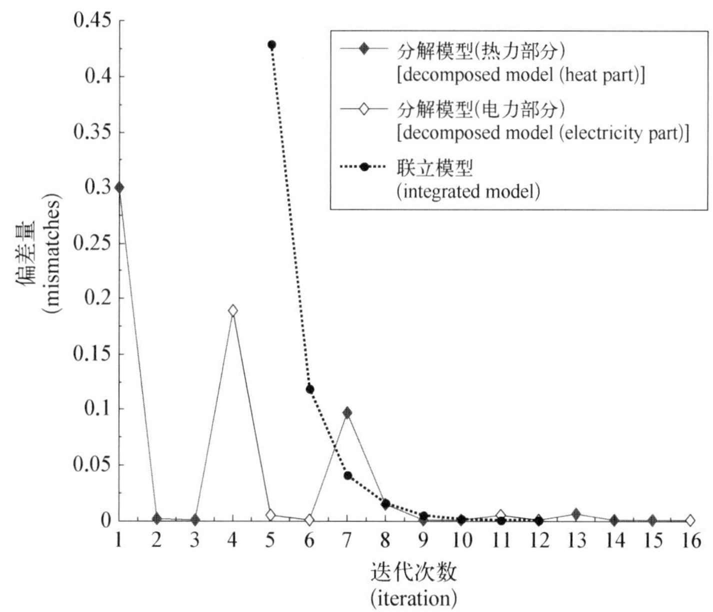

图3.16　电力-水力-热力分解求解与联立求解的收敛特性

求解法的迭代次数比分解求解法少，因为所有的方程组用牛顿-拉夫逊法同时求解，而牛顿-拉夫逊法是二阶收敛。尽管如此，因为联立求解法的雅可比矩阵更大，联立求解计算法比分解求解计算法的每次迭代计算量更大。分解求解计算中，电力潮流方程、水力方程、热力方程分别依次求解，因此需要更多迭代次数。

3.6 电热网算例

本节将通过一个实际案例来演示电热网联合分析，对 Barry 岛电网与热网用电力-水力-热力分解求解法与联立求解法进行计算求解。Barry 岛算例研究了孤岛系统如何用 CHP 机组同时满足电负荷与热负荷。需求解的电网与热网变量如下：

① CHP 机组生产的电力功率与热力功率；

② 热网各管段质量流率、各节点供水温度与回水温度；

③ 电网各负荷节点的电压幅值与各节点的电压相角。

3.6.1 网络描述

Barry 岛的电网与热网如图 3.17 所示。热网是低温环状供热管网，并由 3 台

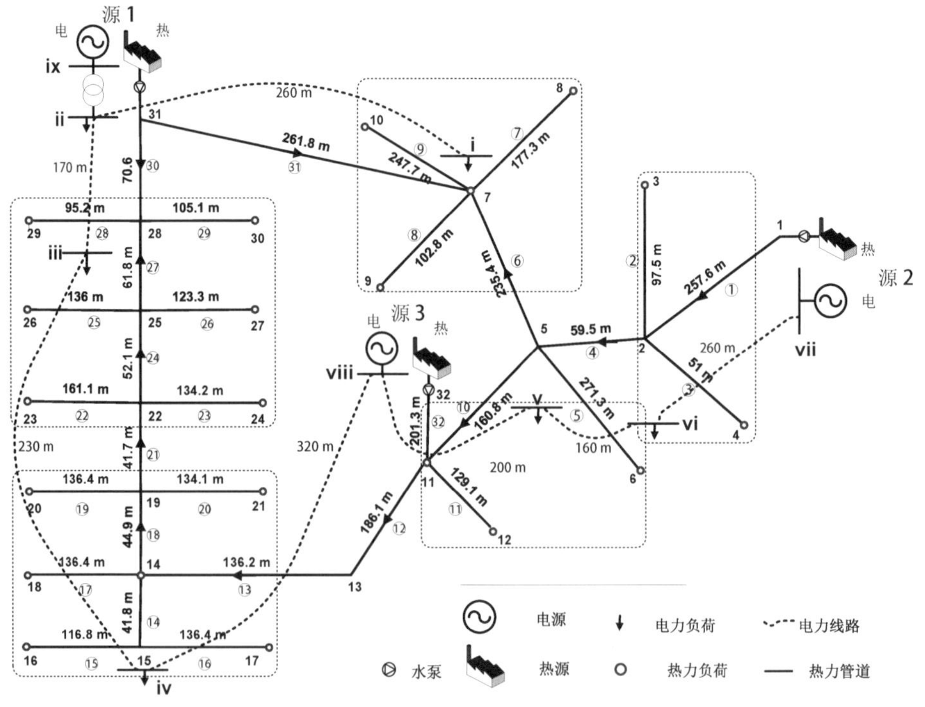

图 3.17 Barry 岛算例的配电网与热力管网示意图

CHP 机组供应热力。Barry 岛热力管网的数据基于文献[5,41]与文献[123]，配电网数据基于文献[124]。源 1 是燃气轮机 CHP 机组；源 2 是抽凝式蒸汽轮机 CHP 机组；源 3 是往复式内燃机 CHP 机组。燃气轮机与蒸汽轮机 CHP 机组的容量比内燃机 CHP 机组的容量大[125]。因此，选择源 1 所在的燃气轮机 CHP 机组提供电力平衡节点，源 2 所在的蒸汽轮机 CHP 机组提供热力平衡节点。

1）配电网

Barry 岛算例的配电网示意图如图 3.18 所示，通过每个馈线处(feeder)11/0.433 kV 变压器供给 5 个集总电力负荷(lumped electrical loads)。机组 1 通过一台 33/11.5 kV 变压器连接到 11 kV 配电网。节点 ix 是平衡节点。

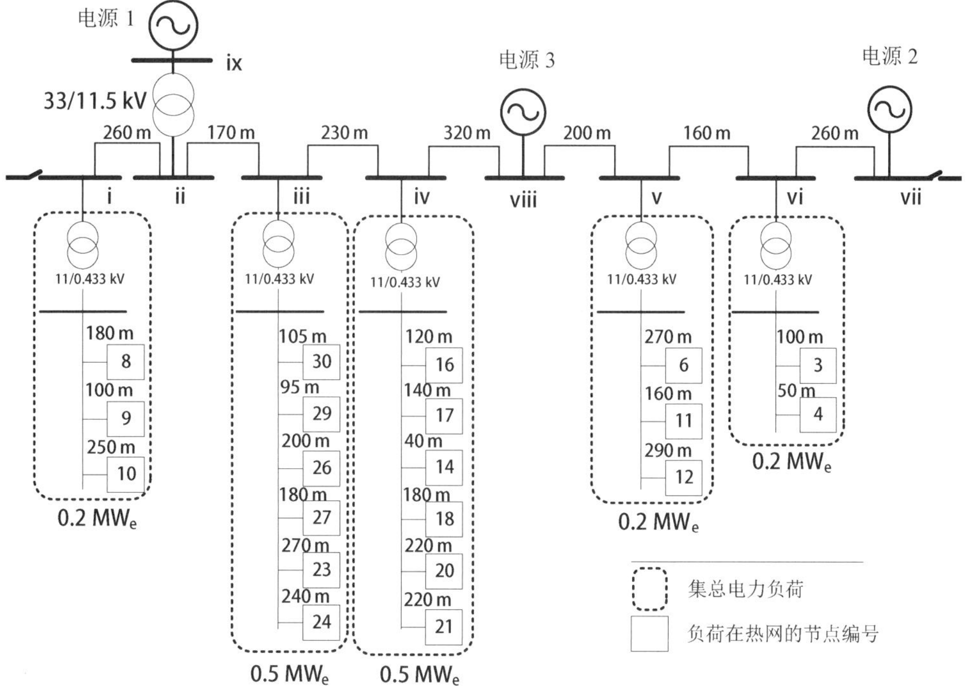

图 3.18　Barry 岛算例的配电网示意图

假设 Barry 岛算例的配电网参数如下：

① 基准视在功率为 1 MVA，基准电压为 11 kV。

② 185 mm^2 电缆的阻抗为 0.164＋j0.080 Ω/km[124]。

③ 33/11.5 kV 15 MVA 变压器阻抗 18%，X/R 为 15[124]。

④ 5 个集总电力负荷的功率：$P_i = 0.2\ MW_e$，$P_{iii} = 0.5\ MW_e$，$P_{iv} = 0.5\ MW_e$，$P_v = 0.2\ MW_e$，$P_{vi} = 0.2\ MW_e$。

⑤ 电力负荷的功率因素为 PF＝1。

⑥ 机组的电压幅值：$|V_{1,\text{source}}|=1.02$ p. u.，$|V_{2,\text{source}}|=1.05$ p. u.，$|V_{3,\text{source}}|=1.05$ p. u.。

⑦ 机组 1 的电压相角为：$\theta_{1,\text{source}}=0°$。

将电力系统的输入数据转换为标幺值：

① 电缆阻抗。以电缆 i 、电缆 ii 为例，长度为 260 m，因此该电缆的阻抗 $Y_{12}=(0.164+\text{j}0.080)\times 260/1\,000=0.042\,6+\text{j}0.020\,8\ \Omega$。

基准阻抗为 $Y_{\text{base}}=\dfrac{(11\ \text{kV})^2}{1\ \text{MVA}}=121\ \Omega$，因此该电缆的阻抗标幺值为 $Y_{12}=(0.042\,6+\text{j}0.020\,8)/121=(3.524\,0+\text{j}1.719\,0)\times 10^{-4}$ p. u.

② 33/11.5 kV 变压器阻抗。变压器容量为 15 MVA，基准视在功率为 1 MVA，变压器的电抗为 $X_{\text{trans}}=18\%/15=0.012$ p. u.

X/R 比率为 15，因此变压器的电阻为 $R_{\text{trans}}=0.012/15=0.000\,8$ p. u.

③ 负荷节点的有功功率，

$P_{\text{i}}=0.2$ p. u.，$P_{\text{iii}}=0.5$ p. u.，$P_{\text{iv}}=0.5$ p. u.，$P_{\text{v}}=0.2$ p. u.，$P_{\text{vi}}=0.2$ p. u.

2) 热力管网

Barry 岛算例的热力管网示意图如图 3.19 所示，各管段参数见附录 D。

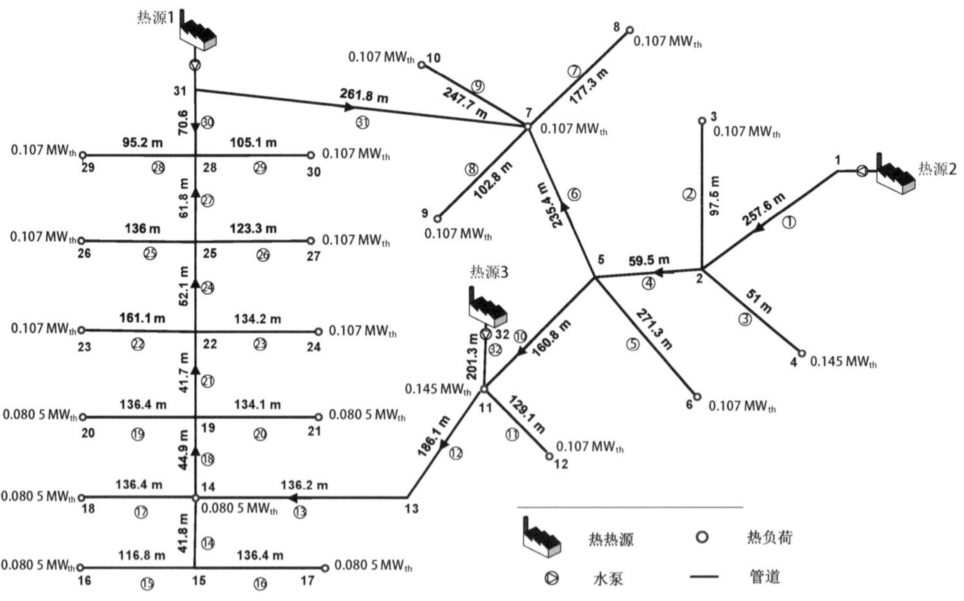

图 3.19 Barry 岛算例的热力管网示意图

假设已知负荷的热力功率(MW_{th})，并标注在图 3.19 中。管网的总热负荷为 2.164 MW_{th}。节点 1、节点 11 与节点 31 对应 3 台热源机组，节点 1 为平衡节点。

假设：

① 热源供水温度 $T_{s,source}=70℃$；

② 热负荷出水温度 $T_{o,load}=30℃$。

3）CHP 机组

对于燃气轮机 CHP 机组 1，热力功率与电力功率的关系表示为

$$c_{m1}=\frac{\Phi_{CHP1}}{P_{CHP1}} \tag{3.52}$$

式中，热电比 $c_{m1}=1.3$[107,108]。

对抽凝式蒸汽轮机 CHP 机组 2，比率 Z_2 用来计算热力输出[112]

$$Z_2=\frac{\Delta\Phi_2}{\Delta P_2}=\frac{\Phi_{CHP2}-\Phi_{con2}}{P_{con2}-P_{CHP2}} \tag{3.53}$$

式中，$Z_2=8.1$[112]。P_{con2} 是抽凝式机组的全冷凝模式下的电力生产功率，$\Phi_{con2}=0$，$P_{con2}=0.6\ MW_{th}$。

对内燃机 CHP 机组 3，热力功率与电力功率的关系表示为

$$c_{m3}=\frac{\Phi_{CHP3}}{P_{CHP3}} \tag{3.54}$$

式中，热电比 $c_{m3}=1/0.79$[108]。

3.6.2　计算过程

Barry 岛算例中机组 1 与机组 2 的电力与热力功率为待求变量，已知变量为非平衡节点机组 3 的电力功率和热力功率（见表 3.8），$P_{3,source}=0.3\ MW_e$，$\Phi_{3,source}=c_{m3}P_{3,source}=0.3797\ MW_{th}$。

表 3.8　3 台机组的热力比与电力输出功率情况

	机组 1（电力平衡节点）	机组 2（热力平衡节点）	机组 3（非平衡节点）
热力功率	未知	未知	已知
电力功率	未知	未知	已知
热电比或 Z 比率	已知	已知	已知

Barry 岛算例中状态变量的数目如表 3.9 所示：

① 电压相角（$\boldsymbol{\theta}$）的变量数目等于电网节点数−1。

② 电压幅值（$|\mathbf{V}|$）的变量数目等于电力负荷节点的数目。

③ 质量流率（$\dot{\boldsymbol{m}}$）的变量数目等于管段数目。

表 3.9　Barry 岛算例中状态变量的数目

状态变量	θ	$\lvert V\rvert$	$\dot{m}$	$T_{s,\ load}$	$T_{r,\ load}$	总计
数　目	8	6	32	29	29	104

④ 温度（$T_{s,\ load}$ 或 $T_{r,\ load}$）的变量数目等于热力负荷节点的数目。

Barry 岛算例中电网与热网的初始条件如下。

① 热网初始条件：

a. 热负荷的供水温度 $T_{s,\ load}^{(0)}=70℃$；

b. 各管段质量流率 $\dot{m}^{(0)}=1\ \mathrm{kg/s}$；

c. 机组 1 生产的热力功率 $\Phi_{1,\ source}^{(0)}=1.1\ \mathrm{MW_{th}}$。

② 电网初始条件：

a. 电力负荷节点的电压幅值 $\lvert V^{(0)}\rvert=1.05\ \mathrm{p.u.}$；

b. 除平衡节点的其他节点的电压相角：$\theta^{(0)}=0°$。

使用电力-水力-热力分解求解法与联立求解法对算例进行计算。联立求解法经 14 次迭代，结果收敛。分解求解法经 33 次迭代，结果收敛。两者的计算结果非常接近（10^{-3} 精度上相同）。

3.6.3　计算结果分析

机组 1、机组 2 和机组 3 生产的热力与电力功率计算结果如图 3.20 所示：配电网损耗为 0.011 8 $\mathrm{MW_e}$（0.74%），热力管网损耗为 0.080 9 $\mathrm{MW_{th}}$（3.74%）。

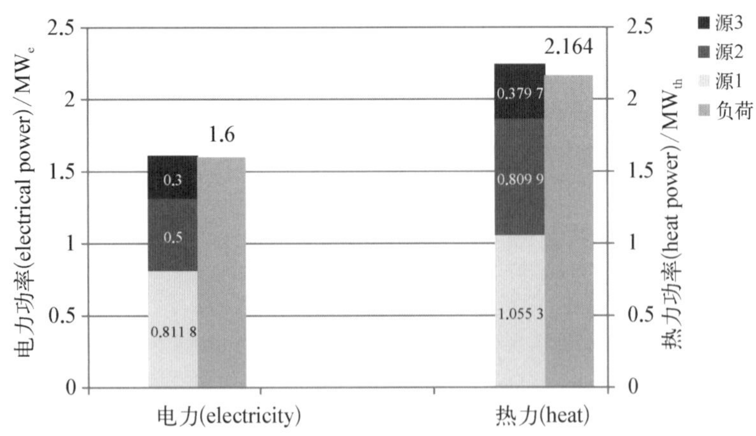

图 3.20　3 台机组生产的电力与热力功率

管段质量流率的计算结果如图 3.21 所示，图中对热媒主要流动路径 1—2—5—11—13—14—19—22—25—28—31—7—5 进行加粗表示。可见管段（⑥，㉔与

㉗)的流向与初始假定的方向(见图 3.17)相反。管段⑫的质量流率增加是因为起始点连接了机组 3。节点 31 的质量流率最大是因为所在节点的机组 1 生产的热力功率最大。

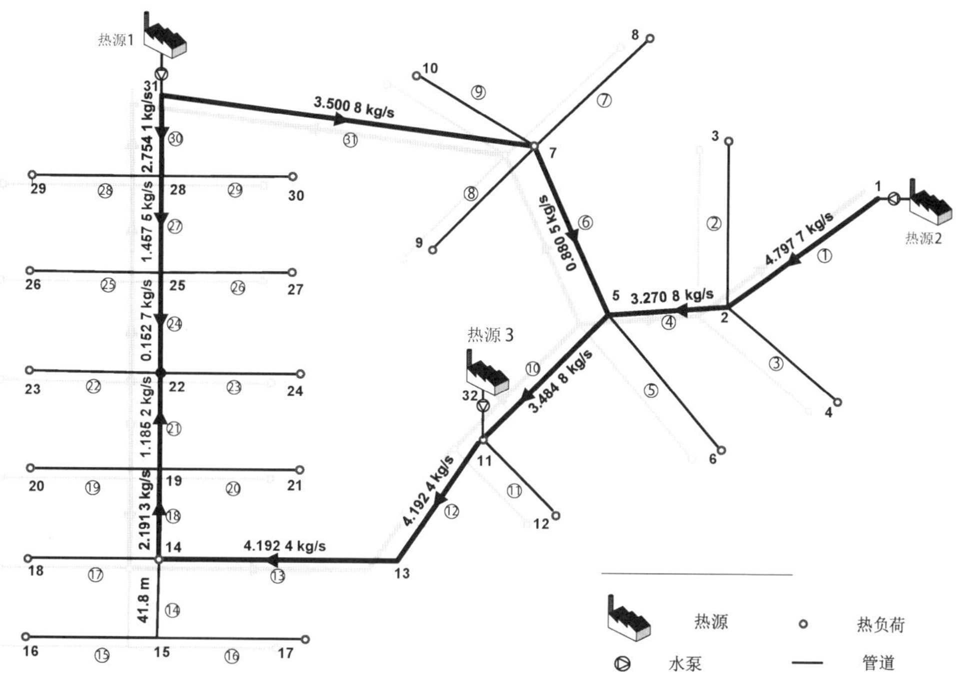

图 3.21　主要路径(加粗线段)上管段质量流率的计算结果

热媒主要流动路径(1—2—5—11—13—14—19—22—25—28—31—7—5)的节点的供水与回水温度如图 3.22 所示。在图 3.21 所示的供水管网中,节点 5 与 22 为水力交汇点。节点 22 是从机组 1 与机组 2 的两股水流汇合之处,因此节点 22 的供水温度最低而回水温度最高。从节点 1 到 22 供水温度逐渐减小是因为热力损耗。同样路径的回水管网中,除了节点 13,其他节点的热媒均有交汇。因为回水管网中大量的水力交汇节点,所以从节点 22 到节点 1 的回水温度呈现不规律的下降。

所有节点的电压幅值与电压相角如图 3.23 所示。

将上述 Barry 岛算例中供热网的计算结果在商业软件 SINCAL 进行了验证[84]。将 CHP 机组 1 的热力功率(根据本章计算值)作为 SINCAL 的输入量($\Phi_{CHP1}=1.055\,3\ MW_{th}$),其计算结果与本节模型在 10^{-3} 精度上相同。该算例的配电网的计算结果在商业软件 IPSA 进行了验证[122]。将 CHP 机组 2 的电力功率(根据本章计算值)作为 IPSA 的输入 ($P_{CHP2}=0.500\,0\ MW_e$),其计算结果与本节中模型的计算结果相同。

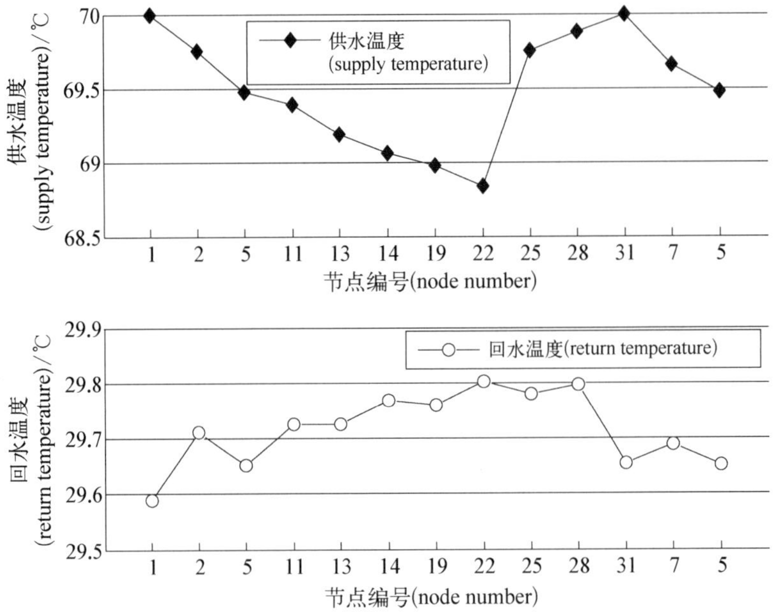

图 3.22 主要路径上节点的供水与回水温度计算结果

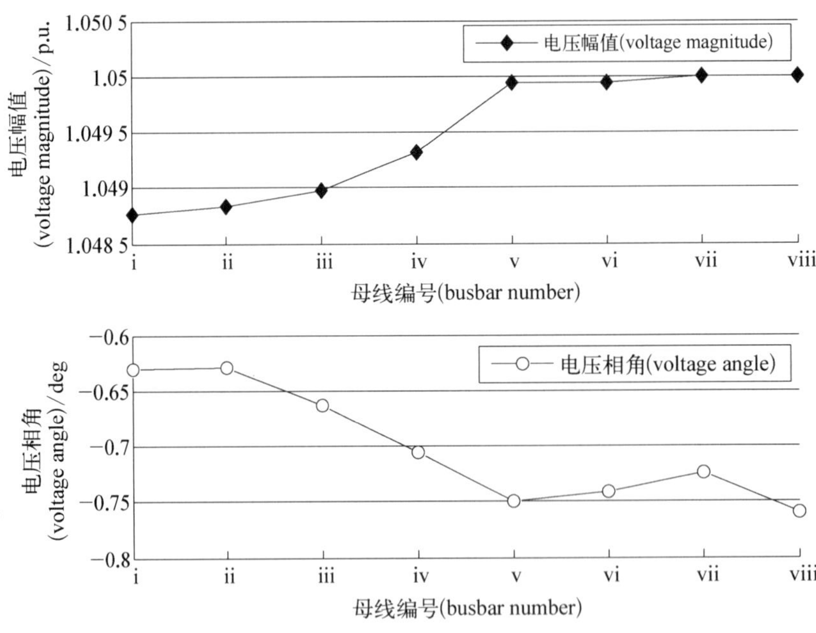

图 3.23 各节点的电压幅值与相角

电力-水力-热力联立求解与分解计算的收敛特性如图 3.24 所示。可见联立求解法的迭代次数比分解求解法少。分解求解计算经过 33 次迭代收敛，联立求解计算经过 14 次迭代收敛。

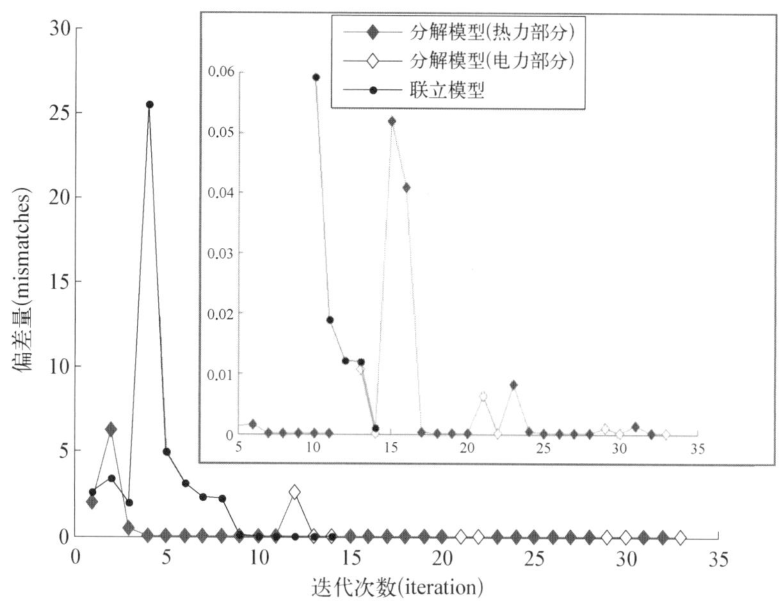

图 3.24　电力-水力-热力联立求解法与分解求解法的收敛特性

电力-水力-热力联立求解计算采用牛顿-拉夫逊法迭代,联立求解比传统电力系统潮流计算迭代次数多的原因分析如下:

① 电力系统潮流分析使用标幺值。

因此迭代初始值与实际值之差很小(小于 1)。但在水力-热力计算中变量采用实际值,因此迭代计算初始值与实际值的差别更大。如果收敛条件是 10^{-3} 与供水温度的基准温度是 70℃,则供水温度的实际收敛条件是 $(1/70)\times10^{-3}$。在此条件下,联立求解的迭代次数减少至 11 次。

② 水力-热力模型考虑了环状网络。

在 11 次迭代中 5 次迭代的最大偏差量属于回路压力平衡的偏差量。在回路压力平衡中,摩擦系数(friction factor)由隐式方程(2.11)计算求解,该方程是关于质量流率的函数。

3.6.4　基于等微增率的调度

作为电力系统潮流的补充,考虑在联合分析中增加电力系统调度,并用牛顿-拉夫逊法求解。文献[126]研究了不考虑网损的 CHP 机组优化调度。为简化起见,本节仅考虑发电端的优化调度。同样选取 Barry 岛算例,3 台机组的电力生产与热力生产均未知而热电比已知(见表 3.10)。与上一节相比,增加了一个变量,因此需要增加一个方程来求解。增加的方程由等微增率准则(equal-incremental-fuel-cost criterion)形成[7,102,127]。

表 3.10　3 台机组的热力与电力输出

	机组 1（电力平衡节点）	机组 2（热力平衡节点）	机组 3（非平衡节点）
热力功率	未知	未知	未知
电力功率	未知	未知	未知
热电比或 Z 比率	已知	已知	已知

等微增率准则是指电力系统中的各发电机组按相等的耗量微增率运行，从而使得总的能源损耗最小，运行最经济[7,102]。本节算例中，对机组 2 与机组 3 应用等微增率准则（$P_{2,\text{source}}$与 $P_{3,\text{source}}$）。机组 1 的电力功率（$P_{1,\text{source}}$）由机组 1 的热力功率（$\Phi_{1,\text{source}}$）计算得出，如图 3.25 所示。

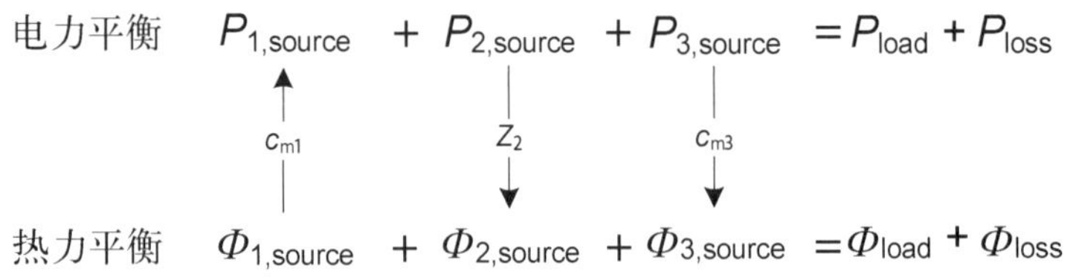

电力平衡　$P_{1,\text{source}} + P_{2,\text{source}} + P_{3,\text{source}} = P_{\text{load}} + P_{\text{loss}}$

c_{m1}　Z_2　c_{m3}

热力平衡　$\Phi_{1,\text{source}} + \Phi_{2,\text{source}} + \Phi_{3,\text{source}} = \Phi_{\text{load}} + \Phi_{\text{loss}}$

图 3.25　3 台机组电力与热力联合的最优调度示意图

假设 3 个机组的燃料成本函数分别如下：

$$
\begin{aligned}
f_{1,\text{source}} &= a_1 P_{1,\text{source}}^2 + b_1 P_{1,\text{source}} + c_1 \\
f_{2,\text{source}} &= a_2 P_{2,\text{source}}^2 + b_2 P_{2,\text{source}} + c_2 \\
f_{3,\text{source}} &= a_3 P_{3,\text{source}}^2 + b_3 P_{3,\text{source}} + c_3
\end{aligned}
\tag{3.55}
$$

式中，$f_{i,\text{source}}$ 是机组 i 的燃料成本函数（元/h）。a_i，b_i 与 c_i 是系数，$i=1, 2, 3$。

对机组 2 与机组 3 应用等微增率准则得

$$
\lambda = \frac{\mathrm{d}f_{2,\text{source}}}{\mathrm{d}P_{2,\text{source}}} = \frac{\mathrm{d}f_{3,\text{source}}}{\mathrm{d}P_{3,\text{source}}}
\tag{3.56}
$$

式中，λ 是递增成本。

对方程（3.55）求导数得：

$$
\begin{aligned}
\frac{\mathrm{d}f_{2,\text{source}}}{\mathrm{d}P_{2,\text{source}}} &= 2a_2 P_{2,\text{source}} + b_2 \\
\frac{\mathrm{d}f_{3,\text{source}}}{\mathrm{d}P_{3,\text{source}}} &= 2a_3 P_{3,\text{source}} + b_3
\end{aligned}
\tag{3.57}
$$

因此，依据方程（3.56）与方程（3.57），$P_{3,\text{source}}$ 可表示为

$$P_{3,\text{source}}=(2a_2P_{2,\text{source}}+b_2-b_3)/(2a_3) \tag{3.58}$$

即 $P_{3,\text{source}}$ 表示为 $P_{2,\text{source}}$ 的函数。

将方程(3.58)添加到联立求解与分解计算的过程如下。

① 电力-水力-热力联立求解。其整体方程组表示为

$$\Delta\boldsymbol{F}=\begin{bmatrix}\Delta\boldsymbol{P}\\ \Delta\boldsymbol{Q}\\ \Delta\boldsymbol{\Phi}\\ \Delta\boldsymbol{p}\\ \Delta\boldsymbol{T}'_{\text{s}}\\ \Delta\boldsymbol{T}'_{\text{r}}\end{bmatrix}=\begin{bmatrix}\boldsymbol{P}^{\text{sp}}_{\text{load}}-\text{Re}\{\boldsymbol{V}(\boldsymbol{YV})^*\}\\ P^{\text{sp}}_{2,\text{source}}-\text{Re}\{V_{2,\text{source}}(\boldsymbol{YV})^*\}\\ P^{\text{sp}}_{3,\text{source}}-\text{Re}\{V_{3,\text{source}}(\boldsymbol{YV})^*\}\\ \boldsymbol{Q}^{\text{sp}}-\text{Im}\{\boldsymbol{V}(\boldsymbol{YV})^*\}\\ c_p\boldsymbol{A}\dot{\boldsymbol{m}}(\boldsymbol{T}_{\text{s}}-\boldsymbol{T}_{\text{o}})-\boldsymbol{\Phi}^{\text{sp}}_{\text{load}}\\ c_p\boldsymbol{A}_1\dot{\boldsymbol{m}}(T_{\text{s}1}-T_{\text{o}1})-\Phi^{\text{sp}}_{1,\text{source}}\\ c_p\boldsymbol{A}_3\dot{\boldsymbol{m}}(T_{\text{s}3}-T_{\text{o}3})-\Phi^{\text{sp}}_{3,\text{source}}\\ \boldsymbol{BK}\dot{\boldsymbol{m}}\mid\dot{\boldsymbol{m}}\mid-\boldsymbol{0}\\ \boldsymbol{C}_{\text{s}}\boldsymbol{T}'_{\text{s},\text{load}}-\boldsymbol{b}_{\text{s}}\\ \boldsymbol{C}_{\text{r}}\boldsymbol{T}'_{\text{r},\text{load}}-\boldsymbol{b}_{\text{r}}\end{bmatrix}\begin{matrix}\\ \leftarrow\text{有功功率偏差}\\ \leftarrow\text{无功功率偏差}\\ \\ \\ \leftarrow\text{热力功率偏差}\\ \\ \leftarrow\text{环路压降偏差}\\ \leftarrow\text{供水温度偏差}\\ \leftarrow\text{回水温度偏差}\end{matrix} \tag{3.59}$$

因为机组1提供电力平衡节点，$P_{1,\text{source}}$ 是待求量，在方程(3.59)的偏差向量中没有 $P^{\text{sp}}_{1,\text{source}}$。因为机组2提供热力平衡节点，$\Phi_{2,\text{source}}$ 是待求量，在方程(3.59)的偏差向量中没有 $\Phi^{\text{sp}}_{2,\text{source}}$。方程(3.59)的阴影项是给定的电力与热力功率，用方程(3.24)～(3.29)与方程(3.58)表示：

$$\begin{aligned}&P^{\text{sp}}_{3,\text{source}}=(2a_2P^{\text{sp}}_{2,\text{source}}+b_2-b_3)/(2a_3)\\&\Phi^{\text{sp}}_{3,\text{source}}=c_{\text{m}3}P^{\text{sp}}_{3,\text{source}}\end{aligned} \tag{3.60}$$

式中，

$$\begin{aligned}&P^{\text{sp}}_{2,\text{source}}=-c_p\dot{m}_{\text{q}2,\text{source}}(T'_{\text{s}2,\text{source}}-T'_{\text{r}2,\text{source}})/Z_2+\eta_{\text{e}}F_{\text{in}}\\&\Phi^{\text{sp}}_{1,\text{source}}=c_{\text{m}1}\cdot\text{Real}\left\{V_{1,\text{source}}\sum_{k=1}^{N}(Y_{ik}V_k)^*\right\}\end{aligned} \tag{3.61}$$

这表明机组2与机组3的电力功率表示为热网状态变量的函数。机组1的热力功率表示为电网状态变量的函数。因此，电对热的子雅可比矩阵元素 $\left(\dfrac{\partial\Delta P_{3,\text{source}}}{\partial\dot{m}}\right)$ 非零。

② 电力-水力-热力分解求解。

电力-水力-热力分解求解模型通过各机组电热功率进行关联，计算流程如图3.26所示。

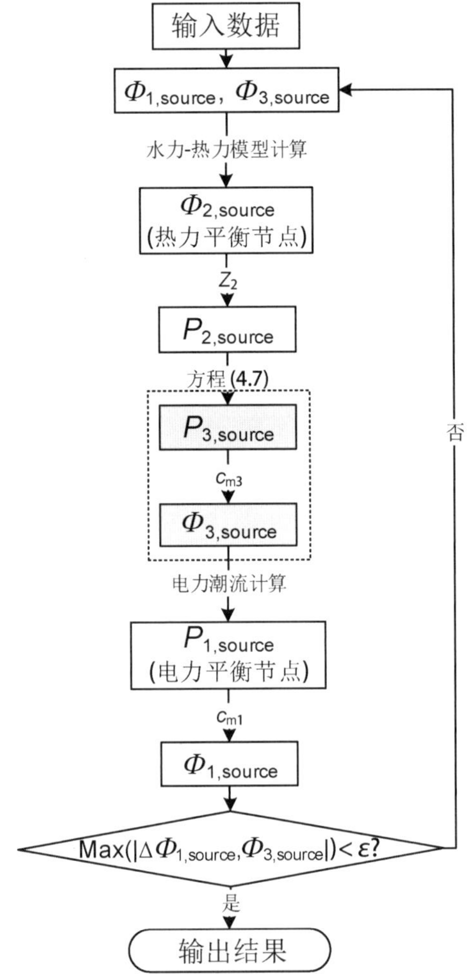

图 3.26　电力-水力-热力分解求解的计算流程图

若一台机组的电力功率超出发电上限或下限,则此上限或下限作为该机组的输出。$N(N \geqslant 3)$ 台机组的案例可用本节对 $P_{3,\text{source}}$ 同样的方法,将等微增率准则应用于 $N-1$ 台机组。

假设方程(3.55)中，$a_1=0.2$，$b_1=13$，$c_1=50$，$a_2=0.1$，$b_2=12.5$，$c_2=50$，$a_3=0.4$，$b_3=12$，$c_3=50$ [7],代入到方程(3.55)～(3.58)：

$$
\begin{aligned}
f_{1,\text{source}} &= 0.2P_{1,\text{source}}^2 + 13P_{1,\text{source}} + 50 \\
f_{2,\text{source}} &= 0.1P_{2,\text{source}}^2 + 12.5P_{2,\text{source}} + 50 \\
f_{3,\text{source}} &= 0.4P_{3,\text{source}}^2 + 12P_{3,\text{source}} + 50
\end{aligned}
\tag{3.62}
$$

$$\lambda = \frac{\mathrm{d}f_{2,\ \mathrm{source}}}{\mathrm{d}P_{2,\ \mathrm{source}}} = 0.2P_{2,\ \mathrm{source}} + 12.5$$
$$\lambda = \frac{\mathrm{d}f_{3,\ \mathrm{source}}}{\mathrm{d}P_{3,\ \mathrm{source}}} = 0.8P_{3,\ \mathrm{source}} + 12 \tag{3.63}$$

$$P_{3,\ \mathrm{source}}^{\mathrm{sp}} = (0.2P_{2,\ \mathrm{source}}^{\mathrm{sp}} + 0.5)/0.8 \tag{3.64}$$

算例的计算初始值设定与上一节相同，另外假定 $\Phi_{3,\ \mathrm{source}}^{(0)} = 0.4\ \mathrm{MW_{th}}$。运用电力-水力-热力联立求解，经15次迭代后收敛，误差 $\varepsilon = 10^{-3}$。运用电力-水力-热力分解求解，经43次迭代后收敛，误差 $\varepsilon = 10^{-3}$。两者计算结果在 10^{-3} 精度非常接近。

机组1、机组2与机组3的热力与电力输出如图3.27所示。递增成本 λ 为12.60 £/MW·h。机组1、机组2与机组3的1 h供电成本为：$f_{1,\ \mathrm{source}} + f_{2,\ \mathrm{source}} + f_{3,\ \mathrm{source}} = 54.75 + 56.25 + 59.22 = 170.22$ £/h。将电力潮流结果代入到方程(4.11)的成本函数，得出系统总成本为170.60 £/h。可见，最优调度比潮流计算的结果节省了0.38 £/h。

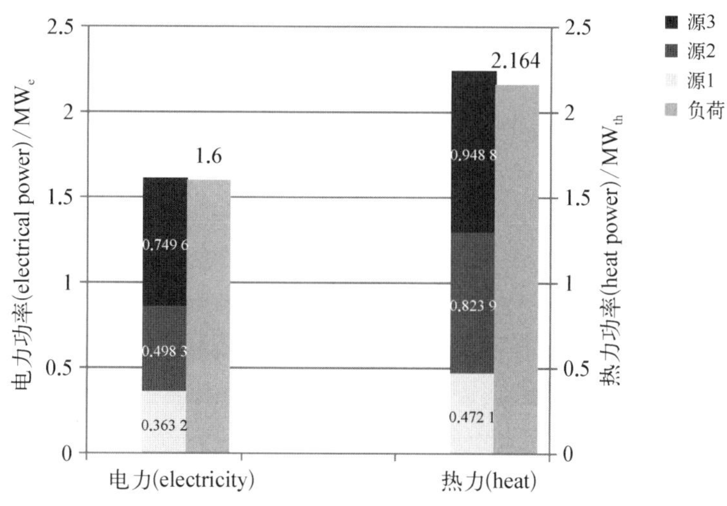

图3.27　3台机组提供的电力与热力功率

3.7　本章小结

电网与热网可通过能源转换设备(如CHP、热泵、电锅炉)耦合。本章探讨了电力-水力-热力分解求解与电力-水力-热力联合求解两种计算方法来分析电热耦合网络的并网模式与孤岛模式。**并网模式**中，电网与热网通过热力平衡节点的转换设备耦合(如 CHP 机组)。电网的任何电力不足均由并网点提供,因此电网平衡节点到热网的方向没有连接。**孤岛模式**中,电网与热网通过电力平衡节点和热力平衡节点的转换设备耦合,因此电网与热网之间产生了双向交互作用。

电力-水力-热力分解求解中,独立的水力方程、热力方程与电力潮流方程依次顺序求解,并由转换设备耦合。此计算过程一直重复直到收敛到给定误差。并网模式是分解计算的简单特殊情况,即只需一次水力、热力与电力潮流方程的迭代。电力-水力-热力联立求解中,水力方程、热力方程与电力潮流方程联立成整体方程组,并用牛顿-拉夫逊法同时求解。

3.6 节通过一个实际案例演示了电热网联合分析,对 Barry 岛电网与热网用电力-水力-热力分解求解法与联立求解法进行计算求解。Barry 岛算例研究了孤岛模式如何用 CHP 机组同时满足电负荷与热负荷。求取的电网与热网变量如下:CHP 机组生产的电力与热力功率;热网各管段质量流率、各节点供水温度与回水温度;电网各负荷节点的电压幅值与各节点的电压相角。

Barry 岛案例的联合分析中,电力-水力-热力联立求解经过 14 次迭代收敛,电力-水力-热力分解求解经过 33 次迭代收敛。3.6.4 节中简单最优调度中,运用电力-水力-热力联立求解,经 15 次迭代后收敛。运用电力-水力-热力分解求解,经 43 次迭代后收敛。两者计算结果在 10^{-3} 精度非常接近。另外在 4 节点电网与 5 节点热网的简单算例中,联立求解经过 12 次迭代收敛,分解计算经过 16 次迭代收敛。所有计算结果表明:联立求解法的迭代次数比分解求解法少,因为所有方程组用牛顿-拉夫逊法同时求解,而牛顿-拉夫逊法是二阶收敛。尽管如此,因为联立求解中的雅可比矩阵更大,故联立求解法比分解求解法的每次迭代计算量更大。而分解求解法中,电力潮流方程、水力方程、热力方程分别依次求解,因此需要更多迭代次数。

第 4 章　电-热-气多能流分析

随着能源技术的不断发展，能源系统之间的交互作用越来越多。如：燃气轮机、CHP 机组、热泵、燃气锅炉、电动汽车、冷/热/电储能、电解制氢、电制冷机、燃气制冷机、吸收式制冷机等同时在源荷侧应用。这些低碳能源转换装备作为耦合机组，将电力系统、供热系统和天然气系统紧密联系起来，形成了电-热-气综合能源系统。因综合能源系统(integrated energy systems)是由供电、区域供热、供冷、供天然气以及多种能源转换设备耦合构成的综合集成系统，它能够影响一次能源在特定区域内完成生产、输送、分配和消费的全过程。其中，一次能源是指煤、天然气或其他可再生能源。综合能源冷/热/电/气交互作用示意图如图 4.1 所示。

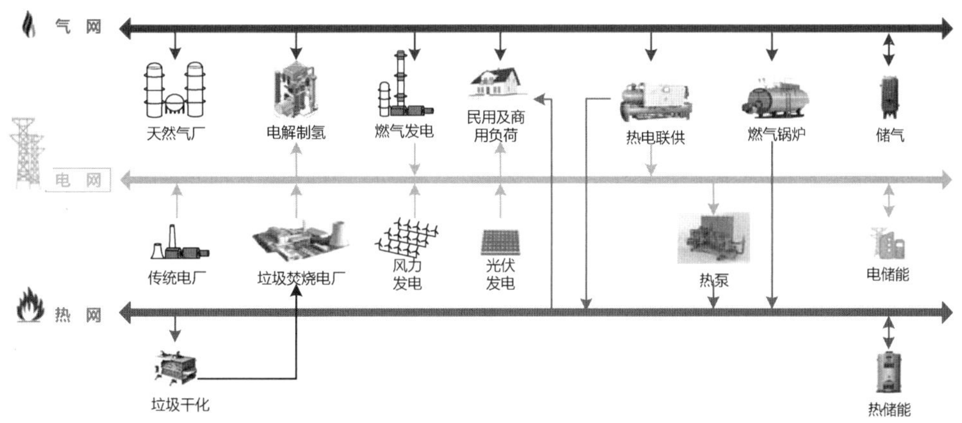

图 4.1　天然气网、电网与区域供热网的相互作用示意图

综合能源系统的能流计算由电力网的潮流计算、热力网的热力流计算与天然气网的天然气流计算组成。电力系统潮流计算用于分析电力线路各节点的电压、功率，从而进行供电能力校核、线损分析等。热力流计算用于分析传热介质温度、流量、压力、状态变化情况，从而分析热能损失、流动压力损失。燃气流计算分析燃气在输配气管段内的流量、压力、状态变化情况，从而分析气体流动压力损失。

在综合能源系统中，常见能源转换相关设备如下：

(1) 燃气轮机，通过燃烧天然气，将燃气的化学能转化为热能再转化为机械能、电能的设备。

(2) 蒸汽轮机，通过燃烧煤炭等化石能源，将化学能转化为热能再转化为机械能、电能的设备。

(3) 燃气/电热锅炉，通过消耗燃气、生物质等燃料的化学能转换为热能或直接消耗电能转化为热能进行供热的设备。

(4) 热泵，通过消耗电能做功实现从环境中获得冷/热量用于室内供冷/暖的设备。

(5) 吸收式制冷机，通过利用低品位热能(余热/废热等)进行制冷实现对外供冷的设备。

(6) 冰蓄冷装置。通过水的固液相变将电能转化为较易存储的冷量进行蓄存的设备。冰蓄冷系统利用峰谷电价差异，将谷电时段的低价电能转化为较易储存的冷量，并在非谷电时段释放用于空调系统供冷，以实现空调系统更加经济地运行。

(7) 蓄冷/热水装置，利用水的显热变化(水温变化)将电能转化为较易存储的冷/热能进行蓄存的设备。蓄冷/热水装置利用峰谷电价差异，将谷电时段的电能转化为较易储存的冷/热量，并在非谷电时段释放用于空调供冷/热或生活热水供应，以实现系统更加经济地运行。

(8) 蒸汽蓄热器，将锅炉产生的过剩热蒸汽暂时储存，并在锅炉供热不足时释放蒸汽实现锅炉稳定供热的设备。对于工业供热，蒸汽蓄热器可以在用热低谷期将 CHP 系统过剩的热蒸汽进行储存，并在用热高峰期释放，实现削峰、提高 CHP 系统设备的能量利用率。

(9) 天然气站，通过对天然气进行蓄存、加压等措施，实现当供气、用气出现较大波动时的供气平衡，可以协同 CCHP 系统用于电网调峰。

(10) 冷/热站，对冷/热量进行储存并进行调温、调压等处理，使之满足供能可靠性要求的设备。

(11) 电解水装置，利用水在直流电电解条件下转化为氢气和氧气的原理，将电能转化为氢气的化学能进行储存的设备。一般制得的氢气可以通过燃料电池将化学能释放并转化为电能或者通过与煤炭的化学反应制得甲烷，再注入天然气管网进行利用或者直接通过氢气内燃机将化学能转化为热能再转化为机械能对外做功。

综合能源网一体化规划与运行(integrated planning and operation of multi-energy systems)是通过综合多种能源网络系统之间的能源转化来满足用户的供电、供热、供冷、供气等能源需求，充分利用不同能源系统之间的协同作用，将多能源网络系统作为整体进行规划运行，从而提高系统运行效率，以达到节能减排的目的。综合能源系统研究不同类型热电联产机组、燃气锅炉、热回收装置、储热装置、制冷装置的输入输出特性，建立能源系统内各类装备的能流转换模型，形成综合能源系统(包含各独立网络与所有装备)的统一物理方程模型，利用矩阵方法进行系统化整体建模，并用统一的方式描述不同类型能源的能量转换和流动，形成整体能源系统的物理方程约束。

4.1　燃气网分析

在电力流与热力流分析的基础上，本节论述天然气网燃气流分析。燃气网运行通过管道燃气流的数学模型进行仿真，分为稳态仿真与暂态仿真。本节针对燃气网稳态，即燃气网运行的时间截面(snapshot)。电力系统根据电压等级分为输电网与配电网，类似地，燃气系统根据压力等级分为输气网与配气网。压缩机存在于高压的输气网中，本节对应配电网分析，仅针对燃气网的配气网展开分析，因此不包括燃气网的压缩机模型方程。如需进一步学习，读者可参考文献[86]。燃气流方程包含了以下假设：

① 流体是非黏性和不可压缩的；

② 天然气体的温度保持恒定；

③ 天然气体流速变化和管段高度变化可忽略不计；

④ 整个网络中天然气密度不变；

⑤ 所有管段的阻力系数都不变。

(1) 伯努利方程。

所有的管段流量方程都是根据伯努利方程得来，对于管段中的节点 i 与节点 j，伯努利方程描述工质的能量由压力、动能与势能组成，表示为压力 p 与流速 ω 的能量形式：

$$\frac{p_i}{\rho g}+\frac{\omega_i^2}{2g}+z_i=\frac{p_j}{\rho g}+\frac{\omega_j^2}{2g}+z_j+h_{\mathrm{f}} \tag{4.1}$$

式中，ρ 是流体密度(kg/m^3)，g 是重力加速度(m/s^2)，ω 是工质流速(m/s)，z 是工质距离参考点的高度(m)，h_{f}是摩擦导致的水头损失。$\dfrac{p_i}{\rho g}$ 项表示工质通过压力做功的能力，$\dfrac{\omega_i^2}{2g}$ 项表示工质的动能，z 表示工质相对于参考点的势能。

(2) 节点流量平衡。

与热力网水力模型类似，燃气网节点流量平衡公式可表示为

$$\boldsymbol{A}_{\mathrm{g}}\boldsymbol{v}_{\mathrm{g}}=\boldsymbol{v}_{\mathrm{q}} \tag{4.2}$$

式中，$\boldsymbol{A}_g$ 是天然气网的关联矩阵，$\boldsymbol{v}_g$ 是每个管段的天然气流速（m^3/h），下标 g 表示天然气网络。

(3) 环路压力平衡方程。

环路压力平衡方程是指在一个闭合的回路中，压降总和必须等于零：

$$\boldsymbol{B}_g \Delta \boldsymbol{p}_g = 0 \tag{4.3}$$

式中，$\boldsymbol{B}_g$ 是天然气网回路的关联矩阵，$\Delta \boldsymbol{p}_g$ 是各管段的压力降（bar①）。

燃气压降与管段流速之间的关系表示为

$$\Delta p_g = K_g v_g \mid v_g^{k-1} \mid \tag{4.4}$$

式中，K_g是燃气管段的阻力系数。

① 对于低压燃气网 0～75 mbar，满足 Lacey's 方程

$$p_1 - p_2 = K_g v_g \mid v_g^{k-1} \mid \tag{4.5}$$

式中，$k=2$，$K_g = 11.70 \times 10^3 \dfrac{L_g}{D_g^5}$。

② 对于中压燃气网 0.75～7.0 bar，满足 Polyflo 方程

$$p_1^2 - p_2^2 = K_g v_g \mid v_g^{k-1} \mid \tag{4.6}$$

式中，$k=1.848$，$K_g = 27.24 \dfrac{L_g}{\varepsilon^2 D_g^{4.848}}$。

③ 对于高压燃气网 7.0 bar，满足 Panhandle'A'方程

$$p_1^2 - p_2^2 = K_g v_g \mid v_g^{k-1} \mid \tag{4.7}$$

式中，$k=1.854$，$K_g = 18.43 \dfrac{L_g}{\varepsilon^2 D_g^{4.854}}$。

对于高压燃气网，Weymouth 方程应用广泛（可参考文献[86]）。燃气管段的阻力系数 K_g仅与管段长度与直径有关，不需要考虑管段高度与温度，这大大简化了计算难度。

指数 k 表示为[86]

$$k = \begin{cases} 2 & \text{低压燃气网 } 0 \sim 75 \text{ mbar} \\ 1.848 & \text{中压燃气网 } 0.75 \sim 7.0 \text{ bar} \\ 1.854 & \text{高压燃气网 } 7.0 \text{ bar} \end{cases} \tag{4.8}$$

① bar，压强单位，1 bar$=10^5$ Pa。

燃气网运行于不同的压力水平。以英国为例，其燃气配网有 3 个压力等级：中高压（2～7 bar），中压（75 mbar～2 bar）与低压（≤75 mbar）。K_g表示为

$$K_g=\begin{cases}11.70\times10^3\dfrac{L_g}{D_g^5} & \text{低压燃气网}\\ 27.24\dfrac{L_g}{\varepsilon^2 D_g^{4.848}} & \text{中压燃气网}\\ 18.43\dfrac{L_g}{\varepsilon^2 D_g^{4.854}} & \text{高压燃气网}\end{cases}\tag{4.9}$$

式中，L_g是燃气管段长度（m）；D_g是燃气管段直径（mm）。ε 是效率系数（efficiency factor），对大部分燃气管段 ε 通常介于 0.8～1，本书算例中，$\varepsilon=0.98$。

可见，燃气流计算与热网水力计算类似，即将节点流量平衡方程与回路压力平衡联立求解。不同之处在于：燃气流方程的阻力系数 K_g 取代了热网水力模型 K_h，系数 k 取代了水力方程的系数（$k=2$）。

根据节点流量平衡公式，各管段的压降 $\Delta\boldsymbol{p}_g$ 与各节点压力向量 $\boldsymbol{p}_g$ 的关系表示为

$$-(\boldsymbol{A}_g)^{\mathrm{T}}\boldsymbol{p}_g=\Delta\boldsymbol{p}_g\tag{4.10}$$

式中，$(\boldsymbol{A}_g)^{\mathrm{T}}$ 是天然气网关联矩阵的转置矩阵。

4.2　多能流转换框架

综合能源系统中，各种类型的能源转换设备输入与输出示意图如图 4.2 所示。

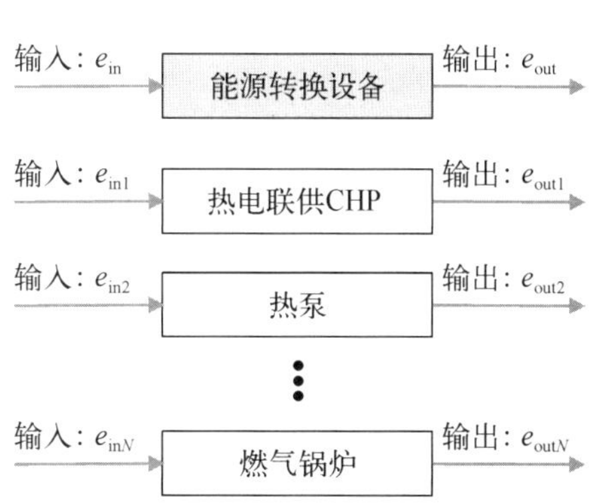

图 4.2　能源转换设备的输入与输出示意图

将能源转换设备的终端输出表示向量形式：

$$\boldsymbol{e}^{\mathrm{out}}=\begin{bmatrix}e_{\mathrm{out}1}\\ e_{\mathrm{out}2}\\ \vdots\\ e_{\mathrm{out}N}\end{bmatrix}\tag{4.11}$$

根据输入数据，可自动生成多能源网络关联矩阵和全系统转换效率矩阵。通过关联矩阵描述转换设备节点的编号与相应网络节点的关联。通过效率矩阵描述多能源网络耦合节点处的转换设备。假定已知各能源设备的输出（向量），根据转换效率矩阵，可得到各能源设备的输入（向量）。将按设备编号排序的输入向量与输出向量分离成电/热/气的 3 组单独向量。通过置换矩阵，将能源转换设备的电/

热/气向量按节点映射到各网络所有节点的功率向量。各节点的电力功率向量可用来计算电力系统潮流。利用各节点热力功率与天然气流来进行供热网的热力流计算与天然气网的燃气流计算。将转换设备模型代入到电/热/气网络方程的多能流转换过程的流程图如图 4.3 所示[4]。

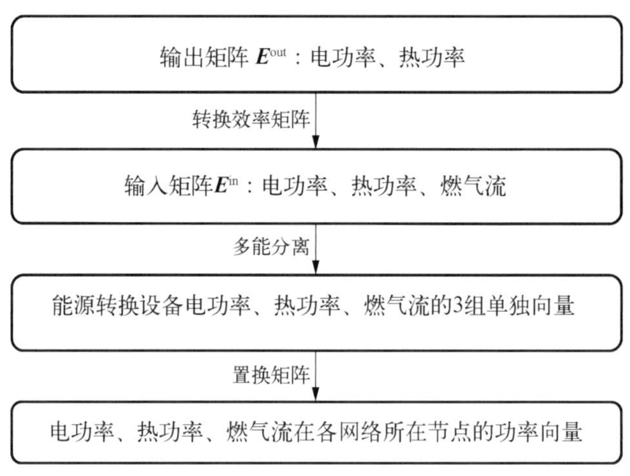

图 4.3 将转换设备模型关联到电/热/气网能流方程的过程

经过转换效率矩阵与多能分离可得到各设备的电、热、气值。该模型实现自动集成任意数目与任意种类的能源转换设备，因为设备种类繁多，模型会最大程度减小用户的数据输入，自动识别设备从哪种能源类型转换到哪种能源类型，且只需给定所有设备的效率与终端输出。

4.3 转换效率矩阵

能源转换设备的转换效率是指输出能量与输入能量之比。根据输入数据构建所有能源转换设备的转换效率矩阵 $\mathcal{H}$，描述不同类型能源的转换关系如表 4.1 所示。

表 4.1 转换效率矩阵的样例

节点	设备类型	气→电	气→热	电→热	电→气	气→冷	电→冷	热→冷	热→电
1	CHP(大型)	$H_g\eta_{ge}^1$	$H_g\eta_{gh}^1$						
2	CHP(楼宇 1)	$H_g\eta_{ge}^2$	$H_g\eta_{gh}^2$						
3	燃气轮机(楼宇 2)	$H_g\eta_{ge}^3$							
4	热泵(楼宇 3)			COP_{eh}^4					

（续表）

节点	设备类型	气→电	气→热	电→热	电→气	气→冷	电→冷	热→冷	热→电
5	电热锅炉（楼宇 4）			η_{eh}^{5}					
6	燃气锅炉（楼宇 5）		$H_g\eta_{gh}^{6}$						
7	CHP（楼宇 6）	$H_g\eta_{ge}^{7}$	$H_g\eta_{gh}^{7}$						
8	CHP（楼宇 7）	$H_g\eta_{ge}^{8}$	$H_g\eta_{gh}^{8}$						
9	热泵（楼宇 8）			COP_{eh}^{9}					
10	热泵（楼宇 9）			COP_{eh}^{10}					
11	燃气锅炉（楼宇 10）		$H_g\eta_{gh}^{11}$						
12	电解制氢（节点 11）				η_{eg}^{12}/H_{H_2}				
13	燃气制冷（楼宇 12）					$H_g\mathrm{COP}_{gc}^{13}$			
14	电制冷（楼宇 13）						COP_{ec}^{14}		
15	吸收式制冷（楼宇 14）							COP_{hc}^{15}	

表 4.1 中，H_g表示天然气的热值，$H_g=39\ \mathrm{MJ/m^3}$。燃气流的单位是 $\mathrm{m^3/h}$，电力功率与热力功率是 MW。为了保持单位一致，涉及燃气转换的效率需乘以或除以 H_g。H_{H_2}是氢能的热值，$H_{H_2}=13\ \mathrm{MJ/m^3}$。

将能源转换设备的终端使用需求（如电力功率和热力功率）的向量表示为 $\boldsymbol{e}^{out}$。对于 CHP，将热力功率输出（非电力功率输出）记录在 $\boldsymbol{e}^{out}$对应元素中。将所有转换设备输出向量 $\boldsymbol{e}^{out}$转换成矩阵形式，表示为 $\boldsymbol{E}^{out}$。所有转换设备的输入（如电力功率和燃气流）转换成矩阵形式，表示为 $\boldsymbol{E}^{in}$。矩阵 $\mathcal{H}$,$\boldsymbol{E}^{in}$和 $\boldsymbol{E}^{out}$有相同的维度，例如，$N_{con}\times 3$，其中 N_{con}是转换设备的数量。元素 e_{ij}^{in} 等于元素 e_{ij}^{out} 除以转换效率矩阵的对应元素 h_{ij}，即

$$e_{ij}^{in}=e_{ij}^{out}/h_{ij} \tag{4.12}$$

式中，i 为转换设备的节点编号，j 为能源转换类型的列编号。例如，某能源转换设备消耗的电力 P_{con_i} 由终端热力输出 Φ_{con_i}决定，其计算表达式为

$$P_{con\_i}=\Phi_{con\_i}/h_{con\_i,\ e\to h} \tag{4.13}$$

式中，$h_{\mathrm{con}\_i,\ \mathrm{e}\to\mathrm{h}}$ 是转换设备(例如热泵)的电热转换效率。

如图 4.4 所示，通过列举简单示例描述设备节点与其在电热气单独网络对应节点的映射关系。假设编号为 1、2、3 和 4 的转换设备分别是燃气轮机、CHP 机组、热泵、燃气锅炉。

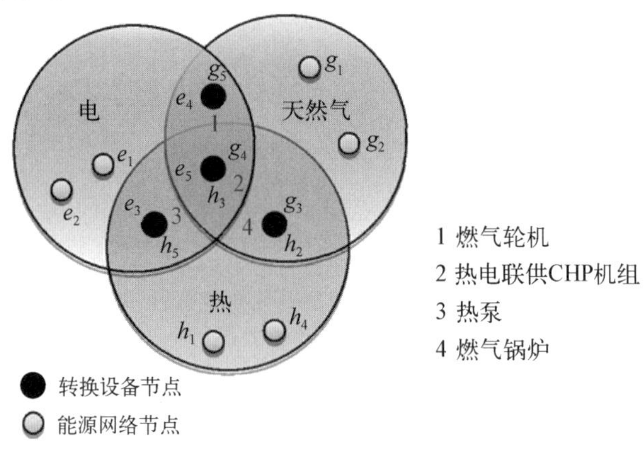

图 4.4　转换设备编号示意图

在示例中，$\boldsymbol{e}^{\mathrm{out}}=\begin{bmatrix} e_{1,\ \mathrm{ge}}^{\mathrm{out}} \\ e_{2,\ \mathrm{gh}}^{\mathrm{out}} \\ e_{3,\ \mathrm{eh}}^{\mathrm{out}} \\ e_{4,\ \mathrm{gh}}^{\mathrm{out}} \end{bmatrix}$，转换效率矩阵 $\mathcal{H}$ 的列包括三种类型 ge、gh、eh(分别表征气转电、气转热、电转热)；设备输出矩阵 $\boldsymbol{E}^{\mathrm{out}}$ 的三列分别表征电力 e、热力 h、热力 h；设备输入矩阵 $\boldsymbol{E}^{\mathrm{in}}$ 的列分别表征天然气 g、天然气 g、电力 e。示例中 $\boldsymbol{E}^{\mathrm{out}}$ 与 $\mathcal{H}$ 分别为

$$\begin{array}{c} \quad\quad elec. \quad\quad heat \quad\quad heat \\ \boldsymbol{E}^{\mathrm{out}}=\begin{bmatrix} E_{1,\ \mathrm{ge}}^{\mathrm{out}} & 0 & 0 \\ E_{2,\ \mathrm{ge}}^{\mathrm{out}} & E_{2,\ \mathrm{gh}}^{\mathrm{out}} & 0 \\ 0 & 0 & E_{3,\ \mathrm{eh}}^{\mathrm{out}} \\ 0 & E_{4,\ \mathrm{gh}}^{\mathrm{out}} & 0 \end{bmatrix} \end{array}, \quad \begin{array}{c} \quad\quad \mathrm{g}\to\mathrm{e} \quad \mathrm{g}\to\mathrm{h} \quad \mathrm{e}\to\mathrm{h} \\ \mathcal{H}=\begin{bmatrix} H_{\mathrm{g}}\eta_{\mathrm{ge}}^{1} & 0 & 0 \\ H_{\mathrm{g}}\eta_{\mathrm{ge}}^{2} & H_{\mathrm{g}}\eta_{\mathrm{gh}}^{2} & 0 \\ 0 & 0 & \eta_{\mathrm{eh}}^{3} \\ 0 & H_{\mathrm{g}}\eta_{\mathrm{gh}}^{4} & 0 \end{bmatrix} \end{array} \tag{4.14}$$

则设备输入矩阵为

$$\begin{array}{c} \quad\quad gas \quad\quad gas \quad\quad elec. \\ \boldsymbol{E}^{\mathrm{in}}=\begin{bmatrix} E_{1,\ \mathrm{ge}}^{\mathrm{in}} & 0 & 0 \\ E_{2,\ \mathrm{ge}}^{\mathrm{in}} & E_{2,\ \mathrm{gh}}^{\mathrm{in}} & 0 \\ 0 & 0 & E_{3,\ \mathrm{eh}}^{\mathrm{in}} \\ 0 & E_{4,\ \mathrm{gh}}^{\mathrm{in}} & 0 \end{bmatrix} \end{array} \tag{4.15}$$

4.4　转换设备电热气功率

转换设备 i 的电力功率 P_i^{con} 等于设备节点 i 燃气发电的出力 $\boldsymbol{E}_{i,\mathrm{ge}}^{\mathrm{out}}$，减去电转热设备消耗的电力 $E_{i,\mathrm{eh}}^{\mathrm{in}}$，减去电制氢设备消耗的电力 $E_{i,\mathrm{eg}}^{\mathrm{in}}$，减去电制冷设备消耗的电力 $E_{i,\mathrm{ec}}^{\mathrm{in}}$。转换设备 i 的热力功率 Φ_i^{con} 与燃气流 $v_{\mathrm{q\_}i}^{\mathrm{con}}$ 可以此类推：

$$\begin{aligned}
&P_i^{\mathrm{con}}=E_{i,\mathrm{ge}}^{\mathrm{out}}-E_{i,\mathrm{eh}}^{\mathrm{in}}-E_{i,\mathrm{eg}}^{\mathrm{in}}-E_{i,\mathrm{ec}}^{\mathrm{in}},\quad i=1,2,\cdots,N_{\mathrm{con}}\\
&\Phi_i^{\mathrm{con}}=E_{i,\mathrm{gh}}^{\mathrm{out}}+E_{i,\mathrm{eh}}^{\mathrm{out}}-E_{i,\mathrm{hc}}^{\mathrm{in}},\quad i=1,2,\cdots,N_{\mathrm{con}}\\
&v_{\mathrm{q_}i}^{\mathrm{con}}=-E_{i,\mathrm{ge}}^{\mathrm{in}}-E_{i,\mathrm{gh}}^{\mathrm{in}}+E_{i,\mathrm{eg}}^{\mathrm{out}}-E_{i,\mathrm{gc}}^{\mathrm{in}},\quad i=1,2,\cdots,N_{\mathrm{con}}
\end{aligned}\tag{4.16}$$

式中，下标 i 代表设备节点编号，上标 con 代表转换设备(conversion components)。

4.5　置换矩阵

通过置换矩阵运算的编号方法将不同网络的拓扑结构及其转换设备的关系进行建模。置换矩阵由输入数据中转换设备的节点编号与对应多能源网络编号形成。通过置换矩阵，将能源转换设备的电热气功率映射到多能流网络的电热气功率。

$$\begin{aligned}
&\boldsymbol{P}_{\mathrm{local}}^{\mathrm{con}}=(\boldsymbol{M}_{\mathrm{e}})^{\mathrm{T}}\boldsymbol{P}_{\mathrm{con}}^{\mathrm{global}}\\
&\boldsymbol{\Phi}_{\mathrm{local}}^{\mathrm{con}}=(\boldsymbol{M}_{\mathrm{h}})^{\mathrm{T}}\boldsymbol{\Phi}_{\mathrm{global}}^{\mathrm{con}}\\
&\boldsymbol{v}_{\mathrm{q_local}}^{\mathrm{con}}=(\boldsymbol{M}_{\mathrm{g}})^{\mathrm{T}}\boldsymbol{v}_{\mathrm{q_global}}^{\mathrm{con}}
\end{aligned}\tag{4.17}$$

式中，$\boldsymbol{M}$ 表示置换矩阵，下标 global 表示设备自身的编号，下标 local 表示设备在各自电、热、气网络中的编号。

能源转换设备编号映射到对应多能流网络的编号如图 4.5 与表 4.2 所示。

表 4.2　转换设备映射到相应多能源网络的编号

转换设备编号	电网中编号	热网中编号	气网中编号
1	$e4$	—	$g5$
2	$e5$	$h3$	$g4$
3	$e3$	$h5$	—
4	—	$h2$	$g3$

例如，(1 4)表示编号为 1 的转换设备被映射到其电网中的编号 4。能源转换设备映射到电网的编号可表示为

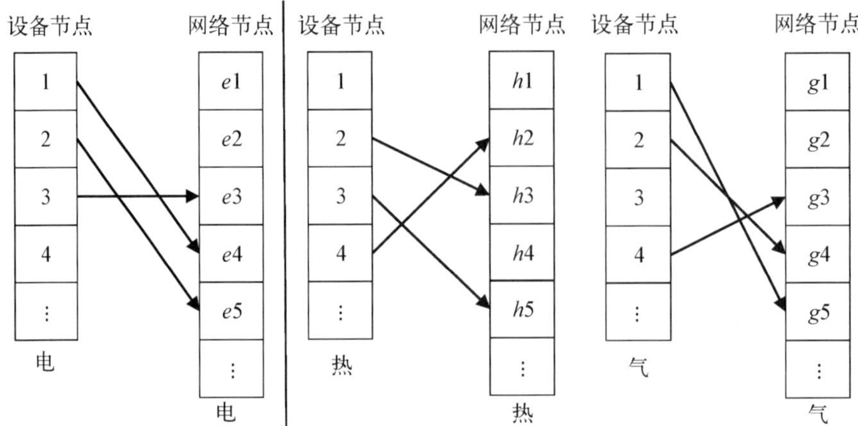

图 4.5　转换设备编号映射到对应多能流网络的编号示意图

$$\alpha_{\mathrm{e}}=(1\quad 4)(2\quad 5)(3\quad 3) \tag{4.18}$$

置换矩阵是根据数字 1 到 n 的某种置换，即对 $n\times n$ 单位矩阵的行进行遍历变换得到的矩阵。因此，置换矩阵每一行和每一列都有且仅有个 1，其余元素均为 0，每次置换对应一个唯一的置换矩阵[128]。

据此可以形成电力的置换矩阵 M_{e}。置换矩阵 M_{e}的行数为转换设备的数目，列数为电网节点数减去 1。式中的元素在置换矩阵 M_{e}中被置为 1，而其他元素被置为 0。因此，将转换设备节点映射到电网节点的置换矩阵形式表示为

$$M_{\mathrm{e}}=\begin{bmatrix}0&0&0&1&0\\0&0&0&0&1\\0&0&1&0&0\\0&0&0&0&0\end{bmatrix} \tag{4.19}$$

类似地，可形成热力和燃气的置换矩阵。至此，每个转换设备的电、热和气被映射到其对应的多能流网络。本节讨论的电网中(见图 4.4)的电力功率可表示为

$$\boldsymbol{P}_{\mathrm{con}}^{\mathrm{local}}=\begin{bmatrix}P_{\mathrm{e}1}\\P_{\mathrm{e}2}\\P_{\mathrm{e}3}\\P_{\mathrm{e}4}\\P_{\mathrm{e}5}\end{bmatrix}=(\boldsymbol{M}_{\mathrm{e}})^{\mathrm{T}}\boldsymbol{P}_{\mathrm{con}}^{\mathrm{global}}=\begin{bmatrix}0&0&0&0\\0&0&0&0\\0&0&1&0\\1&0&0&0\\0&1&0&0\end{bmatrix}\begin{bmatrix}P_1\\P_2\\P_3\\P_4\end{bmatrix}=\begin{bmatrix}0\\0\\P_3\\P_1\\P_2\end{bmatrix} \tag{4.20}$$

通过转换效率矩阵 $\mathcal{H}$ 和置换矩阵 $\boldsymbol{M}$，耦合电/热/气网的转换设备模型自动地包含在多能流联合方程中的项 $\boldsymbol{P}^{\mathrm{sp}}$，$\boldsymbol{\Phi}^{\mathrm{sp}}$，$\boldsymbol{v}_{\mathbf{q}}^{\mathrm{sp}}$。示例中节点编号 2 的转换设备(见图 4.5)被编号为电力网络节点 5、热网节点 3 和天然气网络节点 4。例如，节点编号 2 的

转换设备变量值 P_2^{con}，Φ_2^{con}，v_{q2}^{con} 分别映射到电网节点5的电功率 P_{e5}^{sp}，热网节点3的热功率 Φ_{h3}^{sp} 和气网节点4的天然气流量 $v_{q\_g4}^{sp}$。以电力功率为例，可表示为

$$\begin{bmatrix} P_{e1}^{sp} \\ P_{e2}^{sp} \\ P_{e3}^{sp} \\ P_{e4}^{sp} \\ P_{e5}^{sp} \end{bmatrix} = \begin{bmatrix} P_{load,e1}^{sp} \\ P_{load,e2}^{sp} \\ P_{load,e3}^{sp} \\ P_{load,e4}^{sp} \\ P_{load,e5}^{sp} \end{bmatrix} + \begin{bmatrix} 0 \\ 0 \\ P_3^{con} \\ P_1^{con} \\ P_2^{con} \end{bmatrix} \tag{4.21}$$

4.6　多能流耦合方程

能源转换设备连接了多能源网络之间的能量流动。每个节点处转换设备的功率是另一类型网络状态变量的函数。在不考虑其他网络的情况下无法分析单个网络。能源系统内各类设备的能流转换模型基于电力系统的有功功率和无功功率、供热系统的水力和热力方程、天然气网络的流量和环压降方程，可形成综合能源系统包含各独立网络与设备的联合物理方程[4]。

$$\Delta \boldsymbol{F}(\boldsymbol{x}) = \boldsymbol{0} \Rightarrow \begin{cases} P_i^{sp} - V_i \sum_{j=1}^{N_e} V_j (G_{ij}\cos\theta_{ij} + B_{ij}\sin\theta_{ij}) = 0 & \leftarrow \text{有功潮流平衡} \\ Q_i^{sp} - V_i \sum_{j=1}^{N_e} V_j (G_{ij}\sin\theta_{ij} - B_{ij}\cos\theta_{ij}) = 0 & \leftarrow \text{无功潮流平衡} \\ c_p \boldsymbol{A}_h \dot{\boldsymbol{m}} (\boldsymbol{T}_s - \boldsymbol{T}_o) - \boldsymbol{\Phi}^{sp} = \boldsymbol{0} & \leftarrow \text{节点热量平衡-热} \\ \boldsymbol{B}_h \boldsymbol{K}_h \dot{\boldsymbol{m}} \mid \dot{\boldsymbol{m}} \mid = \boldsymbol{0} & \leftarrow \text{回路压力平衡-热} \\ \boldsymbol{C}_s \boldsymbol{T}_s - \boldsymbol{b}_s = \boldsymbol{0} & \leftarrow \text{供水网温度方程} \\ \boldsymbol{C}_r \boldsymbol{T}_r - \boldsymbol{b}_r = \boldsymbol{0} & \leftarrow \text{回水网温度方程} \\ \boldsymbol{A}_g \boldsymbol{v}_g - \boldsymbol{v}_q^{sp} = \boldsymbol{0} & \leftarrow \text{节点流量平衡-气} \\ \boldsymbol{B}_g \boldsymbol{K}_g \boldsymbol{v}_g \mid \boldsymbol{v}_g^{k-1} \mid = \boldsymbol{0} & \leftarrow \text{回路压力平衡-气} \end{cases} \tag{4.22}$$

式中，P_i 为节点 i 的电力有功功率(MW)，Q_i 为节点 i 的电力无功功率(MVar)，V 为节点电压幅值(p. u.)，N_e 为电力系统节点数，G_{ij} 为线路 ij 的电导，B_{ij} 为线路 ij 的电纳，θ_{ij} 为节点 i 与 j 的电压相角差(rad)。电网导纳矩阵可通过关联矩阵 $\boldsymbol{A}_e$ 形成，下标 e 表示电网。

对于热力网，c_p 为水的比热容(J·kg^{-1}·℃$^{-1}$)，$\boldsymbol{A}_h$ 为热力网网络关联矩阵，下标 h 代表热力管网，$\dot{\boldsymbol{m}}$ 为管段质量流率(kg/s)，$\boldsymbol{T}_s$ 为供水温度，$\boldsymbol{T}_o$ 为出水温度(回水网络中每个节点在水力交汇点之前的出口处温度)，$\boldsymbol{T}_r$ 为回水温度。下标 s

代表供水网络，下标 r 代表回水网络。$\boldsymbol{\Phi}$ 为节点消耗或提供的热功率向量，$\boldsymbol{B}_{\mathrm{h}}$ 为热力网环路关联矩阵，$\boldsymbol{K}_{\mathrm{h}}$ 为热力网管段的阻力系数，$\boldsymbol{C}_{\mathrm{s}}$为供水管网系数矩阵，$b_{\mathrm{s}}$为常数向量，$\boldsymbol{C}_{\mathrm{r}}$为回水网系数矩阵，$\boldsymbol{T}_{\mathrm{r}}$为回水温度，$\boldsymbol{b}_{\mathrm{r}}$为常数向量。

对于燃气网，$\boldsymbol{A}_{\mathrm{g}}$ 为燃气网网络关联矩阵，$\boldsymbol{v}_{\mathrm{g}}$ 为管段内天然气流速（m^3/h），下标 g 表示天然气网，$\boldsymbol{v}_{\mathrm{q}}$ 为节点的天然气流速（m^3/h），$\boldsymbol{B}_{\mathrm{g}}$ 为燃气网环路关联矩阵，$\boldsymbol{K}_{\mathrm{g}}$为燃气网管段的阻力系数，$k$ 为指数常数。

4.7 电-热-气网算例分析

将电热气多能流分析模型应用于曼彻斯特大学的一个真实的综合能源局域网（详见参考文献[4]）。曼彻斯特走廊[Manchester district or Oxford Road Corridor（'the Corridor'）]包含 6.6 kV 配电网、热力网与燃气网，牛津路（Oxford road）东边的楼宇群采用热力管网，有 2 台热源集中供热；牛津路西边的楼宇群采用燃气管网，各楼宇安装现场热源。

4.7.1 电-热-气网数据

1）配电网

曼彻斯特大学配电网电压等级为 6.6 kV，从位于节点 13 的 33/6.6 kV 变压器馈入（见图 4.6）。经 6.6/0.415 kV 变压器降压输送给负荷。300 mm^2 电缆的阻抗是

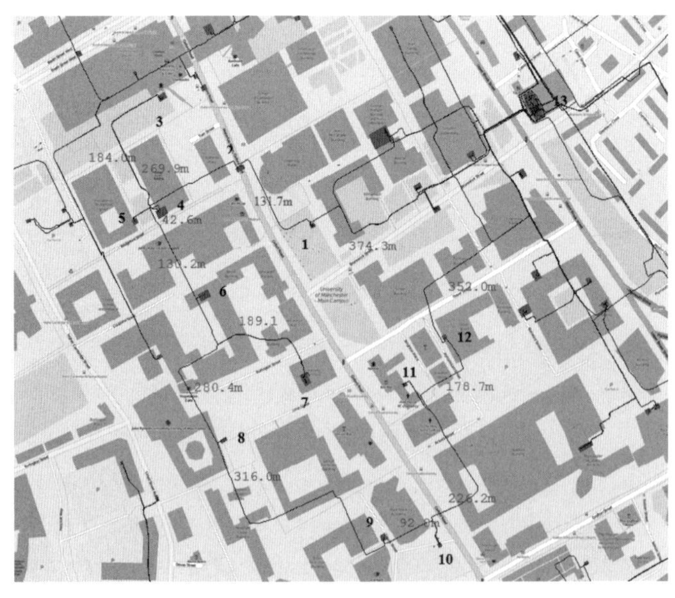

图 4.6　曼彻斯特大学校园的配电网示意图

0.100 0+j0.077 0 Ω/km[124]。33/6.6 kV 15 MVA 变压器的阻抗为18%，X/R 比值为15[124]。负荷的功率因素为PF= 0.94。基准容量为1 MVA，基准电压为6.6 kV。

2）供热网

供热管网示意图如图 4.7 所示。在牛津路东边，2 台大型锅炉消耗天然气供热给热力网：一台安装在 Precinct 楼（节点 1），另一台安装在 Ellen Wilkinson 楼（节点 20）。供水温度 $T_{s,\text{source}}=85$℃，负荷侧回水温度 $T_{o,\text{load}}=70$℃，土壤环境温度 $T_a=7$℃。大型锅炉的容量分别是 19.2 MW 与 4.8 MW，锅炉效率为 79.2%。

图 4.7　曼彻斯特大学校园的供热网（图片来源：ARUP，图中英文均为建筑物名称）

3）燃气网

燃气网示意图如图 4.8 所示，在牛津路东边，2 台大型锅炉消耗天然气供热给热力网；在牛津路西边，其他楼宇采用现场燃气锅炉供热，效率为 83%。

4.7.2　输入数据

综合能源网中每栋楼宇的电负荷和热负荷的时域输入数据来自 COHERENT 监测得到的负荷数据[129]，时间步长为半小时，如图 4.9 所示，将楼宇年负荷高峰日的电力和热负荷作为示例。算例选取一个环路上（母线 1 - 12）的楼宇电力负荷。

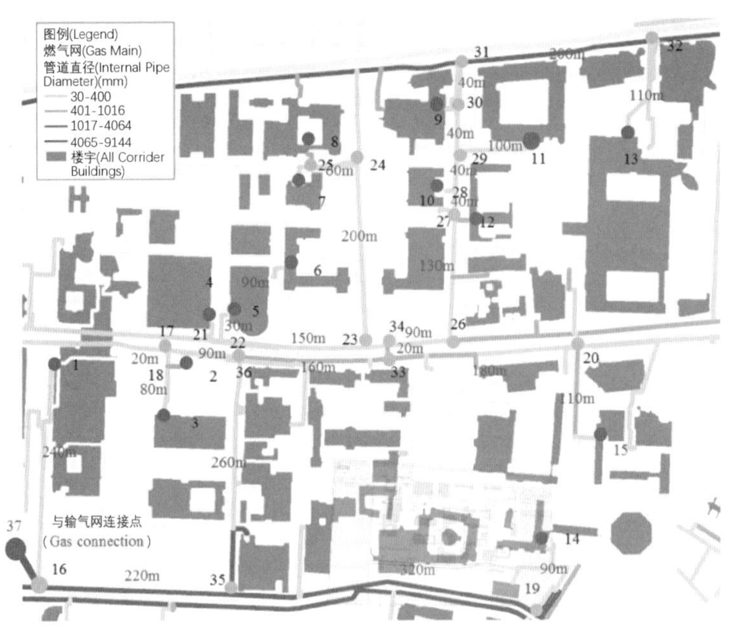

图 4.8 曼彻斯特大学校园的燃气网(图片来源：ARUP,扫描二维码查阅彩图)

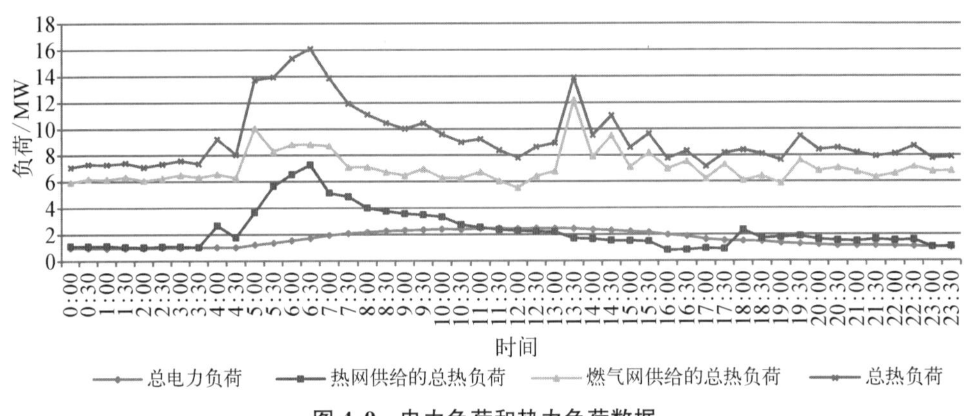

图 4.9 电力负荷和热力负荷数据

电负荷的峰值出现在 09:00 至 16:00 之间,即大学楼宇负荷峰值出现在开展教学和研究活动的时段。

能源价格、天然气和电网的碳强度如表 4.3 所示。

表 4.3 能源价格、碳强度和碳价格

输入	能源价格(£/MW·h)			碳强度(kg_{CO_2}/kW·h)		碳排放价格(£/t)
	电网	上网电价	天然气	电网	天然气	
数值或范围	50.6	电网电价的 80%	23.6	0.204	0.027～0.45	22.38

4.7.3 场景设置

6.6 kV(13 个节点)配电网,85℃(36 个节点)热力管网和 37 个节点的燃气管网通过多能源转换技术耦合在楼宇之间进行能量交换。对于热负荷,位于牛津路东区的区域供热网中的楼宇由 2 个区域层能源转换设备提供,其他牛津路西边区域中的 13 栋楼宇则由楼宇层能源转换设备提供,由燃气或电力驱动。目前,该热网用锅炉作为供热技术,而不是热电联产或热泵。利用大型 CHP 机组或热泵可以提高区域供热效率和供电效率。因此,案例中能源转换设备配置情景如表 4.4 所示。

表 4.4　区域中不同转换设备的情景

情　景	牛津路东区	+	牛津路西区
1	区域燃气锅炉	+	楼宇燃气锅炉
2	区域燃气锅炉	+	楼宇热泵
3	区域 CHP 机组	+	楼宇燃气锅炉
4	区域 CHP 机组	+	楼宇热泵
5	区域 CHP 机组	+	楼宇 CHP 机组
6	区域热泵	+	楼宇热泵

情景 1 是原始实际案例,在区域层和楼宇层都使用燃气锅炉。为了研究热泵的影响,在情景 2 中,将楼宇燃气锅炉替换成楼宇热泵。为了研究热电联产的影响,在情景 3 和 4 中,将情景 1 和 2 热网中的区域层燃气锅炉替换成区域层 CHP 机组。此外,两个极端情景旨在研究高渗透率 CHP 机组和热泵的影响:情景 5 是 CHP 机组在区域层和建筑层的全渗透;情景 6 是热泵在区域层和建筑层的全渗透,在情景 6 中,热力由电力生产,没有燃气网。

对 6 种情景能源转换设备的参数描述如下:

(1) 区域层热电联产机组是燃气轮机,额定功率是 5.5 MW,电力效率是 27.7%,热电比是 1/0.66[41]。在源 1 的一个热电联产机组连接到电网的节点 3。这个热电联产机组相应地提供热平衡节点和产生电力。在源 2 的另一个热电联产机组连接到电网的节点 9。电功率的任何不足都从主网供应。

(2) 楼宇热泵的性能系数假设为 COP=3,大小根据每个建筑的峰值热负荷变化。区域层热泵的性能系数也假设为 COP=3。

(3) 楼宇燃气 CHP 机组的额定功率是 800 kW,电效率等于 35%,热电比是 1/0.79[41]。

(4) 楼宇 CHP 机组的电力生产或楼宇热泵消耗的电力与地理上相近的电网变电站关联。

4.7.4 结果分析

情景 1～情景 6 中，各电源发电功率、与上级电网交互功率的时域曲线如图 4.10 所示。

(1) 因为情景 1 中电网与热网、天然气网无关联，所以从上级电网购入的电力功率与电力负荷曲线形状一致，如 4.10(a)所示。

(2) 区域 CHP 机组与热泵的影响如 4.10(c)～(f)所示。热网热负荷在 5:00—7:30 处于峰值，因此与上级电网交互功率在对应时间段出现峰值。这是因为在此时间段，区域 CHP 机组生产热力更多，从而发电更多。类似地，区域热泵在此时间段生产热力更多，因而从上级电网购电更多。

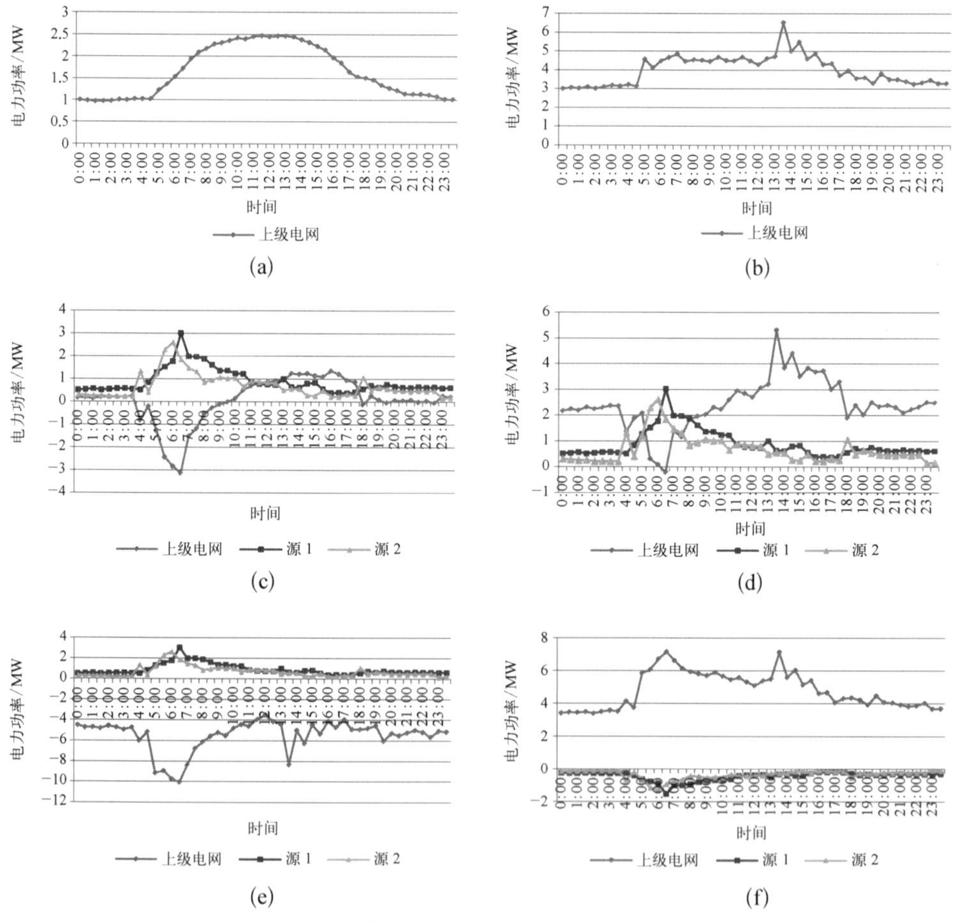

图 4.10 电源发电功率与上级电网交互功率的时域曲线

(a) 情景 1：区域锅炉＋楼宇锅炉；(b) 情景 2：区域锅炉＋楼宇热泵；(c) 情景 3：区域 CHP＋楼宇锅炉；(d) 情景 4：区域 CHP＋楼宇热泵；(e) 情景 5：区域 CHP＋楼宇 CHP；(f) 情景 6：区域热泵＋楼宇热泵

(3) 楼宇 CHP 机组与热泵的影响如 4.10(b)～(f)所示。燃气网热负荷在 13:00—14:30 处于峰值,因此与上级电网交互功率在对应时间段出现峰值。因为在此时间段,楼宇 CHP 机组或楼宇热泵生产更多热力以满足热负荷需求。

情景 1～情景 6 中,各母线电压幅值的时域曲线如图 4.11 所示。具体结果的变化取决于能源转换设备(如 CHP 机组、热泵等)的渗透率。

(1) 因为情景 1 中电网与热网、天然气网无关联,所以电压幅值曲线跟随电力负荷曲线,如图 4.11(a)所示。

(2) 最大的电压降落发生在燃气网热负荷峰值期间 13:00—14:30,如图 4.11(b)、(f)所示。这是因为楼宇热泵取代了楼宇锅炉或 CHP 机组,从而将燃气网热负荷转移为电负荷。

(3) 最小的电压降落发生在热力网热负荷峰值期间 5:00—7:30,如图 4.11(c)～(e)所示。这是因为区域 CHP 机组在此期间生产更多的热力与电力。

(4) 对比图 4.11(a)与图 4.11(c)、图 4.11(e),可见 CHP 机组减小了电压降落。对比图 4.11(a)与图 4.11(b)、图 4.11(d)、图 4.11(f),可见热泵加剧了电压降落。情景 6 中热泵的全渗透率导致最大的电压降落至 0.983 p.u.。

通过能流图(Sankey diagram)描述能源从配电网、供热网、天然气网及各种能源转换设备到用户负荷侧的能量流,对锅炉与热泵混合供热情景的计算结果作出可视化能流图,如图 4.12 所示,得出燃料消耗、净购入电量、碳排放等指标的直观分析。图中数字表示一天 24 h 的能量流(MW・h)。

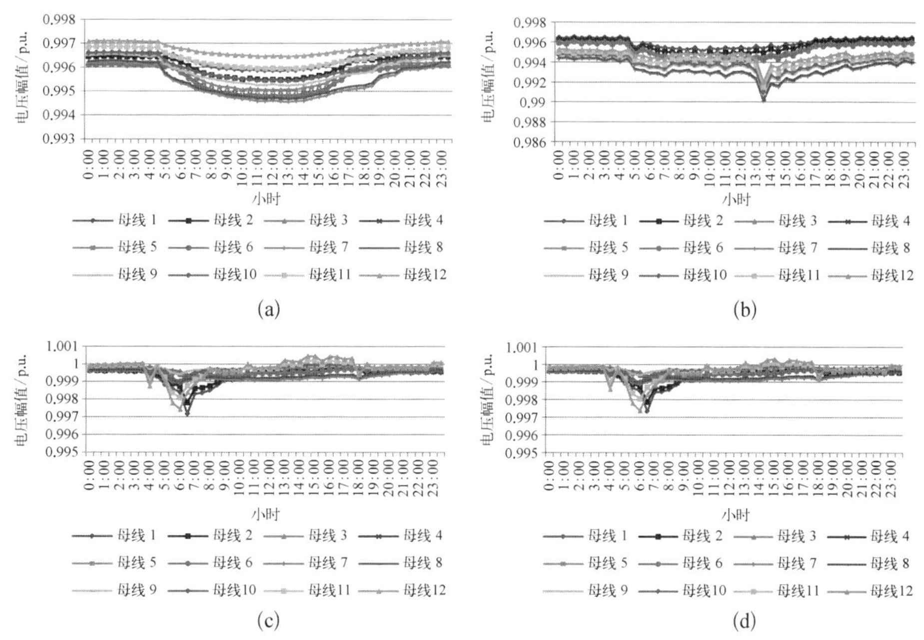

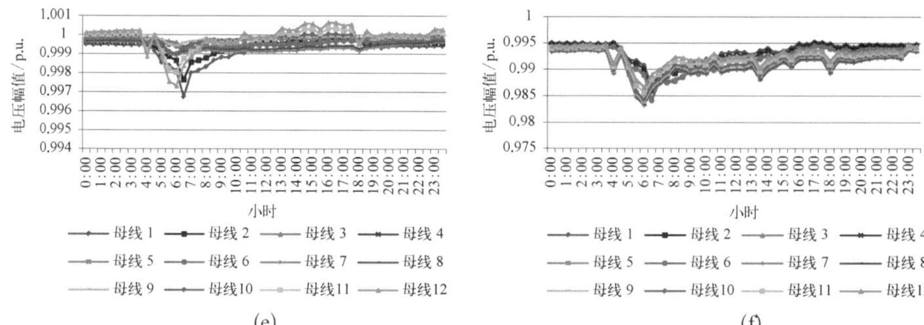

图 4.11　各母线电压幅值的时域曲线①

(a) 情景 1：区域锅炉＋楼宇锅炉；(b) 情景 2：区域锅炉＋楼宇热泵；(c) 情景 3：区域 CHP＋楼宇锅炉；(d) 情景 4：区域 CHP＋楼宇热泵；(e) 情景 5：区域 CHP＋楼宇 CHP；(f) 情景 6：区域热泵＋楼宇热泵

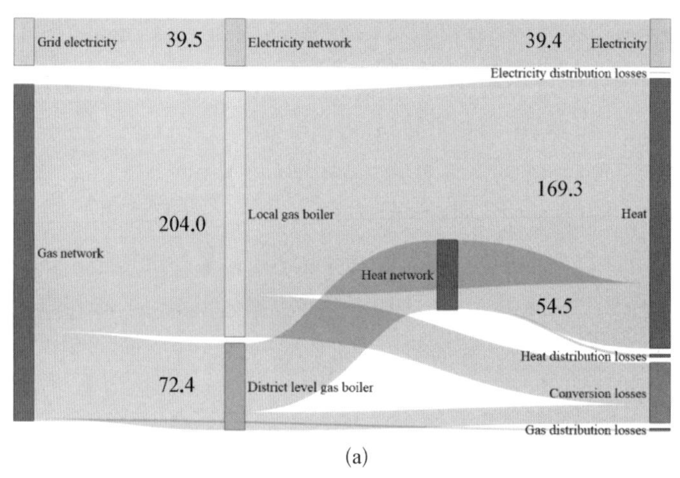

(a)

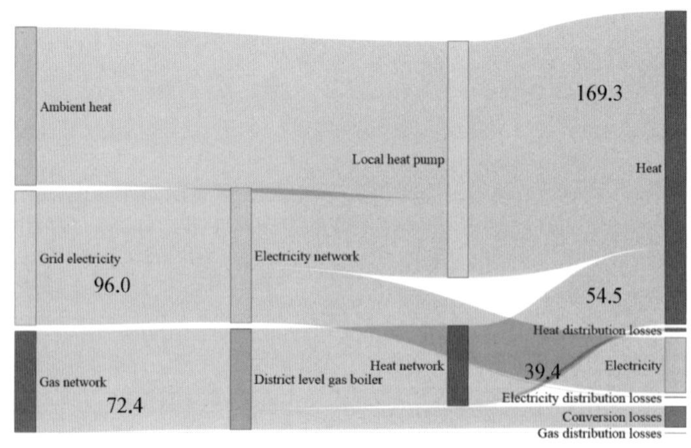

(b)

① 扫描二维码查阅彩图。

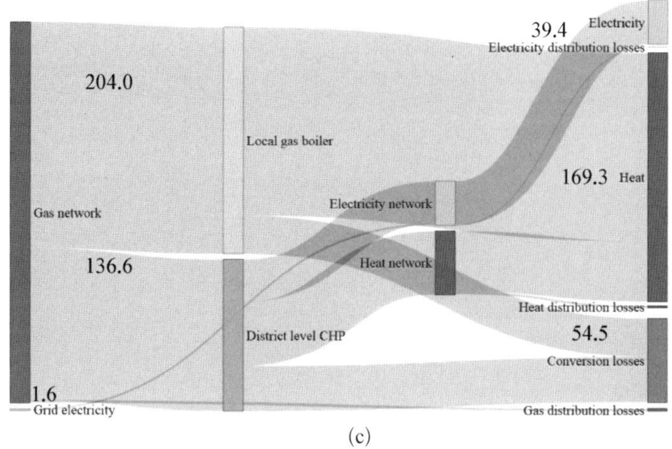

Gas network
204.0
136.6
1.6
Grid electricity
Local gas boiler
District level CHP
Electricity network
Heat network
39.4
Electricity
Electricity distribution losses
169.3
Heat
Heat distribution losses
54.5
Conversion losses
Gas distribution losses

(c)

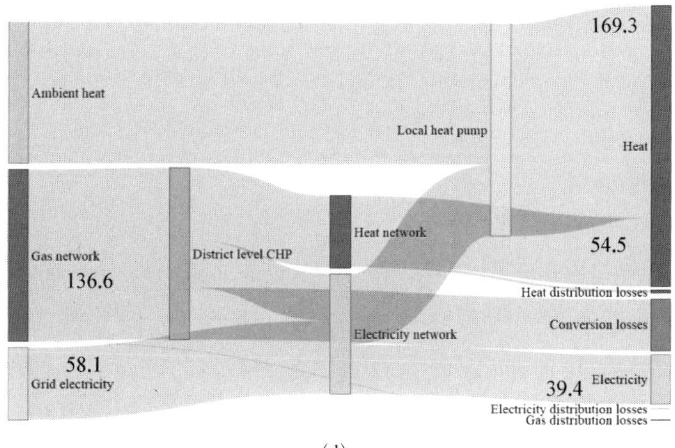

Ambient heat
Gas network
136.6
58.1
Grid electricity
District level CHP
Heat network
Electricity network
Local heat pump
169.3
Heat
54.5
Heat distribution losses
Conversion losses
39.4
Electricity
Electricity distribution losses
Gas distribution losses

(d)

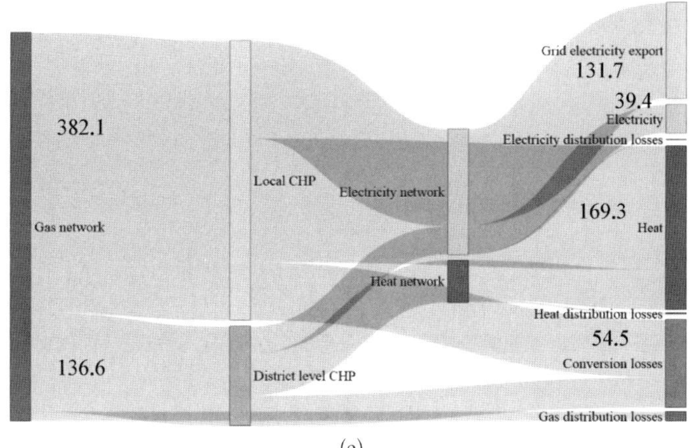

382.1
Gas network
136.6
Local CHP
District level CHP
Electricity network
Heat network
Grid electricity export
131.7
39.4
Electricity
Electricity distribution losses
169.3
Heat
Heat distribution losses
54.5
Conversion losses
Gas distribution losses

(e)

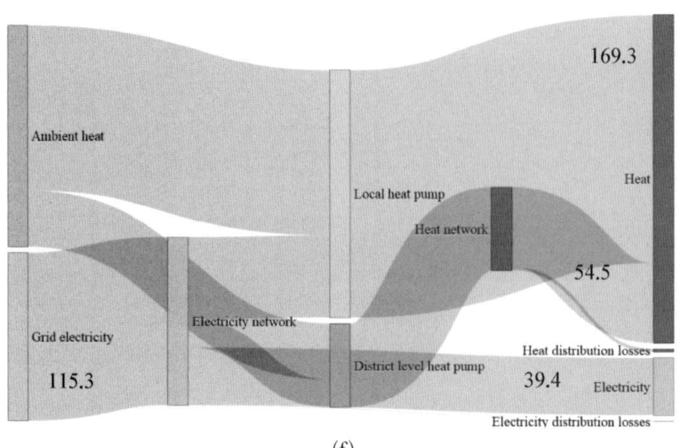

(f)

图 4.12　不同情景下的电/热/气网的能流图①

(a) 情景 1：区域燃气锅炉+楼宇燃气锅炉；(b) 情景 2：区域燃气锅炉+楼宇热泵；
(c) 情景 3：区域 CHP+楼宇燃气锅炉；(d) 情景 4：区域 CHP+楼宇热泵；
(e) 情景 5：区域 CHP+楼宇 CHP；(f) 情景 6：区域热泵+楼宇热泵

4.8　本章小结

本章论述在电热网耦合基础上，建立了天然气网的燃气流分析以及不同种类的能源转换设备模型，进而建立电热气多能流分析模型。通过使用全系统转换效率矩阵与置换矩阵，将各种能源转换设备映射到各自的电、热、气方程进行综合建模。考虑到大多数节点没有耦合关系，模型仅对电/热/气网中有耦合关系的设备节点建立全系统的转换效率矩阵描述，将各设备的输入输出向量通过置换矩阵映射到各自网络的能流方程，然后联合成多能流整体方程进行求解运算。可见，多能流联合分析仅对有耦合关系的节点通过全系统转换效率矩阵与置换矩阵进行建模，与能量枢纽模型相比，降低了整体能源网络建模的复杂度。

① 扫描二维码查阅彩图。原模型计算结果以英文呈现，为方便读者学习，给出中英文对照如下：Grid electricity，电网电力；Gas network，燃气网；Electricity network，电网；Ambient heat，环境热量；Heat network，热网；Gas network，气网；Local gas boiler，本地燃气锅炉；Local heat pump，本地热泵；District level CHP 区域热电联供；District level heat pump，区域热泵；Electricity distribution losses，电网损耗；Heat distribution losses，热网损耗；Conversion losses，转换损耗；Gas distribution losses，气网损耗。

第 5 章　综合能源系统协调优化

综合能源系统包含电、热和气网及大量能源存储和转换设备。在前述章节描述了独立的电网模型、热网模型(水力和热力模型)、燃气网模型以及燃气轮机、热电联产、燃气锅炉和热泵等转换设备模型[4]，并使用统一矩阵方法系统地对各种能源转换设备进行建模，以实现综合能源系统的全系统矩阵分析。本章将综合能源网多能流建模[4]拓展到优化领域，研究能源转换与存储设备的协调优化运行[71]，考虑不同能源网络的物理约束，分析多能网络的运行特性与相互影响。优化模型综合考虑所选区域内的能源分布及冷/热/电负荷情况，根据电价、燃气价格，以最小化总成本为目标，合理配置储能容量，以实现能源转换与存储技术路径与冷热电负荷协调匹配的优化运行策略。在多能流分析模型中，仅平衡节点处的电力功率是待求变量；而在优化模型中，所有能源转换设备的热力功率和电力功率都是待求变量，如图 5.1 所示。

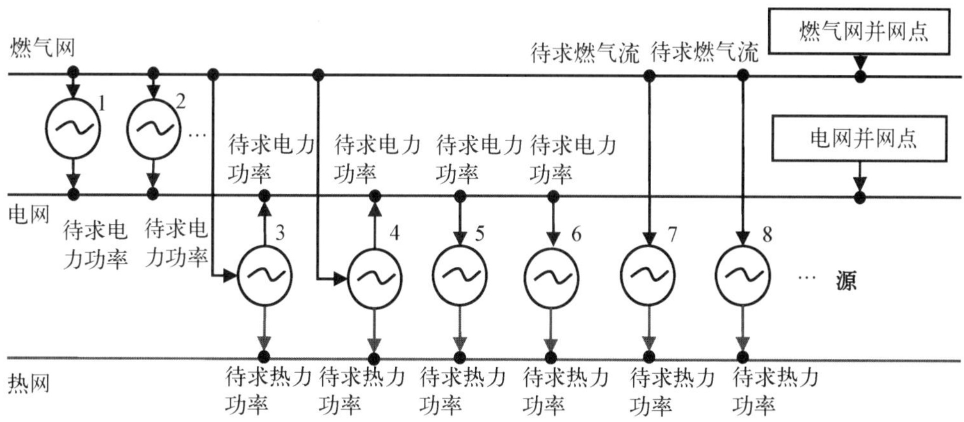

图 5.1　综合能源系统优化模型中能源转换设备的待求出力示意图

在 EXCEL 中建立输入与输出数据。系统优化模型的主要输出如下：

① 电力和热力(MW)时域输出曲线(15 min、30 min 或 1 h 时间尺度)；

② 电池储能容量(MW · h)及运行策略；

③ 综合能源局域网与上级电网的电力交换功率(MW)；
④ 运行成本 OPEX(包括燃料成本、碳排放成本以及运行维护成本)；
⑤ 电压、有功功率和无功功率以及电力网损；
⑥ 质量流率、供水温度、回水温度、热力功率和热力网损；
⑦ 燃气流量、节点压力和燃气网损。

5.1 优化框架

作为综合能源系统分析的扩展，本章介绍综合能源系统一体化优化方法，考虑多种能源网络的相互作用，对能源转换设备的优化运行进行建模。在优化运行方法中，将电-热-气多能流方程作为等式约束条件。

众多能源设备的转换关系错综复杂，例如燃气轮机在电网中是电源，在燃气网中则是负荷。本章讨论的综合能源优化运行的对象是整个区域能源系统的源-网-荷-储，包含电/热/气网，冷/热/电负荷以及各种能源存储与转换设备。能源系统的协调优化模型是一个混合非线性问题，很难收敛到全局最优点，甚至无法收敛到局部最优点。而且随着能源系统规模的不断扩大，直接使用现有算法或求解软件直接计算求解依然存在很大的困难。统一建模优化求解的复杂度很高，而各个子系统的拓扑结构、设备及其运行参数之间并不存在强相互关联，因此需要将优化问题进行合理分解，使得问题得到有效简化。将综合能源系统分为两大子系统如图 5.2 所示，一类子系统Ⅰ是与热相关的多能源转换设备，可用矩阵的方式统一描述；另一类子系统Ⅱ是只与电相关的可再生能源与电池储能。目前两个子系统内部的建模已相对成熟。由子系统Ⅰ到子系统Ⅱ，增加了电力净负荷曲线的变化，从而影响子系统Ⅱ的配置运行；由子系统Ⅱ到子系统Ⅰ，增加了子系统Ⅰ运行方式的变化，

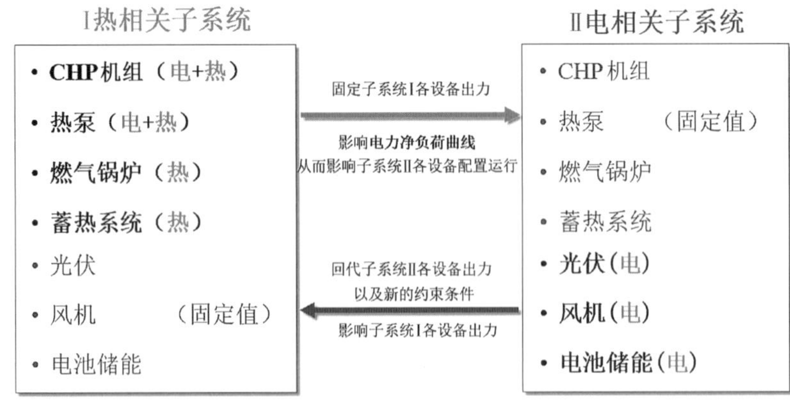

图 5.2 可再生能源-储能子系统与能源转换设备子系统之间的交互作用

比如夜晚风力增加时需要减少 CHP 机组电出力以减小弃风。这两大类子系统之间采用分解协调方法可有效降低全系统大规模优化问题的复杂度，以及最大程度上保护电/热系统各自的信息隐私。图 5.2 中净负荷是指系统负荷需求与本地发电功率之差。对于离网光伏发电系统，净负荷不确定性是影响系统规划和运行的主要因素。因此，能源存储对于减小这种不确定性至关重要。对系统的优化旨在量化所需的电池储能容量和制定有效的应对净负荷波动的运行策略。

5.2　光伏发电计量

集中式光伏电站只有“全额上网，单向售电”一种模式；而分布式光伏发电可以有“全额上网”“全部自用”和“自发自用，余电上网”三种运行方式，以及“净电量计量”和“双向计量，双向结算”两种收费方式。无论是在自发自用余量上网情况下，还是在全额上网情况下，补偿机制直接影响了分布式发电(distributed generation, DG)所有者的收入。

从系统的角度而言，分布式发电如果自发自用可能会导致电网(以及增量配电网)公司售电量的减少，同时也可能增加或者减少电网对基础设施的投资，因此对于非分布式发电的用户而言，它的影响最终取决于分布式发电对系统带来的综合成本和收益。一个精心设计的补偿机制可以趋利避害，充分体现分布式发电对电网公司、分布式发电所有者，以及非分布式所有用户的价值。

对于分布式发电所有者来说，分布式发电在选定的补偿机制下的收益和成本是相对容易预测和计算的。然而，对于电网或者其他电力用户来说，分布式发电所能避免的和新增的成本相对更难定量化，因此如果对分布式发电过度补偿，可能会带来非分布式用户用电成本的增加；反之，如果对分布式发电补偿不够，则分布式发电的投资成本不能合理地转嫁给其他用户，进而会抑制分布式发电的发展。

各国对于分布式发电在电表计量和记账安排上有多种不同的形式，主要可以归纳为三种，即净电表、全额上网和净记账[130]。

1) 净电表或净电量(net energy metering)模式

该模式允许分布式发电用户电表在发电量大于用电量时反转，从而抵消他们的净用电量，如图 5.3 所示。在一个记账周期(如一个月)，分布式发电用户只需要支付净用电量(即总用电量减去分布式发电量)。一些情况下，多余的分布式发电额度甚至可以“存储”，用于抵消下一个记账周期的实际用电量。在一定量记账周期结束(如一年)后，一种可能是多余的分布式发电额度可能会失效，即失去价值，另一种可能是购电方以一定的价格(介于 0 与终端销售电价之间)对其净发电量进行补偿。

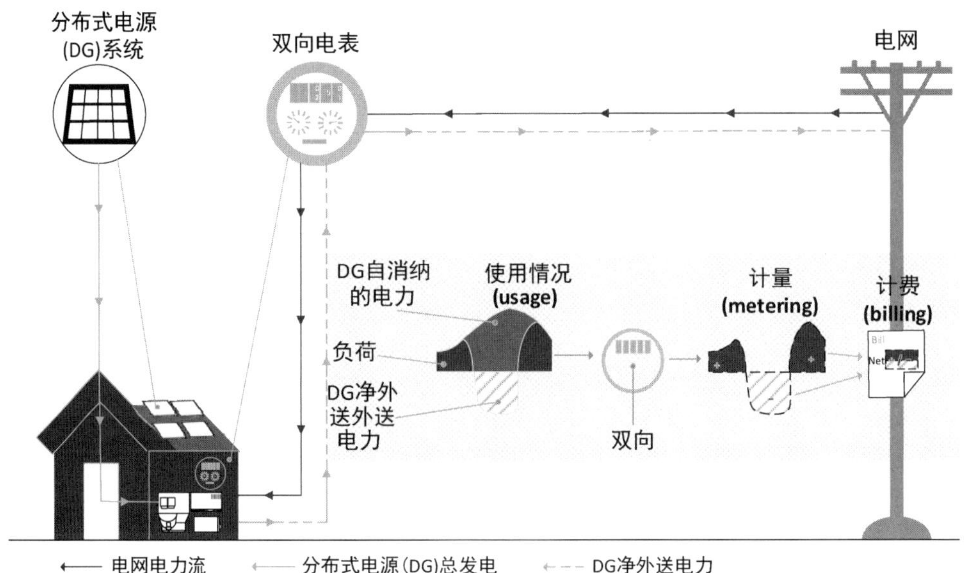

图 5.3 净电表模式

2) 全额上网(buy all-sell all)模式

在这一模式下，电网按照单独的上网电价对所有的分布式发电进行收购，通常以签订长期合同来实现。不同于自发自用，这些分布式用户仍然需要以终端销售电价从电网购电来满足自己的全部用电量。事实上，分布式上网电价的设计除了固定上网电价，也可以是更动态的(如分时电价)甚至是引入电力市场价格。

3) 净记账(net billing)或自消费模式

这种机制也允许分布式用户自发自用，并将余电上网。这一模式与净电表模式类似，但是净记账不允许分布式发电额度在一个记账周期内存储和抵消未来的用电量，而是将净发电量进行实时计量并按事先确定的上网电价进行补偿。与全额上网的模式一样，净记账通常有单独的两块电表分别实时计量净用电量和净发电量，并在一个记账周期后，分别核算。

以上三种方式为相关方带来了许多益处，但同时也存在一些挑战。我国目前对于分布式光伏主要采取的是净电表计量和第三种记账方式，并对分布式光伏发电上网电价在这两种模式下分别做出了明确的规定。对独立投资商而言，DG 接入带来的收益分为三部分，包括补贴收益、节电收益和售电收益。其中补贴收益为 DG 发电补贴，包括国家补贴和省区市补贴；节电收益为因自发自用而减少的购电费用；售电收益为余电上网带来的收益。对于全额上网电价模式，DG 发电系统的并网点和发电电量计量电表安装在用户电表的外侧，即并网点在电网侧；DG 发电量全部馈入低压公共配电网；配电公司根据 DG 发电量，以“上网电价”全额收购，同没有安装DG情况一样，用户的用电与电费结算是由电表进行缴费的。净电量模式，原则上耗电量要大于光伏发电量，自消费的DG电量不做计量，以省电方式直接享受电网的零售电价；DG反送电量推动电表倒转，以净电量结算，即用电电量和反送到电网的电量按照差值结算。自消费模式的原则为“自发自用，余电上网”。用户尽可能多的利用DG所发电量，当DG所发电量大于所需电量时，多余电量可以被送入电网，按照零售电价进行结算。

三种不同商业模式下独立投资商的效益分别如下。

(1) 全额上网电价模式：全额上网电价模式为发电量全部上网，自用电量全部从电网购买。目前全额上网电价模式多用于大型电站发电，收益只有售电收益，单位售电价格较高。全额上网电价模式下独立投资商的效益为

$$C_{\text{rev}}=\sum_{t}C_{\text{export}}P_{\text{gen}}(t) \tag{5.1}$$

式中，C_{export}为DG电站的上网电价；P_{gen}为DG的发电功率。

(2) 净电量模式：自消费的DG电量不做计量，以省电方式直接享受电网的零售电价；DG反送电量推着电表倒转，以净电量结算。故该模式的收益分为三部分，DG补贴收益、节电收益和上网收益。净电量结算模式下独立投资商的效益为

$$C_{\text{rev}}=C_{\text{subsidy}}E_{\text{gen}}+\sum_{t}C_{\text{e}}(t)[P_{\text{export}}(t)-P_{\text{import}}(t)] \tag{5.2}$$

式中，C_{subsidy}为DG据其发电量的国家补贴价格，E_{gen}为DG年发电量，C_{e}为不装DG时用户从电网购电价格，E_{gen}为DG年发电量，P_{import}为用户从电网所购电力功率，P_{export}为用户外送给电网的电力功率。

(3) 净记账或自消费模式：DG发电在满足自身需求外，进行余电上网。故其收益包括三部分，为DG补贴收益、节电收益和售电收益。它与净电量结算模式的不同点为自消费模式的上网电价按标杆电价计算，而净电量结算模式的上网电价按照零售电价计算。自消费模式下独立投资商的效益为

$$C_{\text{rev}}=C_{\text{subsidy}}E_{\text{gen}}+\sum_{t}C_{\text{export}}P_{\text{export}}(t)-C_{\text{e}}(t)P_{\text{import}}(t) \tag{5.3}$$

式中，C_{export}为DG用户外送电网的电价。

5.3 光伏-储能系统功率流

光伏发电可以被负荷直接消耗、存储至电池储能系统(BESS)或售给电网，因此光伏-储能系统的功率流分解为

$$P_{PV\to load}(d,t)+P_{PV\to BESS}(d,t)+P_{PV\to grid}(d,t)=P_{PV}(d,t) \tag{5.4}$$

式中，$P_{PV}(d,t)$ 为光伏电力(kW)。$P_{PV\to load}(d,t)$ 为光伏电力提供给负荷的部分(kW)。$P_{PV\to BESS}(d,t)$ 为光伏电力中给电池储能充电的部分(kW)。$P_{PV\to grid}(d,t)$ 为光伏电力外送给上级电网的部分(kW)。其中 d 表征一年中的某一日 ($1\leqslant d\leqslant 365$)，$t$ 表征一日中的某时 ($1\leqslant h\leqslant 24$)。

电力功率平衡方程描述了光伏发电、电池储能充放电或电网电力与负荷的供给平衡关系：

$$P_{BESS}^{discharge}(d,t)-P_{BESS}^{charge}(d,t)+P_{PV}(d,t)+P_{grid}(d,t)=P_{load}(d,t) \tag{5.5}$$

式中，P_{BESS}^{charge} 为电池储能的充电功率(kW)，$P_{BESS}^{discharge}$ 为电池储能的放电功率(kW)。

将式(5.4)代入(5.5)可得[82]：

$$P_{BESS}^{discharge}-P_{BESS}^{charge}+P_{PV\to load}+P_{PV\to BESS}+P_{PV\to grid}+P_{grid}=P_{load} \tag{5.6}$$

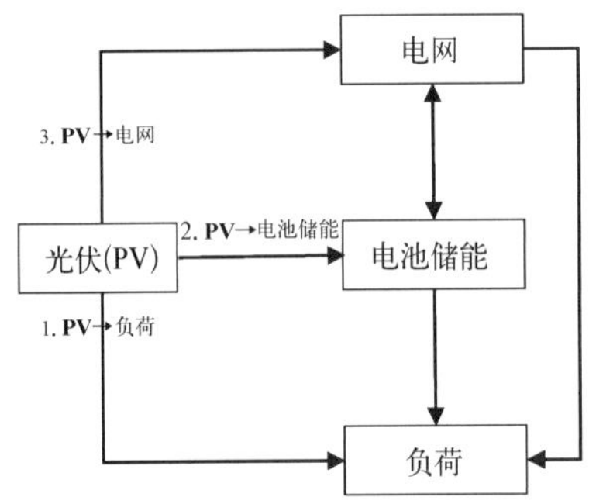

图 5.4　光伏到负荷、电池储能和电网的能量流示意图

光伏发电到负荷、电池储能和电网的功率流取决于光伏发电量和负荷需求间的关系(见图 5.4)。光伏发电系统能量流的优先级顺序为：① PV→负荷，② PV→BESS，③ PV→电网。当光伏发电功率大于负荷时，模型将对光伏电力给电池储能充电和向电网售电的比例进行优化。

决策变量 P_{BESS}^{charge} 或 $P_{BESS}^{discharge}$ 表示从光伏发电到负荷的三部分功率，如表 5.1 所示。

表 5.1　光伏-储能系统的功率流

	$P_{PV\to load}$	$P_{PV\to BESS}$	$P_{PV\to grid}$
$P_{PV}>P_{load}$	P_{load}	$\min\{P_{PV}-P_{PV\to load},\ P_{BESS}^{charge}\}$	$P_{PV}-P_{PV\to load}-P_{PV\to BESS}$
$P_{PV}\leqslant P_{load}$	P_{PV}	0	0

(1) 当 $P_{PV}\leqslant P_{load}$ 时，光伏发电产生的功率小于负荷，此时光伏出力全部供应给负荷，即 $P_{PV\to load}=P_{PV}$；

(2) 当 $P_{PV}>P_{load}$ 时，光伏发电产生的功率大于负荷，则此时负荷功率全部由光伏发电承担。

① $P_{PV\to load}$ 部分。$P_{PV\to load}=P_{load}$，即光伏发电可全部满足负荷，光伏发电剩余功率 $P_{PV}-P_{load}$ 供给电池储能。

② $P_{PV\to BESS}$ 部分。若 $P_{PV}-P_{load}\leqslant P_{BESS}^{charge}$，即光伏剩余功率不大于电池充电功率，那么 $P_{PV\to BESS}=P_{PV}-P_{load}$，此时电池充电功率 P_{BESS}^{charge} 由两部分构成，一部分是光伏充入电池的功率 $P_{PV\to BESS}$，另一部分是电网充入电池的功率 $P_{grid\to BESS}$，即电池充电功率 $P_{BESS}^{charge}=P_{PV\to BESS}+P_{grid\to BESS}$。

若 $P_{PV}-P_{load}>P_{BESS}^{charge}$，即光伏发电剩余功率大于电池充电功率，那么 $P_{PV\to BESS}=P_{BESS}^{charge}$，此时电网充入电池的功率 $P_{grid\to BESS}=0$。

因此，光伏发电给电池储能充电的功率 $P_{PV\to BESS}=\min\{P_{PV}-P_{load},\ P_{BESS}^{charge}\}$。

③ $P_{PV\to grid}$ 部分。当光伏发电在给电池储能充电后仍有剩余，则 $P_{PV\to grid}=P_{PV}-P_{PV\to load}-P_{PV\to BESS}$。其余情况下光伏发电上网功率 $P_{PV\to grid}$ 为0。

电池储能的套利从储电和放电时的电网电价之间的差异获得。光伏-储能系统将盈余的光伏电力存储到电池储能中，然后在电价高峰期进行放电。光伏-储能耦合($P_{PV\to BESS}$)的额外效益来自廉价的光伏上网电价与外送存储的多余光伏电力的电网电价之间的差额。

5.4　目标函数与约束条件

5.4.1　能源转换设备的目标函数

能源转换设备的目标函数是最小化能源转换设备的运行成本(OPEX)，包括燃料成本、碳排放成本以及设备运行维护成本。燃料成本计算方法为从电网购买的电力成本和天然气成本减去向电网售电的收入[131-133]。

$$C_{Opex}^{con}=\underbrace{C_e P_{import}+C_g v_{g_{total}}}_{\text{燃料成本(fuel cost)}}+\underbrace{C_{carbon}\xi_e P_{import}+C_{carbon}\xi_g v_{g_{total}}}_{\text{碳排放成本(carbon cost)}}+C_{O\&M} \tag{5.7}$$

式中，C_e 为电力价格(元/MW·h)，P_{import} 为购电功率(MW)，C_g 为天然气价格(元/MW·h)，$v_{g_{total}}$ 为天然气的传输速率(m^3/h)。ξ_e 为电网碳强度($g_{CO_2}/kW\cdot h$)，ξ_g 为天然气碳强度($g_{CO_2}/kW\cdot h$)，C_{carbon} 为碳价格(元/吨)。$C_{O\&M}$ 为运行维护成本，包括固定运行维护成本和可变运行维护成本，未包括燃料费用。

5.4.2　光伏-储能系统的目标函数

光伏-储能系统的目标函数是最大限度地降低光伏-储能系统的总成本，包括光伏-储能系统的年化投资成本(capital expense diture, CAPEX)和年运行成本(operating expense, OPEX)。

$$\mathrm{Min}\,C_{total\_PVB}=LF_n\cdot C_{capex\_BESS}+C_{opex\_PVB} \tag{5.8}$$

式中，C_{total_PVB}是光伏-储能系统的年总成本，C_{opex_PVB}是光伏-储能系统的年运行成本，包括运行维护成本、燃料成本，C_{Capex_BESS}是电池储能的初始投资成本。LF_n是资金回收系数，$LF_n=\dfrac{d(1+d)^n}{(1+d)^n-1}$[131]，其中，$d$ 为折现率，n 为设备的寿命(年)。

电池储能的总投资成本为

$$C_{capex-BESS}=C_{BESS}^{E}E_{BESS}^{rated}+C_{BESS}^{P}P_{BESS}^{rated} \tag{5.9}$$

式中，C_{BESS}^{E}为配置电池储能容量的成本，E_{BESS}^{rated}为电池储能的额定容量。C_{BESS}^{P}为配置电池储能功率的成本，P_{BESS}^{rated}是电池储能逆变器的额定功率。C_{PV}^{capex}是每千瓦光伏板的投资成本，P_{PV}^{rated}是光伏发电系统的额定功率。电池储能系统具有一定比例的容量储备裕度(通常为 5%～15%，高于负荷需求)以应对系统突发事件[134]。

年收益包括电池储能的套利收益、使用光伏发电进行充电的节约成本、向电网售电的收益和光伏发电补贴。电池储能系统套利通过以下方式实现：① 当电价低时从电网充电，当电价高时放电；② 利用光伏发电的剩余电力，否则这部分电力将廉价外送给上级电网。

运行成本(OPEX)即从上级电网购电成本 P_{grid}，可表示为

$$C_{opex-PVB}=\sum_{(d,\ t)}P_{grid}(d,\ t)C_e(t) \tag{5.10}$$

依据电力平衡方程，则目标函数中 P_{grid}表示为

$$P_{grid}=(P_{load}-P_{PV\to load})+(P_{BESS}^{charge}-P_{BESS}^{discharge}-P_{PV\to BESS})-P_{PV\to grid} \tag{5.11}$$

因此，光伏-储能系统的运行成本如式(5.12)所示。原始负荷 P_{load}所消耗的电量是恒定的，因此不予考虑。运行成本分为三个部分：① 负荷从上级电网的购电成本(包含因光伏发电减少的购电成本)；② 电池储能充放电的成本(包含光伏发电向电池储能充电减少的充电成本)；③ 光伏发电向电网售电所得收益及光伏发电补贴(这部分在计算中取负值)。即

$$\begin{aligned}C_{opex-PVB}=\sum_{(d,\ t)}&\underbrace{(P_{load}-P_{PV\to load})C_e(t)}_{\text{load}}\\&+\underbrace{(P_{BESS}^{charge}-P_{BESS}^{discharge}-P_{PV\to BESS})C_e(t)}_{\text{BESS}}\\&\underbrace{-C_{PV}^{export}\sum_{(d,\ t)}P_{PV\to grid}-C_{PV}^{subsidy}\sum_{(d,\ t)}P_{PV}}_{\text{PV}}\end{aligned} \tag{5.12}$$

式中，C_{PV}^{export}是光伏上网电价(元/kW・h)，$C_{PV}^{subsidy}$是光伏发电补贴(元/kW・h)。

当 $P_{PV} > P_{load}$ 时，$P_{PV\to load} = P_{load}$，$P_{PV\to BESS} = \min\{P_{PV} - P_{PV\to load}, P_{BESS}^{charge}\}$，$P_{PV\to grid} = P_{PV} - P_{PV\to load} - P_{PV\to BESS}$；

当 $P_{PV} \leqslant P_{load}$ 时，$P_{PV\to load} = P_{PV}$，$P_{PV\to BESS} = 0$，$P_{PV\to grid} = 0$。

5.4.3　能源转换设备的约束条件

1）等式约束

电力、热力、燃气分别与电热气负荷平衡的多能流等式约束即为综合能源系统联合方程。各种设备耦合约束通过转换效率矩阵与置换矩阵包含在多能流等式中。热能变化缓慢，具有一定的惯性，意味着热负荷不需要像电负荷一样维持绝对平衡，其平衡约束可以在一定范围内松弛。对电力潮流、热力流与燃气流的等式约束可采用不同的收敛精度要求。

2）不等式约束

不等式约束主要包含以下内容：

① 能源转换设备有功出力及热力功率的上下限约束；

② 机组上调与下调爬坡速率约束（机组在单位时间可以增加或减小的出力，考虑机组出力在两个连续时段间的耦合）；

③ 旋转备用约束（安排机组开停机计划时，需安排足够机组处于备用状态，以应对系统负荷的突然性变化，保证系统安全、可靠供电）；

④ 配电网节点电压与线路功率上下限不等式约束；

⑤ 热力网管段流率与节点温度上下限不等式约束；

⑥ 燃气网管段流率与节点压力上下限不等式约束；

⑦ 与上级主网之间交换功率的上下限不等式约束。

（1）能源转换设备的约束条件。

所有能源转换设备的装机容量必须介于其下限和上限之间。电力或热力输出必须小于或等于装机容量，即

$$\begin{aligned} P_{con\_i}^{min} \leqslant P_{con\_i} \leqslant P_{con\_i}^{max} \\ \Phi_{con\_i}^{min} \leqslant \Phi_{con\_i} \leqslant \Phi_{con\_i}^{max} \end{aligned} \tag{5.13}$$

式中，P_{con_i} 和 Φ_{con_i} 是转换设备 i 的电力功率或热力功率输出。下标 con 代表能源转换设备（conversion devices）。

（2）电网约束条件。

母线电压幅值必须保持在适当范围内。任何母线中电压都不会超出低压电网的电压限制（+10%/−6%）。由 P_{geni} 和 Q_{geni} 代表的发电机产生的电力必须受其下限和上限的约束。任一线路 ij 的功率承载能力 P_{ij} 必须低于线路的最大热容量。即

$$
\begin{aligned}
&V_{i\min} \leqslant V_i \leqslant V_{i\max}, && i=1, \cdots, N_e \\
&P_{\mathrm{gen}i}^{\min} \leqslant P_{\mathrm{gen}i} \leqslant P_{\mathrm{gen}i}^{\max}, && i=1, \cdots, N_{ge} \\
&Q_{\mathrm{gen}i}^{\min} \leqslant Q_{\mathrm{gen}i} \leqslant Q_{\mathrm{gen}i}^{\max}, && i=1, \cdots, N_{ge} \\
&|P_{ij}| \leqslant P_{ij}^{\max}, && i, j=1, \cdots, N_e
\end{aligned} \tag{5.14}
$$

式中，N_e是母线的数量，N_{ge}是发电机的数量。

(3) 热网约束条件。

每个节点的供水和回水温度都应设定在限制范围内：

$$
\begin{aligned}
T_{\mathrm{s\_min}} \leqslant T_{\mathrm{s}} \leqslant T_{\mathrm{s\_max}} \\
T_{\mathrm{r\_min}} \leqslant T_{\mathrm{r}} \leqslant T_{\mathrm{r\_max}}
\end{aligned} \tag{5.15}
$$

热网中各管段内的质量流率受其上限和下限的约束：

$$
\dot{m}_{\min} \leqslant \dot{m} \leqslant \dot{m}_{\max} \tag{5.16}
$$

(4) 天然气网络约束条件。

每个节点的气压 p_g设定在以下范围内：

$$
p_{\mathrm{gmin}} \leqslant p_{\mathrm{g}} \leqslant p_{\mathrm{gmax}} \tag{5.17}
$$

每根管段内的燃气流量 v_g设定在以下范围内：

$$
v_{\mathrm{g\_min}} \leqslant v_{\mathrm{g}} \leqslant v_{\mathrm{g\_max}} \tag{5.18}
$$

5.4.4 能源存储设备的约束条件

本节讨论的约束条件没有考虑电池储能的老化模型，但将在后续研究中予以关注[74]。电池储能的约束条件包含储能充/放电功率上下限约束、前后时刻的电量平衡约束、储能电量上下限约束。

(1) 充电/放电功率必须在储能额定功率范围内，即

$$
\begin{aligned}
0 \leqslant P_{\mathrm{BESS}}^{\mathrm{charge}}(d, t) \leqslant P_{\mathrm{BESS}}^{\mathrm{rated}} \\
0 \leqslant P_{\mathrm{BESS}}^{\mathrm{discharge}}(d, t) \leqslant P_{\mathrm{BESS}}^{\mathrm{rated}}
\end{aligned} \tag{5.19}
$$

电池储能无法同时充电和放电的约束可表示为式(5.20)。但是，考虑到电量平衡等式中的储能充电和放电效率，该等式被证明是冗余的。因为目标函数为成本最小，而电池储能有充放电效率损耗，所以模型在正常情况下没有同时充电和放电的经济激励[135]。

$$
P_{\mathrm{BESS}}^{\mathrm{charge}}(d, t) P_{\mathrm{BESS}}^{\mathrm{discharge}}(d, t)=0 \tag{5.20}
$$

（2）电池储能电量平衡约束条件：[136]

$$E_{\mathrm{BESS}}(d,t)=E_{\mathrm{BESS}}(d,t-1)+(\eta_{\mathrm{c}}P_{\mathrm{BESS}}^{\mathrm{charge}}(d,t)-P_{\mathrm{BESS}}^{\mathrm{discharge}}(d,t)/\eta_{\mathrm{d}})\Delta t \tag{5.21}$$

式中，η_{c}是电池充电效率，η_{d}是放电效率。若时间步长为半小时，t 等于 1/2。

储能的每日初始时刻电量与末尾时刻电量相等[135]。

$$E_{\mathrm{BESS}}(d,0)=E_{\mathrm{BESS}}(d,t_{\mathrm{end}})=\mathrm{SOC}_{\min}E_{\mathrm{BESS}}^{\mathrm{rated}} \tag{5.22}$$

式中，SOC 表示电池储能的荷电状态，t_{end}是电池储能每日运行的最末时间点。

（3）电池储能电量上下限约束

$$\mathrm{SOC}_{\min}E_{\mathrm{BESS}}^{\mathrm{rated}}\leqslant E_{\mathrm{BESS}}(d,t)\leqslant \mathrm{SOC}_{\max}E_{\mathrm{BESS}}^{\mathrm{rated}} \tag{5.23}$$

（4）进一步的约束：电池储能放电功率须小于负荷需求与光伏发电的差值加上向上级电网外送电力的最大功率限制之和，即

$$P_{\mathrm{BESS}}^{\mathrm{discharge}}(d,t)\leqslant \max(P_{\mathrm{load}}-P_{\mathrm{PV}},0)+P_{\mathrm{export}}^{\mathrm{limit}} \tag{5.24}$$

式中，$P_{\mathrm{export}}^{\mathrm{limit}}$为电力外送上级电网的最大功率限制。

根据式(5.24)，与上级电网的电力交换功率不超过最大购电功率限制。

$$P_{\mathrm{grid}}(d,t)=P_{\mathrm{BESS}}^{\mathrm{charge}}(d,t)-P_{\mathrm{BESS}}^{\mathrm{discharge}}(d,t)-P_{\mathrm{PV}}+P_{\mathrm{load}}\leqslant P_{\mathrm{import}}^{\mathrm{limit}} \tag{5.25}$$

式中，$P_{\mathrm{import}}^{\mathrm{limit}}$是从上级电网购电的最大功率限制。

5.5　分解协调的顺序优化方法

综合能源系统的优化过程可以分解为能源转换设备和可再生能源-储能系统的顺序优化。顺序优化方法具体细节可参见文献[4,137]。在如图 5.5 所示的顺序方法流程中，当能源转换设备的运行不灵活(例如没有储热)时，分别运行能源转换设备子系统优化和光伏-储能子系统优化(即两个子系统之间一次迭代)。该框架并未将能源转换设备与光伏-储能系统整合成整体数学模型，因为这具有极高的计算复杂度[70]。对能源转换设备的运行进行优化，以最小化总运行支出(包括燃料成本、碳排放成本和运行维护成本)，并获得最优发电或用电策略。在此优化方法中，首先最小化能源转换设备的年总成本，然后最小化光伏-储能系统的年总成本。虚线代表能源转换设备和光伏-储能系统的顺序联系。

顺序方法在能源转换设备的优化运行时未考虑光伏-储能系统的约束条件。由于能源转换设备的建模在光伏-储能系统建模之前执行，该建模的缺点在于未考

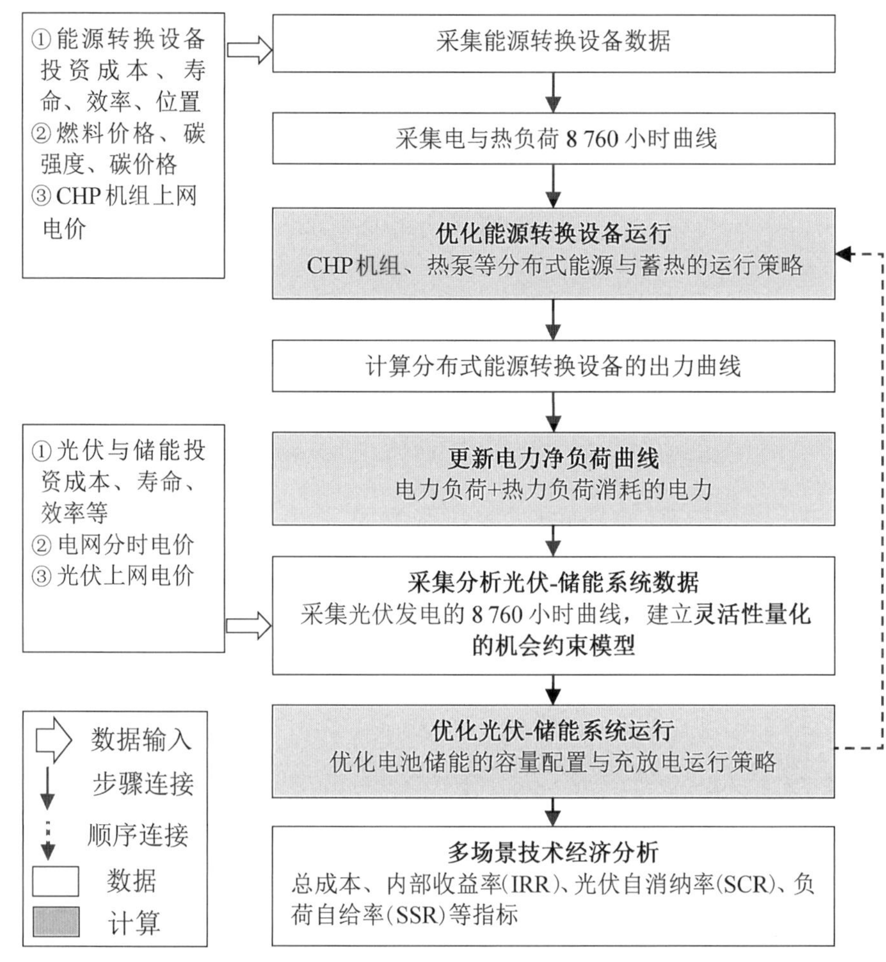

图 5.5　能源转换设备和光伏-储能系统协调优化的顺序方法流程图

虑光伏-储能的运行对能源转换设备运行的影响。此外，顺序方法仅适用于大部分电力来源为从电网购电的多能源系统。例如，如果局域网系统已配备比电网电价更低的发电厂，那么它将在考虑使用光伏-储能的步骤之前就可以满足所有电力需求，因此将不会需要光伏发电。

优化模型中能源转换设备的待求变量可表示为

$$\boldsymbol{x}=[\boldsymbol{\theta}\quad |\boldsymbol{V}|\quad \dot{\boldsymbol{m}}\quad \boldsymbol{T}_{\mathrm{s}}\quad \boldsymbol{T}_{\mathrm{r}}\quad \boldsymbol{E}_{\mathrm{out}}^{\mathrm{con}}\quad \boldsymbol{v}_{\mathrm{g}}]^{\mathrm{T}} \tag{5.26}$$

式中，$\boldsymbol{E}_{\mathrm{out}}^{\mathrm{con}}$ 是能源转换设备的终端输出(电力和热力功率)的向量，上标 **con** 表示能源转换设备。相较于多能流分析，优化模型增加的变量为 $\boldsymbol{E}_{\mathrm{out}}^{\mathrm{con}}$，其维数等于 $N_{\mathrm{con}}\times 1$。基于 $\boldsymbol{E}_{\mathrm{out}}^{\mathrm{con}}$ 并通过效率矩阵和置换矩阵，可求解出能源转换设备 i 的电力功率 P_i^{con} 和热力功率 Φ_i^{con}。

光伏-储能系统优化模型的决策变量如图5.6所示。图中 x 表示功率变量(kW)，y 表示能量变量(kW·h)。SOC表示电池储能的荷电状态。

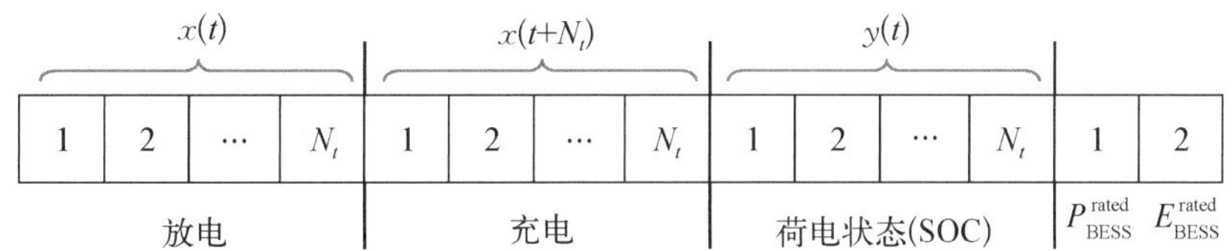

图5.6 典型日储能设计和运行优化模型的决策变量示意图

本优化模型采用内点法求解大型复杂非线性优化问题。采用并行计算加速收敛过程，可大大缩短了运行时间。此外，在参数配置中，热网等式约束的精度要求(10^{-3})低于电网等式约束的精度要求(10^{-6})。

5.6 系统技术经济指标

系统技术经济分析关键绩效指标(key performance indicators, KPI)包括投资成本(capital expense diture, CAPEX)、年运行成本(operating expense, OPEX)、现金流折现(discounted cash flow, DCF)、净现值(net present value, NPV)、加权平均资金成本(weighted average cost of capital, WACC)、内部收益率(internal rate of return, IRR)和平准化度电成本(levelized cost of energy, LCOE)指标以及光伏自消纳率(self-consumption ratio, SCR)。由于可再生能源具有高资本成本以及不确定性，财务是可再生能源的一项重要指标。融资成本(financing cost)是投资计算中一个非常重要的输入量，因为其会改变未来输出和成本的贴现率，在这里加权平均资金成本(WACC)被用来确定在金融项目评估中使用的实际贴现率。WACC是指企业以各种资本(权益成本和债务成本)在企业全部资本中所占的比重为权数，对各种长期资金的资本成本加权平均计算出来的资本总成本。绝大部分可再生能源项目并非全部自有资金，如在风电行业，比较能被广泛接受的融资比例大概是20%的自有资金和80%的不同渠道的融资，计算过程中需根据此比例取平均贷款利率来进行分析，因此考虑融资成本WACC至关重要。

5.6.1 净现值

净现值(NPV)法是最为常用的一种项目投资评价方法。该指标的优点是考虑了资金时间价值，增强了投资经济性的评价；考虑了全过程的净现金流量，体现了流动性与收益性的统一；考虑了投资风险，风险大则采用高折现率，风险小则采用低折现率。净现值是投资整个项目生命周期的现金流量折现到当期的现值之和，然后再减去初始投资。考虑到第一年项目需要建设，一般第一年没有利润，从第二年开始盈利，因此NPV应当分为两部分，一部分是第一年的初始投资，另一部分是把每年产生的现金进行折现之后的总和。NPV投资原则：当待投资的项目净现值大于0时，代表着投资者可以获得利润，因此可以投资；当净现值等于0时，代表投资者不会获得利润但也不会亏损；当净现值小于0时，投资者会亏损，因此投资者应当放弃投资。

$$\mathrm{NPV}=\sum_{k=0}^{n}\frac{CF_k}{(1+r)^k} \tag{5.27}$$

式中，CF_k代表每年的净现金流量，即年度流入和流出的现金总和，即每年售电收入和该年的所有支出(包括资本和维护成本)之和，r是贴现率。

5.6.2 内部收益率

内部收益率(IRR)指的是使项目的净现值为0时的折现率，也就是说当NPV等于0时的贴现率即为内部收益率(IRR)，一般使用IRR的投资决策原则：将行业的收益率作为基准收益率，与内部收益率IRR进行比较，倘若IRR大于基准收益率，那么该项目是可以投资的，反之则不然。IRR包括所有的正负现金流，用于衡量投资的可行性。内部收益率(IRR)定义为净现值(NPV)为零时的折现率[68]。净现值NPV是指在项目计算期内，按一定贴现率计算的各年现金净流量现值的代数和[138]。内部收益率衡量了储能电池投资的可行性，该指标越大越好。一般情况下，内部收益率大于等于基准收益率(6%)时，该项目是可行的。

可以通过求解NPV=0来确定项目内部收益率。

$$\begin{aligned}\mathrm{NPV}=0=CF_0+\frac{CF_1}{(1+\mathrm{IRR})^1}+\frac{CF_2}{(1+\mathrm{IRR})^2}\\+\cdots+\frac{CF_n}{(1+\mathrm{IRR})^n}=\sum_{t=0}^{n}\frac{CF_t}{(1+\mathrm{IRR})^t}\end{aligned} \tag{5.28}$$

5.6.3 资金回收系数

当给定期结束时，最终偿还贷款金额的一系列年度等额付款可以写成：

第0年付款+第1年付款+第2年付款+…+最末年付款=初始贷款额。

如果在给定期内，将相等的年度还款投资于赚取固定利率的基金，则：

第0年付款+第1年付款×该款项的第1年利息+第2年付款×该款项的第2年利息+…+最末年付款×该款项的末年利息=初始贷款额 (5.29)

上式可简写为：$A[1+(1+d)^1+(1+d)^2+\cdots+(1+d)^{N-1}]=Z$。式中，$A$ 表示每年等额付款，d 表示投资获利的利率，Z 表示初始贷款，N 是给定年限。

假设贷款发放人能够与借款人享有相同的投资环境，那么在实践中，要偿还的总投资成本实际上等于贷款的初始价值加上随着时间的推移累积的利息，因此 $A[1+(1+d)^1+(1+d)^2+\cdots+(1+d)^{N-1}]=Z(1+d)^N$

重新整理得

$$A=\frac{Z(1+d)^N}{[1+(1+d)^1+(1+d)^2+\cdots+(1+d)^{N-1}]}=Z\frac{d(1+d)^N}{(1+d)^N-1} \tag{5.30}$$

由此得到相等的年度还款与初始贷款值之比的表达式，称为资金回收系数（uniform capital recovery factor, UCRF）。

$$\text{UCRF}=\frac{A}{Z}=\frac{d(1+d)^N}{(1+d)^N-1} \tag{5.31}$$

5.6.4　平准化度电成本

平准化度电成本（levelized cost of electricity, LCOE）是被广泛用于分析各种发电技术成本问题的重要指标。LCOE 简单来说就是发电项目单位发电量的综合成本，亦指项目在运营期间内发生的所有成本与全部发电量的比值，成本主要包括投资成本、运行维护成本和财务费用。投资成本同项目的装机容量大小密切相关、运行维护成本同发电设备性能密切相关，财务费用同贷款偿还期限以及利率高低密切相关。一般一个系统的生命周期会长达数十年，故在计算成本时需要将未来现金转换到当前价值的指标贴现率纳入考虑，因此 LCOE 的经典公式为

$$\text{LCOE}=\frac{C_{\text{capex}}\sum_{t=0}^{N}\frac{C_{\text{opex}}}{(1+d)^t}}{\sum_{t=0}^{N}\frac{E_t}{(1+d)^t}} \tag{5.32}$$

式中，C_{capex} 为投资成本；C_{opex} 为运行成本，包括燃料成本、运行维护成本；E 是总发电量；N 是系统的生命周期（年）；d 为贴现率。

平准化度电成本（LCOE）代表了项目的单位投资成本，是评价成本的重要指标，LCOE 的分子代表运营周期内的总成本，而分母则代表运营周期内产出的总电量，二者皆考虑了资金的时间价值，采取了折现。其中总成本由两部分组成，第一个部分是初始的投资成本，该部分包括初始建设成本，设备购买成本等，由于这笔资金是在项目初期就投入进去，后续没有持续现金流，因此不需要进行折现；第二

个部分则是指每年的运行维护成本，由于该部分的费用每年都会产生，因此在项目初期计算其成本时需要将其折算为现在的等效价值。

同理，对于电池储能系统来说，可用储能平准化成本(levelized cost of storage, LCOS)来度量其成本(具体参考文献[139])，公式表示为

$$LCOS=\frac{C_{capex\_ESS}+\sum_{t=0}^{N}\frac{C_{opex\_ESS}}{(1+d)^t}}{\sum_{t=0}^{N}\frac{E_{ESS,t}}{(1+d)^t}} \tag{5.33}$$

式中，E_{ESS}指储能的年放电总量。

5.6.5 加权平均资金成本

融资成本(financing cost)是投资计算中一个非常重要的输入量，因为它会改变成本的贴现率。在融资成本的计算中加权平均资金成本(WACC)被用来确定在金融项目评估中使用的实际贴现率，其表达式为

$$WACC=r_d\cdot(1-t)\cdot\frac{D}{D+E}+r_e\cdot\frac{E}{D+E} \tag{5.34}$$

式中，$\frac{D}{D+E}$和$\frac{E}{D+E}$分别是债务资本D在资本结构中的百分比(%)和权益资本E在资本结构中的百分比(%)，两者总和为100%。r_d和r_e分别是债务成本(%)和权益成本(%)。t是公司税率(%)。债务百分比$\frac{D}{D+E}$代表企业全部负债与全部资金来源的比率；权益百分比$\frac{E}{D+E}$代表股东权益与资产总额的比率。债务成本r_d是指企业因举债筹资而付出的代价，也就是债权人要求的收益率或者利息。在企业缴纳所得税的情况下，债务成本率等于利息乘以(1−税率)。权益成本r_e是指企业因通过发行普通股票获得资金而付出的代价，它等于股利收益率加资本利得收益率，也就是股东的必要收益率。最终计算得出的WACC则作为项目的实际贴现率。

采用资本资产定价修正模型(CAPM)来确定公司权益资本成本：

$$r_e=r_f+\beta_E(r_M-r_f) \tag{5.35}$$

式中，r_f表示无风险报酬率，β_E表示企业风险系数，r_M表示市场平均收益率，(r_M-r_f)表示市场风险溢价。

假设某公司的企业风险系数β_E是1.17，无风险报酬率r_f(risk free rate)是10.5%，风险溢价(risk premium)是9.23%，则权益成本$r_e=10.5\%+1.17(9.23\%)=$

21.30%。

假设本公司的债务成本是 12%，权益资本的市场值为 2 282 万元，债务资本 r_d 的市场指为 1 807.3 万元，则加权平均资金成本 WACC=(权益成本 r_e)$(E/(D+E))$+(债务资本减税后)$(D/(D+E))$=(21.3%)(0.5581)+(12.0%)(1−0.30)(0.4419)=15.6%。

对大部分电力行业的公司来说，一个健康公司的债务百分比(负债/总资产)应该控制在 30%～50%范围内，低于 30%意味着公司无需进行较大的外部融资，但这往往也意味着公司存在着缺乏明确投资方向、战略不清晰等一问题，因此债务百分比过低并不一定是好事。相反，倘若一个公司的债务百分比过高(超过 50%)，甚至达到 60%～70%，则代表该公司的负债率高，风险很大，倘若经营现金流出现问题，往往面临的风险会很大。以某上市公司为例，其债务百分比为 34%，权益百分比为 66%，则公司经营处于正常范围之内。关于债务成本和权益资本成本，不同公司会不同，本书讨论的优化模型一般取值为 3%和 5%，具体数值仍需视公司而定，一般来说，债务成本要小于权益资本成本，一般在 3%～8%之间，而权益资本成本一般在 5%～10%之间。

5.6.6　光伏消纳率指标

安装分布式光伏发电系统的经济驱动力主要来源于使用光伏电力的本地消纳，而不是通过外送给电网而获得收益[77]。电池储能的配置有利于光伏发电与负荷的匹配，从而提高自消纳率(self-consumption ratio, SCR)和自给率(self-sufficiency ratio, SSR)，如图 5.7 所示[34]。

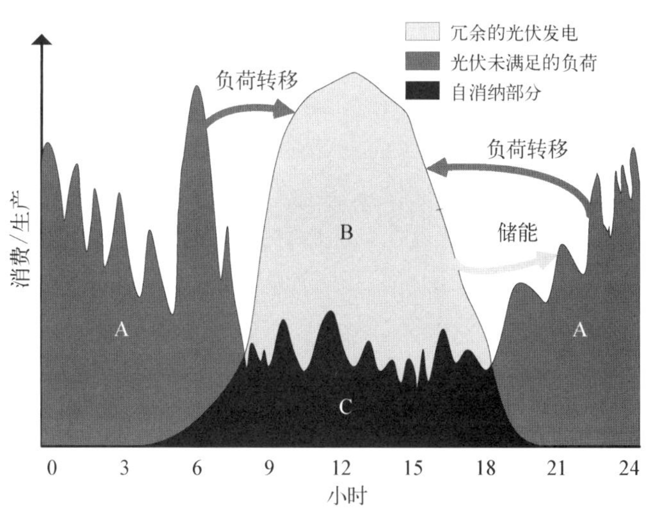

图 5.7　光伏消纳率 SCR 与自给率 SSR 示意图

自消纳率(SCR)定义为光伏发电系统产生并在本地直接使用的能量($E_{PV,\ used}$)与光伏发电系统产生的总发电功率($E_{PV,\ gen}$)之比，即

$$\mathrm{SCR}=\frac{\text{自消纳光伏电力}}{\text{总光伏发电功率}}=\frac{E_{PV,\ used}}{E_{PV,\ gen}}=\frac{\sum P_{PV\rightarrow load}+\sum P_{PV\rightarrow BESS}}{\sum P_{PV}} \tag{5.36}$$

值得注意的是，$P_{PV\rightarrow BESS}$考虑了从电池储能释放到电网的能量。这种分时电价的峰谷套利可以通过考虑对上级主网的外送电力功率进行限制。

自给率(SSR)定义为光伏发电系统产生并在本地直接使用的电量($E_{PV,\ used}$)与负荷总量之比。SSR 描述了光伏-储能系统的能源独立性。

$$\mathrm{SSR}=\frac{\text{自消纳光伏电力}}{\text{总负荷}}=\frac{E_{PV,\ used}}{E_{load}}=\frac{\sum P_{PV\rightarrow load}+\sum P_{PV\rightarrow BESS}}{\sum P_{load}} \tag{5.37}$$

电池储能容量与光伏发电额定功率的比值决定了光伏发电 SCR 的增加幅度。通过提高光伏发电 SCR，光伏-储能系统释放的电力可能相较于从电网购电更有优势。

5.7 本章小结

本章针对能源存储设备和能源转换设备(CHP 机组、燃气锅炉、热泵、光伏-储能等)之间的交互作用，构建了综合能源系统中能源存储和转换设备的协调优化运行模型。考虑了不同能源网络的物理约束，分析了多能网络的运行特性与相互影响。优化模型综合考虑所选区域内的能源分布及冷/热/电负荷情况，根据电价、燃气价格，以最小化总成本为目标，合理配置储能容量，实现能源转换、存储技术路径、冷热电负荷三者相互协调匹配的优化运行策略。由于电池储能成本相对较高，光伏发电的自消耗率是影响总成本的主要因素。电池储能可提高盈余光伏电力的自消纳水平。光伏-储能系统的优势在于转移非高峰电力、消耗或转移盈余的光伏电力，这受到能源转换设备的渗透水平的影响。通过价格套利，能源转换技术可能会增加储能的商机。热泵的使用可能增加光伏-储能系统的自消纳率和套利收入。研究表明，为了实现综合能源网的全局最优运行，考虑能源存储和转换技术的交互作用非常重要。

第 6 章　优化案例分析

6.1　综合能源系统协调优化案例分析

本章以英国曼彻斯特大学综合能源网为研究案例(详见文献[4]),分析电网碳强度、能源价格和碳排放价格对能源转换设备运行的影响。分析计算包括投资成本(CAPEX)、运行成本(OPEX)、自消纳率(SCR)与内部收益率(IRR)等技术经济指标。分析计算的综合能源网与第 4 章相同,电网、热网与气网的拓扑图如图 6.1 所示。

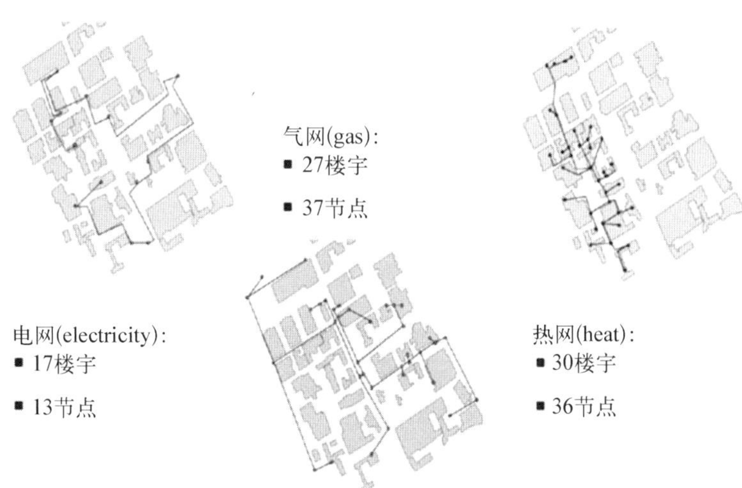

图 6.1　曼彻斯特大学电热气网拓扑示意图

6.1.1　时域输入数据

本案例中综合能源网中每栋楼宇的电负荷和热负荷的时域输入数据来自 COHERENT 监测得到的负荷数据[129],时间步长为 30 min,如图 6.2 所示,将楼宇年负荷高峰日的电力和热负荷作为示例。算例选取一个环路上(母线 1～12)的楼宇电力负荷。电力负荷的峰值出现在 09:00 至 16:00 之间,即大学楼宇负荷峰值出现在开展教学和研究活动的时段。年负荷因子取 0.66[140]。

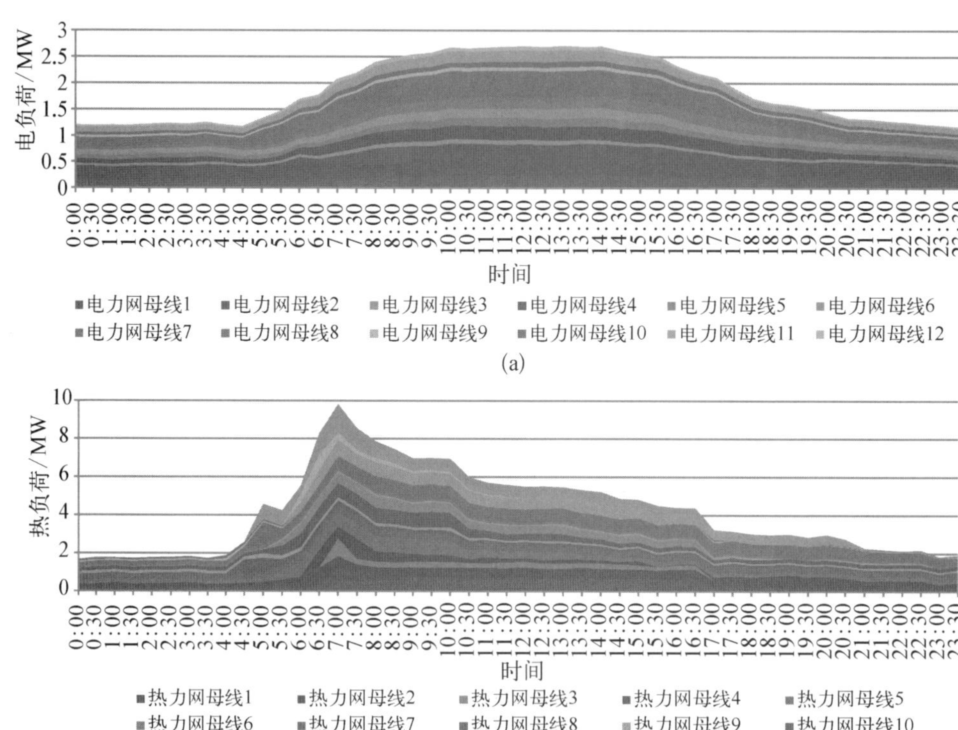

图 6.2　年负荷高峰日电力负荷和热力负荷数据①

(a) 电负荷；(b) 热负荷

6.1.2　情景设置

本案例包含 13 个节点的 6.6 kV 配电网、36 个节点的 85℃热力管网和 37 个节点的燃气管网，通过多能源转换技术耦合，在不同楼宇之间进行能量交换。对于热负荷，位于牛津路东区的区域供热管网中的楼宇热负荷由 2 个区域能源转换设备供应，牛津路西区域中 13 个楼宇的热负荷由 13 个现场燃气锅炉直接供应。利用大型 CHP 系统或热泵可以提高区域供热和供电效率。因此，能源转换设备配置情景如表 6.1 所示。将多能流耦合情景与独立系统情景的计算结果进行对比。独立系统不考虑能源转换设备耦合电网和热网，由上级电网供电以及大型燃气锅炉通过热网供热。情景 1 是燃气锅炉供热与电网供电的独立系统，作为基准情景。通过分析时域数据，可研究不同情景对配电网、热力网和燃气网的影响。

① 扫描二维码查阅彩图。

表 6.1　区域中不同转换设备的情景

	牛津路东区	+	牛津路西区
情景 1	区域燃气锅炉	+	本地燃气锅炉
情景 2	区域 CHP 机组	+	本地燃气锅炉
情景 3	区域热泵	+	本地燃气锅炉

6.1.3　经济数据

1）市场数据

在英国，大多使用的是两部式电价，分别适用于 7 小时非高峰期以及其余高峰期时段。非高峰期 7 小时即 23:00—7:00 之间，电价约为 6.03 P①/kW · h。在其他时间（高峰期）即 7:00—23:00 之间，电价约为 16.24 P/kW · h[136]。2018 年"绿色能源"在英国推出了首个三部式分时电价方案。该方案被称为"TIDE"，其三部式分别是：在 23:00—06:00 之间的夜间非高峰时段电价为 6.41 P/kW · h，工作日 16:00—19:00 之间的晚间峰值时段电价为 29.99 P/kW · h，其他时间段电价为 14.02 P/kW · h[141]。天然气和电网的碳强度如表 6.2 所示[142]，表中天然气价格和碳排放价格数据从英国国家电网获得[143]。

表 6.2　天然气价格、碳强度和碳价格

年　份	天然气价格(P/kW · h)	碳强度(g_{CO_2}/kW · h)		碳排放价格(£/吨)
		电网电力	天然气	
2016	1.18	370	225～330	22.38
2030	2.11	100	225～330	36.11

2）能源转换设备数据

能源转换设备的成本等参数如表 6.3 所示[144]。燃气锅炉的热力功率单位表示

表 6.3　能源转换设备的成本及其他参数

供热方式		燃气锅炉	燃气轮机 CHP 机组	大型热泵
投资成本	固定	42.6 £/kW_h	533 £/kW_e	497 £/kW_h
运行维护成本	固定(£/MW/年)	1 420	14 200	1 420
	可变(£/MW · h)	0.78	3.91	5.96
效率(或 COP)		91%	34%	350%
热电转换效率		N/A	1/0.71	N/A
经济寿命(年)		25	25	25

① P，英镑单位，1 £=100 P。

为 MW_h，CHP 机组和热泵的电力功率单位表示为 MW_e。在情景 1 中，区域燃气锅炉的容量为 6.2 MW·h 和 4.8 MW·h。在场景 2 中，区域热电联产设备是燃气轮机，其额定功率为 5.5 MW。财务数据的单位均为英镑（£），为 2015 年的固定价格，不包括增值税（value added tax，VAT）和其他税收。与燃气锅炉相比，CHP 系统和热泵的投资成本较高，但运行成本较低。热电联产系统发电的上网电价为 4.85 P/kW·h[145]。

3）光伏和电池储能的相关数据

FIT（feed-in-tariff）政策是英国小型可再生能源发电项目的主要激励机制，该政策要求电力供应商为小型可再生能源项目产出并输送至电网的电力支付补偿费用，该政策适用的技术类型为装机容量低于 5 MW 的光伏发电、风力发电、水电和厌氧分解发电及装机容量不超过 2 kW 的热电联产机组。补偿的发电费用按光伏发电量计算，补偿的售电费用按光伏电力上网电价计算。例如，2017 年光伏发电量每千瓦时获得补偿费用 0.019 15 英镑[75]。盈余的光伏电力以上网电价（4.85 P/kW·h）外送给电网[145]。然而，这些数据变化不会影响本章的结论。

典型日的光伏发电曲线参见文献[146]。在本章的优化案例中每小时的光伏发电量按照同一比例进行缩放。假定光伏发电系统的使用寿命为 20 年（保守估计[147]）。2015 年光伏发电系统的投资成本为 1.314 英镑/瓦。光伏发电的利用小时数为 990 h[144]。每年的光伏发电总量计算方法为光伏发电的利用小时数乘以光伏发电的额定容量 $990 \cdot P_{PV}^{rated}$。

锂离子电池系统的稳定循环次数设定为 5 000 次，充电、放电效率均为 95%。假设电池存储系统可以免费维护，使用寿命为 15 年[148]。BNEF 的锂离子电池价格从 2010 年的每千瓦时 1 000 美元下降到 2017 年的每千瓦时 209 美元。预计 2025 年锂离子电池组价格将降至每千瓦时 96 美元，到 2030 年将进一步降至每千瓦时 70 美元[149]。

影响光伏-储能系统中电池储能容量配置的输入数据如表 6.4 所示。电气化技术（如热泵等）的渗透率会影响电力净负荷曲线。电网峰价和谷价的差异越大，光伏发电的上网价格越低，配置电池储能的优势越突出。

表 6.4　影响光伏-储能系统中电池储能容量配置的输入数据

电池储能成本（$/kW·h）	209 $/kW·h（2017 年）[75]
电网电价	三部式电价[141]
光伏上网电价	4.85 P/kW·h[136]
光伏发电的利用小时数	990 小时[144]

（续表）

光伏发电量	见文献[146]
负荷曲线	如图 6.2 所示
光伏、电池储能寿命	20 年，15 年[148]
贴现率	4%[150]

6.1.4　结果分析

本优化案例的详细计算结果如下。

1）能源转换设备

在不等式约束发挥有效作用（binding inequality constraints）的情况下，情景 3 中电网母线电压和热网节点的供水温度如图 6.3 所示。该图显示了电力网、热力网和燃气网之间通过转换设备的相互作用。节点 15 是上级电网的并网点，节点 13 和 14 是能源转换设备所在母线。楼宇 6、15 和 16 的较低温度是由较低的热力负荷引起的，这也减小了管网的质量流率因此低温度而下降的幅度。为了满足电网中更严格的电压限制，热力管网中用户节点的温度舒适度可能会下降，反之亦然。当配电网和热力管网约束条件有限制作用时，总运行成本也会相应地改变。

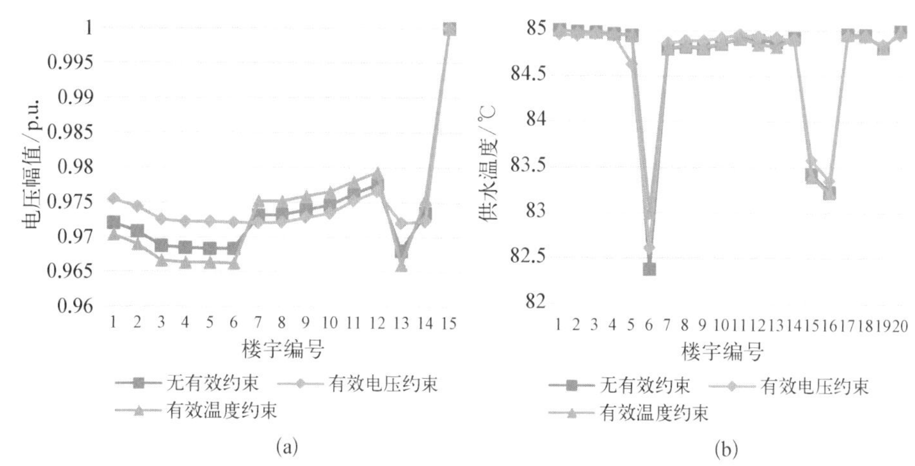

图 6.3　不等式约束条件有效作用时的电网节点电压与热网节点供水温度

（a）电压；（b）温度

3 种情景的年成本明细如图 6.4 所示。能源价格和碳价格对选择能源转换设备的影响表现为：在不考虑碳排放价格的情况下，CHP 的选择是有利的。应用 2016 年的财务数据，考虑碳排放价格时 CHP 机组的选择仍然是有利的。然而，考虑到未来电网的碳强度显著减少以及碳排放价格的提高，选择热泵会相对更有利[见图 6.4(b)]。

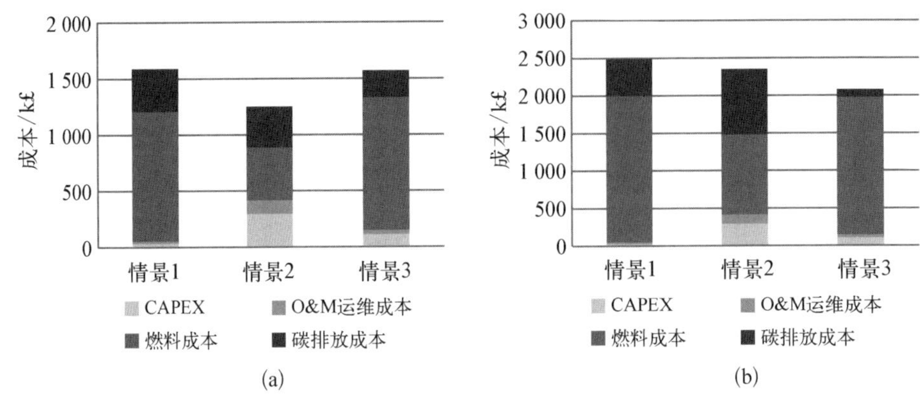

图 6.4　情景 1～3 中各区域转换设备的年成本明细

(a) 2016；(b) 2030

为说明网络约束的影响，图 6.5 显示了负荷峰值时母线的电压幅值。不同情景结果的差异取决于大量参数和多能源转换技术。特别地，通过改变现场发电设备（如 CHP 系统）或耗电设备（如热泵）的渗透率，可以研究现场设备对电压和网损的不同影响。结果表明，CHP 系统导致电压升高，热泵导致电压降落。在情景 3 中，热泵导致电压下降至 0.969 p.u.。从绝对意义上讲，这远大于中压配电网的最小可接受电压值，即电压降远低于 6%，这是由于案例中配电网非常稳健。然而，可以预期对于其他配电网，电压降可能更显著。

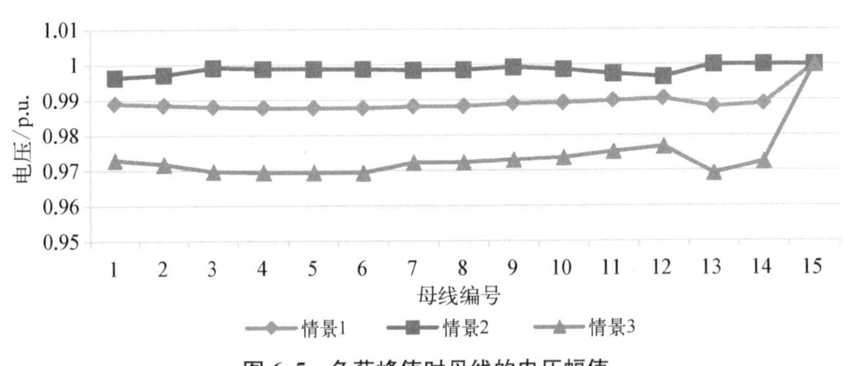

图 6.5　负荷峰值时母线的电压幅值

基于燃气锅炉、热电联产机组和热泵的优化运行的计算结果，得出原始电力负荷曲线减去能源转换设备的发电量（如加上热泵消耗的电力功率，减去 CHP 系统产生的电力功率），如图 6.6 所示。进而评估电力净负荷变化对光伏-储能系统设计和运行的影响。

2）光伏-储能系统

当电池储能价格下降至低于 150 美元/kW·h 时，由于电池储能安装容量明

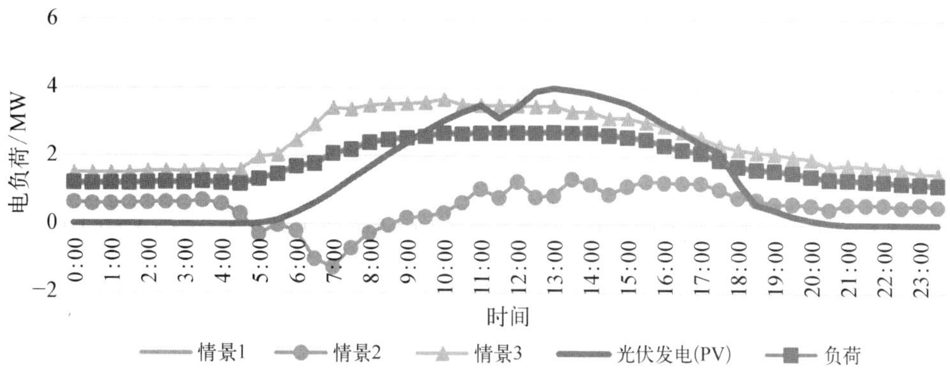

图 6.6　电力负荷曲线减去能源转换设备的发电量(或耗电功率)

显增大,光伏-储能系统的收入增加显著。当电池储能价格为 96 美元/kW·h 时,以 30 min 为时间步长的电力平衡图如图 6.7 所示。该柱状图显示了光伏发电、电池储能充放电、上级电网、CHP 系统和热泵的电力平衡关系。电池储能的运行策略是在电价低谷期间或有盈余光伏电力的情况下进行充电,在电价峰值和光伏发电量较少或没有光伏发电的情况(如晚上)进行放电。

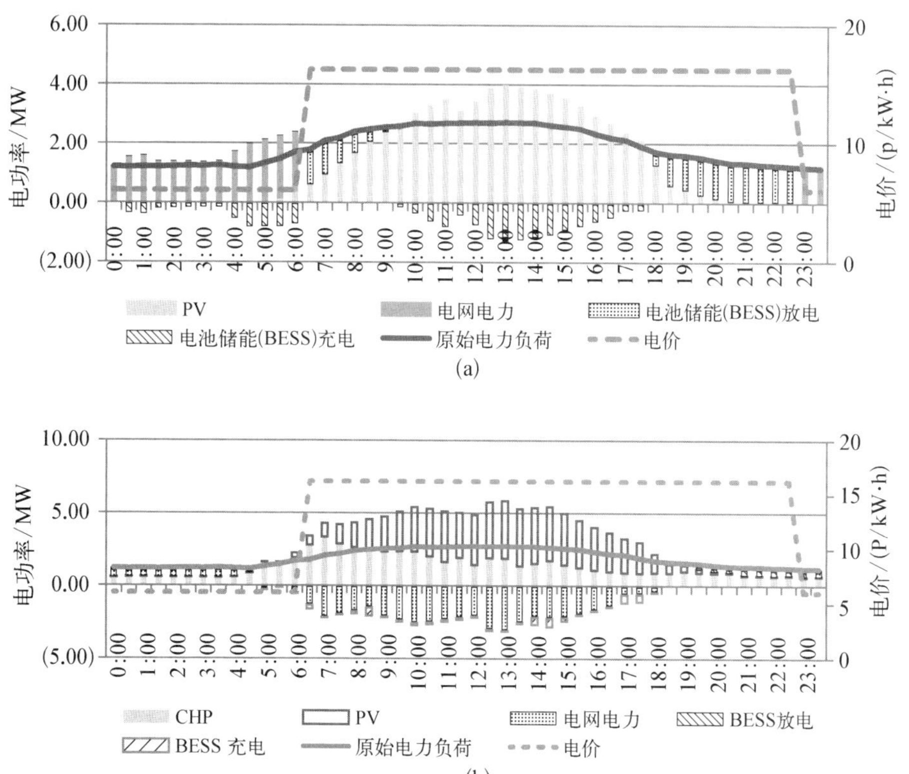

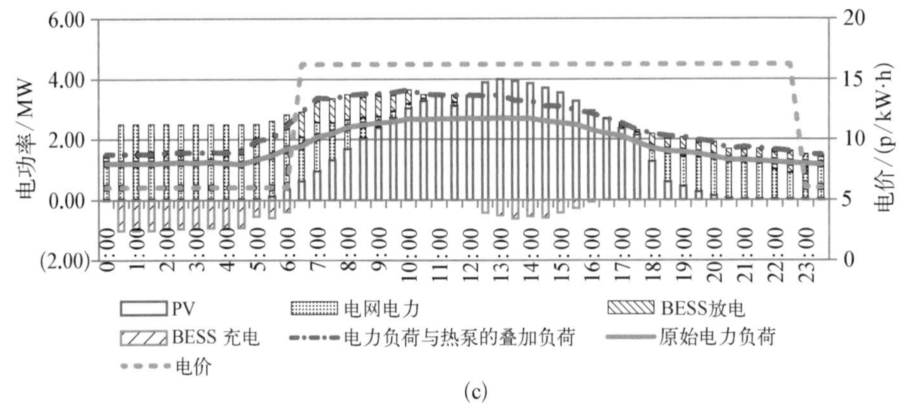

(c)

图 6.7 电力平衡图

(a) 情景 1：区域燃气锅炉；(b) 情景 2：区域 CHP 系统；(c) 情景 3：区域热泵

情景 1 中，中午时段盈余的光伏电力用于给电池储能充电，并且该电力在晚上被释放。情景 2 中，由于晚间负荷由 CHP 系统供应，因此在中午几乎所有盈余的光伏电力都售给电网。情景 3 中，中午时段的大部分盈余光伏电力被热泵消耗。情景 1 中的大部分电池套利通过使用盈余的光伏电力或者向电网售电实现。情景 3 中的大部分电池套利是利用高峰和低谷电价的差异来实现。

在安装区域 CHP 系统的情景 2 中，大部分光伏电力外送到电网，因此系统自给率(SSR)很高。在情景 3 中，使用了区域热泵，大部分光伏电力直接供应给负荷，因此自消纳率(SCR)很高。情景 1 中的电池储能主要使用中午时段的盈余光伏电力充电，而情景 3 中的电池储能主要使用电价非高峰时期的电网电力充电。光伏电力使用的优先级顺序为：① PV→负荷，② PV→储能，③ PV→电网。当光伏电力供应给负荷尚有盈余时，该模型优化了向电池储能充电和外送到电网的光伏电力比例。热泵的使用提高了光伏-储能系统的自消纳率 SCR，光伏-储能系统缓解了热泵导致配电网基础设施投资的增加。从长远来看，考虑到电网碳强度的下降和光伏-储能系统自消纳率的提高，热泵将是一个有利的选择。

6.2 计及热泵的光伏-储能系统案例分析

针对在计及热泵交互作用情况下的光伏-储能系统的设计和运行策略的研究还很少。本节介绍的优化模型区别于既有研究的几个特点在于：分析了热泵的广泛使用对光伏-储能系统运行和储能容量的影响；探讨了热泵的广泛使用对光伏-储能系统的利润和内部收益率的影响；通过不同光伏发电容量和电池价格的灵敏度分析,论证热泵对光伏-储能系统的影响。

6.2.1　负荷数据

本模型中楼宇电负荷和热负荷的分时数据来自曼彻斯特大学COHERENT监测的负荷数据[4,129],时间步长为1 h。电负荷的峰值出现在09:00—16:00之间,也就是说,负荷峰值出现在某大学楼宇大量开展教学和研究活动的时候。目前,该地区供热系统利用燃气锅炉作为供热技术,而不是热电联产系统或热泵。

假设热泵性能系数(coefficient of performance, COP)为3,基于热负荷来计算热泵消耗的电力。假设热泵的额定功率为300 kW_e,大于热负荷峰值。热泵调度需满足每个时间段楼宇的热负荷。本模型计算考虑了热泵的性能变化和其导致的电力消耗,并将其反映在电力净负荷曲线(由原始电力负荷数据与热泵消耗的电力相加得到)中。图6.8与图6.9显示了三种典型日每小时的楼宇电力和热负荷情况。本节探讨如下两种供热情景。

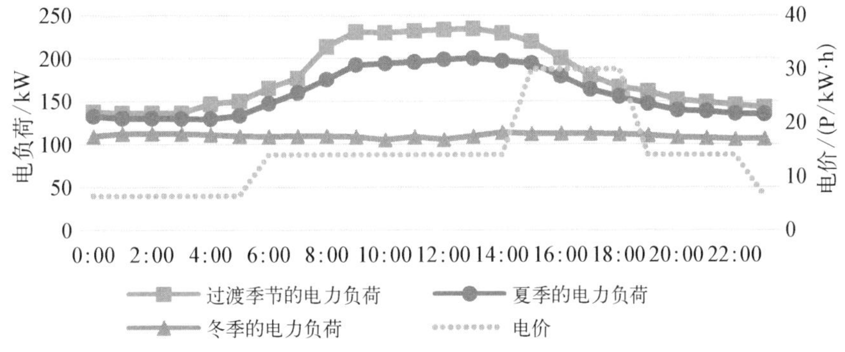

图6.8　校园楼宇3种典型日的电力负荷情况及三部式电价曲线

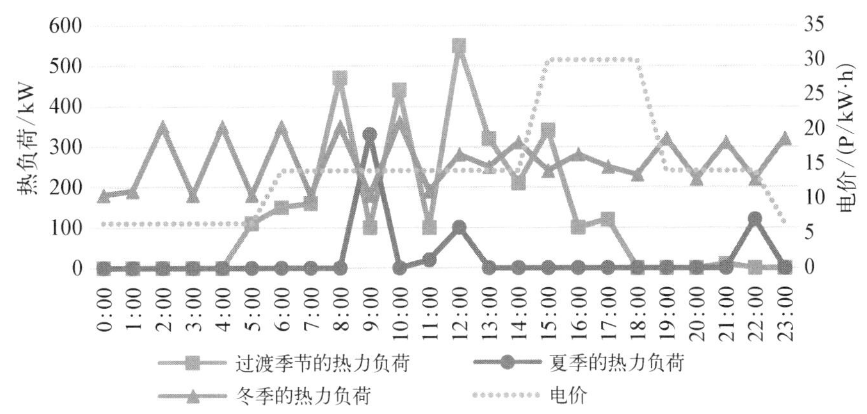

图6.9　校园楼宇3种典型日的热负荷情况及三部式电价曲线

(1) 情景 1：燃气锅炉加热的基准情景；

(2) 情景 2：由热泵代替燃气锅炉加热。

一般冬季因产生的光伏电力较少，故需要的热量较多。而在夏季，产生的光伏电力较多，需要的热量较少。因此，使用热泵对光伏-储能系统的影响主要反映在春秋过渡季节而不是冬季和夏季。

储能的运行策略是最大化经济效益，因此电价尤为重要。由于英国使用的是两部式电价制度：非高峰期 7 h 即 23:00—7:00 之间的电价约为 6.03 P/kW·h，在其他时间(高峰期)即 7:00—23:00 之间，电价约为 16.24 P/kW·h[136]。2018 年，"绿色能源"在英国推出了三部式分时电价方案：在 23:00—06:00 之间的夜间非高峰时段电价为 6.41 P/kW·h，工作日 16:00—19:00 之间的晚间峰值时段电价为 29.99 P/kW·h，此外，其他所有时间电价为 14.02 P/kW·h，体现在本案例的电价曲线如图 6.8 所示[141]。

6.2.2 光伏和电池储能数据

本节部分数据和 6.1 节中光伏和电池储能数据基本一致。根据 FIT 数据[145]，2017 年，光伏设备所有者可以从光伏发电量的每千瓦时获得补偿费用 0.019 15 英镑[75]。光伏电力在满足负荷后，盈余的光伏电力以廉价的上网电价(4.85 P/kW·h)外送给电网[136]。然而，这些数据变化不会影响本章的结论。

典型日的光伏发电数据来自曼彻斯特 COHERENT 监测的数据[4,129]，时间步长为一小时，如图 6.10 所示。在本案例中每小时的光伏发电量按照同一比例进行缩放。假定光伏系统的使用寿命为 20 年[147]。2015 年光伏系统的投资成本为 1.314 英镑/瓦。光伏峰值功率满负荷时间为 990 小时[144]。每年的光伏发电总量

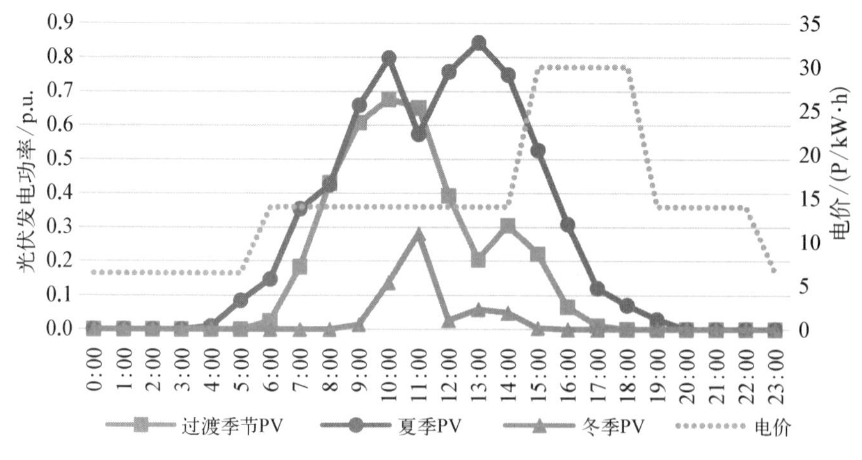

图 6.10 校园楼宇 3 种典型日的光伏发电情况

计算方法为光伏满负荷小时数乘以光伏的额定容量 $990P_{PV}^{rated}$。一年中过渡季节共136天，夏季为69天，冬季为67天。

锂离子电池系统的稳定循环次数设定为5 000次，充电、放电效率均为95%。假设电池储能技术可以免费维护，使用寿命为15年[148]。本章使用的锂电池的价格为每千瓦时270英镑[75]。BNEF的锂离子电池价格预计到2030年将进一步降至每千瓦时70美元[149]。

影响光伏-储能系统的电池储能配置容量的输入数据如表6.5所示。

表 6.5 影响光伏-储能系统(计及热泵)的电池储能配置容量的输入数据

储能电池价格(£/kW·h)	270 £/kW·h(2017年)[75]
电网电价	三部式电价[141]
光伏上网电价	4.64 P/kW·h[136]
光伏发电利用小时数	990小时[144]
光伏发电量	见图6.10
负荷曲线	见图6.8与图6.9
光伏、电池储能寿命	20年，15年[148]
贴现率	6%

6.2.3 结果分析

在本案例分析中，配电网很坚强，因此热泵的使用带来的电压降落并不明显，并且仍然与中压配电网的最低可允许电压降(6%)存在较大差距。本节关注的是热泵对光伏-储能系统的经济影响，故没有对配电网与供热网的状态量进行研究。

两种情景下，电池储能容量配置与电池价格和光伏发电容量的关系如图6.11所示。结果表明，当光伏发电容量增加且电池价格降低时，电池配置容量总体上呈增加的趋势。当电池价格下降到某一点(180英镑/千瓦时)时，电池配置容量显著增加。如图6.11(a)所示，随着光伏发电容量的增加，电池配置容量的变化趋势是非单调的。例如，当电池价格为190英镑/千瓦时、光伏发电容量为200 kW·h，电池配置容量为733 kW·h；而当光伏发电容量为300 kW·h，电池配置容量为464 kW·h。其原因是电池储能容量配置通过在使用盈余的光伏电力、将盈余光伏电力售给电网或充分利用电网电价的差异来套利之间寻找“最优平衡点”的方式计算得到。

光伏-储能系统的经济效益来自：存储多余光伏电力时的电网电价与光伏上网电价之差，以及存储多余光伏电力时的电网电价与释放这部分电力时的电网电价之差。当使用两部式电价制度时，增加电热泵的使用，通过消耗中午盈余的光伏

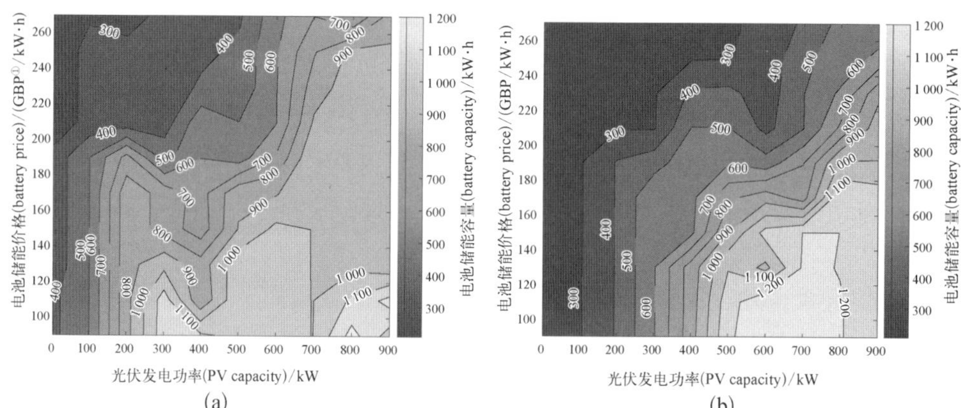

图 6.11　两种情景下电池配置容量与电池价格和光伏发电容量的关系②

(a) 情景 1：燃气锅炉；(b) 情景 2：热泵

电力提高了 SCR，降低了电池配置容量，并提高了总收益。当使用三部式电价制时，对系统影响很复杂，详细分析如下。

图 6.12 显示了随着电池价格和光伏发电容量的变化，两种情景下总利润、电池配置容量、IRR 和 SCR 的差异。在冬季，光伏发电量较低并且两种情景下的 SCR 均为 1，因此我们比较了夏季典型日两种情景下光伏-储能系统的 SCR。从图 6.12 中可以观察到：

(1) 热泵总体上降低了电池配置容量，除了浅黄色右下角区域，如图 6.12(a)所示，该区域光伏发电容量非常大(500 kW)，电池储能价格非常便宜(180 £/kW・h)。由于热泵增加了光伏电力的消纳，因此减小了套利所需的电池配置容量。而当光伏发电容量大且电池价格便宜时，通过利用盈余的光伏电力(夏季)或午夜谷价电力，电池配置容量仍然呈增加的趋势。

(2) 热泵总体上增加了光伏发电的自消纳率(SCR)，除了深蓝色区域，如图 6.12(c)所示，该区域光伏发电容量非常大(大于 500 kW)并且电池价格贵(大于 180 £/kW・h)。系统 SCR 降低的原因之一是热泵增加的电负荷导致 SCR 增加的程度弱于电池容量减小而导致 SCR 减小的程度。

(3) 当光伏发电容量低于某一值(500 kW)时，热泵的使用略微降低了光伏-储能系统的收益，如图 6.12(b)所示。随着光伏发电容量的增加，热泵的使用增加了光伏-储能系统的利润。

(4) 如图 6.12(d)所示，在光伏发电容量较大时，系统 IRR 变化趋势类似于利

① GBP，英镑的英文缩写，全称为 Great Britain sterling pound。
② 扫描二维码查阅彩图。

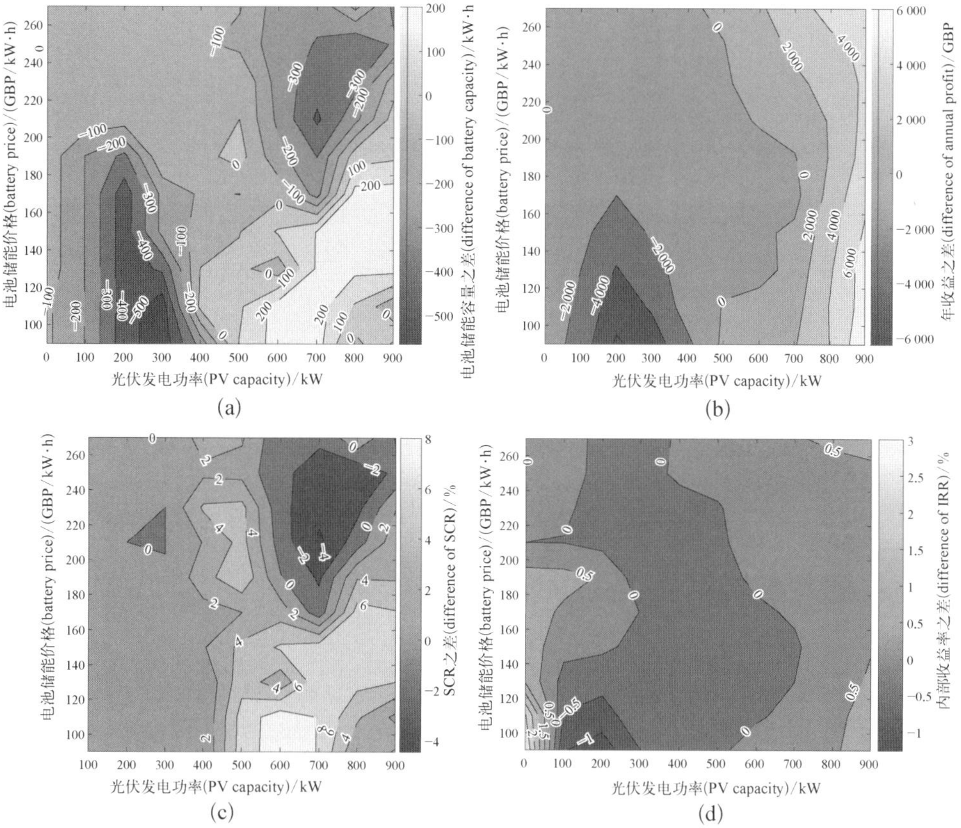

图 6.12　两种场景的光伏-储能系统指标之差与电池价格和光伏容量的关系①

(a) 电池容量;(b) 年收益;(c) 夏季典型日 SCR;(d) 内部收益率(IRR)

润的变化趋势;光伏发电容量较小时除外,这是因为当光伏发电容量非常小时,电池配置容量和前期投资都很小。

此外,该案例分析否定了如下假设:热泵渗透率的提高一定增加光伏-储能系统收益。当光伏发电容量较大时,使用热泵增加了电池储能的容量配置和光伏-储能系统的利润。

图 6.13(a)显示了当电池储能价格为 270 英镑/千瓦时、光伏发电容量为 500 千瓦时,过渡季典型日的电力平衡情况。计及热泵影响的电力平衡结果如图 6.13(b)所示,显示了光伏电力、电池放电/充电、电网、CHP 系统和热泵间的电力平衡。在电价低谷和光伏电力盈余之时,电池充电;在晚上电价高峰并且光伏电力较少或没有光伏电力时,电池放电。由于热泵增加了午间盈余光伏电力的消纳,因此电池容

① 扫描二维码查阅彩图。

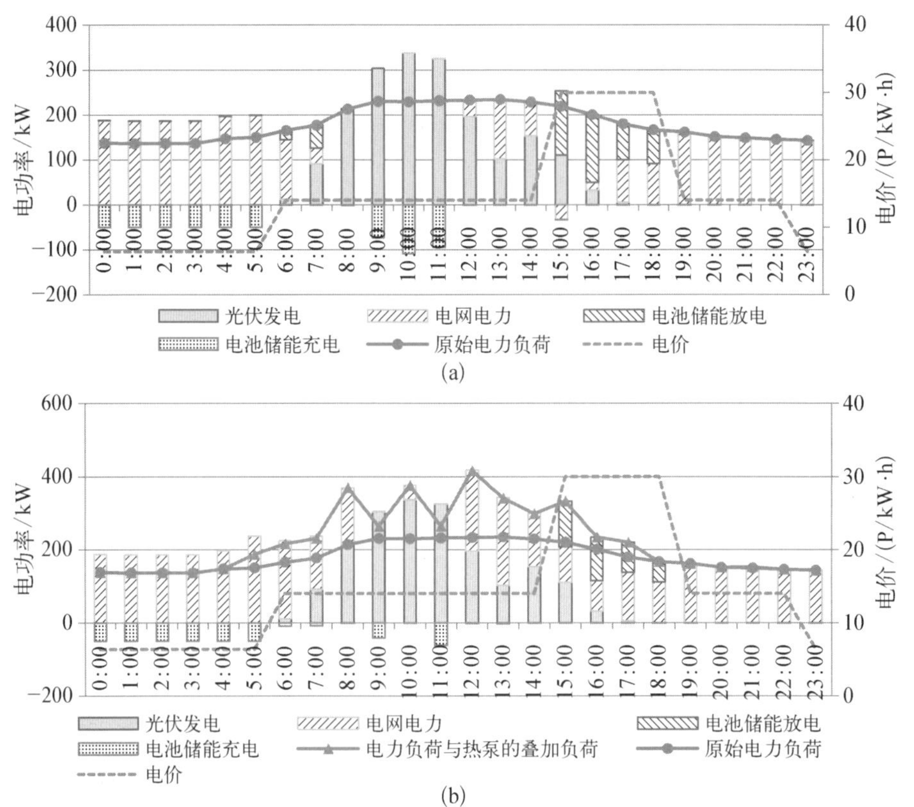

图 6.13　春秋过渡季节典型日电力平衡情况

(a) 情景 1：燃气锅炉；(b) 情景 2：热泵

量配置在电池储能价格较高的情况下有所减小。

(1) 在情景 1 中，中午盈余的光伏电力用于给电池储能充电，该部分电力在晚上被释放。

(2) 在情景 2 中，中午的大部分盈余光伏电力被热泵消耗。

(3) 情景 1 中的大部分电池套利是利用剩余的光伏电力或向电网售电。情景 2 中大部分套利所得来自电价的差异。

总之，热泵的广泛使用总体上会增加光伏电力的消纳率并降低光伏-储能系统所需的电池容量。热泵增加了光伏电力的消耗，因此减小了套利所需的最佳电池储能容量。然而，当光伏发电容量大且电池价格便宜时，通过利用盈余的光伏电力(夏季)或午夜谷价的廉价电力，所需电池储能容量仍然增加。当光伏发电容量低于一定值时，热泵的渗透略微降低了光伏-储能系统的经济效益，原因是此时光伏发电消纳率增加的收入小于电池储能减少的套利。

6.3 本章小结

本章通过具体案例分析了区域综合能源系统存储和转换设备的运行策略，论述了能源存储和转换设备作用下的电力、热力和燃气网络之间的相互作用。

为了满足电网中更严格的约束条件，热力管网中用户节点的温度舒适度可能会下降，反之亦然。当计及配电网和热力管网约束时，系统总运行成本相应地改变。本章量化了能源价格和碳价格对能源转换设备的影响。在目标函数不考虑碳排放价格的情况下，CHP 系统具有优势。若考虑碳排放价格，CHP 系统仍具有优势。然而随着未来(2030 年)电网碳强度明显减小与碳价格的上涨，热泵将占据优势。结果表明，当电网碳排放强度降至 130 g_{CO_2}/kW 以下时，热泵的总费用比 CHP 系统低。进一步地，考虑光伏-储能系统的叠加效应时，热泵供热占优势，因为热泵提高了光伏的自消纳率从而提高了光伏-储能系统收益。研究表明，由于电网碳强度下降，而热泵提高了光伏-储能系统的自消纳率，因此从长远来看，光伏-储能系统与热泵的混合配置可能是一个有利的选择。

由于电池储能的容量较大，当储能价格下降到某点时，光伏-储能系统的收入显著增加。影响储能收入的关键方面包括可再生能源(如光伏电力)的渗透和热泵的广泛采用而导致的需求模式的显著变化。集成热泵会对需求侧负荷产生影响并增加净负荷的波动，这主要反映在春秋过渡季节而非冬季和夏季。热泵的广泛使用可以增加通过储能套利的商机。结果表明，热泵的使用总体上会通过消耗中午时段盈余光伏电力增加自消耗率(SCR)，并减小电池配置容量。此外，热泵对光伏-储能系统经济效益的影响取决于光伏发电容量和电池价格。在含热泵的光伏-储能系统中，应通过综合分析热泵带来的光伏消纳率的增加和电池套利的减小。灵敏度分析和案例分析的结果表明，对于综合能源网络的设计和运行，考虑能源存储和改变需求模式的分布式能源转换技术的交互作用在实现综合优化中至关重要。

第 7 章　电热网强耦合的能源元胞

电热综合能源系统是应用最广泛的综合能源系统类型之一，电力系统与热力系统二者的运行特性互补，是未来实现高比例可再生能源接入电网的重要应用场景与载体。当前电热综合能源网的研究大多局限于弱耦合网络，原因在于热网的投资成本高，若接入集中热网的用户同时安装热泵进行混合供热会增加设备投资成本，所以一般的电热网主要通过少数大型热电联供机组提供弱耦合，相应的统一模型主要是端口等值模型。目前通过电热综合能源系统多能互补提升电力系统运行灵活性的方法主要分为两类：一类是利用热网蓄热的慢动态特性，另一类是对温控负荷的灵活性聚合（与热网无关联）。

共享热网改变了这种形态，其工作水温接近于环境温度，采用塑料管为连接管道，以及借助热泵供热与制冷机供冷的变革性特点，使得电热网真正实现高密度网状深度融合。目前共享热网的研究仍以建筑暖通学科为主，较少涉及电网交互分析；而目前综合能源系统热网建模主要基于传统前四代热网，未考虑到多源环状双向低温共享热网中热源的热交换量、总线水温度和用户热泵机组工况三者互相耦合的复杂运行调节策略。不同于目前温控负荷的灵活性聚合研究中热泵个体之间无关联，共享热网中热泵池均通过热网管段连接并相互影响。本章中共享热网驱动的能源元胞有效融合了两类方法以提升电力系统灵活性，即同时集成热泵池调控与利用热网蓄热的慢动态特性，并考虑两者之间的相互影响。本章力图从本质上揭示两种不同物理性质的网级耦合问题，实现电力系统与能源机械学科的有机结合。期望本章的内容能为电热耦合综合能源系统的经济运行以及夏热冬冷地区供冷供暖提供解决方案。

本章致力于回答以下三个问题：① 如何根据“多源多汇”、环状、双向共享热网中各种“源”和“汇”的不同特性，优化源之间的负荷分配和运行调节，以实现管网的水力稳定和热力稳定以及热泵机组工况的稳定运行？② 共享热网与配电网通过热泵池构成多点高密度网状紧密耦合的能源元胞，如何建立适应新形态的能源元胞网络流理论及可行域分析，提高配电网可观性？③ 目前热泵灵活性聚合研究中热泵与热网无关联，本章中热泵池通过共享热网元胞相连接，聚合商如何兼顾热网热惯性与热泵池的灵活性聚合，分配各元胞的灵活性出力，以实现交互边界清晰的分层级管理架构，为电网调度提供支撑？

本章针对电热网高密度融合，提出共享热网驱动的能源元胞网络流理论。探讨热泵池强耦合对共享热网与配电网多时间尺度的动态交互作用，提出计算运行可行域的思路。进而在此基础上，以可行域为边界条件，提出异质性智慧能源元胞互联的灵活性聚合与分配的分层级协调优化方法架构。

7.1　电热耦合网发展思路

7.1.1　综合能源电热耦合网的统一建模理论

电热耦合网作为综合能源系统的典型代表，是未来实现高比例可再生能源接入电网的重要应用场景与载体，得到了国内外学者的广泛研究[51,52,151,152]，从较早的能量枢纽(energy hub)模型[40]和基于网络拓扑的联合潮流模型[4,5,41]，到针对不同时间尺度动态下的电、气、热多能流统一建模与仿真方法[51,52,153]。统一能路理论与广义电路分析理论具备良好精度和兼容性佳的优势，对促进综合能源建模理论的发展具有里程碑的意义，统一能路理论主要通过边界外端口研究互相交互的多能源网络，建立能够考虑动态特性的多能源网络边界端口等值模型，将复杂的内部信息转换为等值的边界条件。然而，多能源网络的边界等值模型仍然是各种能源各自孤立的节点与网络[51]。其本质原因在于，目前多数综合能源系统建模面向的电热耦合网一般通过少量大型热电联供 CHP 机组提供弱耦合[52]，如图 7.1 所示的网络拓扑图[5]，或者通过小型 CHP 机组与锅炉等供热但没有接入集中热网。

7.1.2　支撑统一理论需要突破目前电热网的弱耦合形态

目前多数研究中，热源是电热网唯一的耦合点，电网研究者容易忽略泵(热泵和水泵)的问题。热泵的电热能转换可实现电力系统与热力系统的错峰运行；水泵通过变频调节压力可实现热网的水力平衡。大量热泵与水泵是实现电热网高度耦合的有效途径。基于综合能源系统多能互补的优势，设想用户依靠集中供热的管网基础设施加上户用热泵进行混合供暖。由此，通过热网中大量热泵接入不同电力馈线，热力网与配电网形成紧密互联的网状结构能源网(见图 7.2)，突破目前综合能源电热耦合网中仅由少数热源(如 CHP 机组)提供的弱耦合的局限，形成电热网高度耦合的复杂形态。热网中大量热泵形成的热泵池(heat pump pools)[154]联系着电与热的功率流。热泵的电热功率转换以及转换功率的大小，受到分时电价、

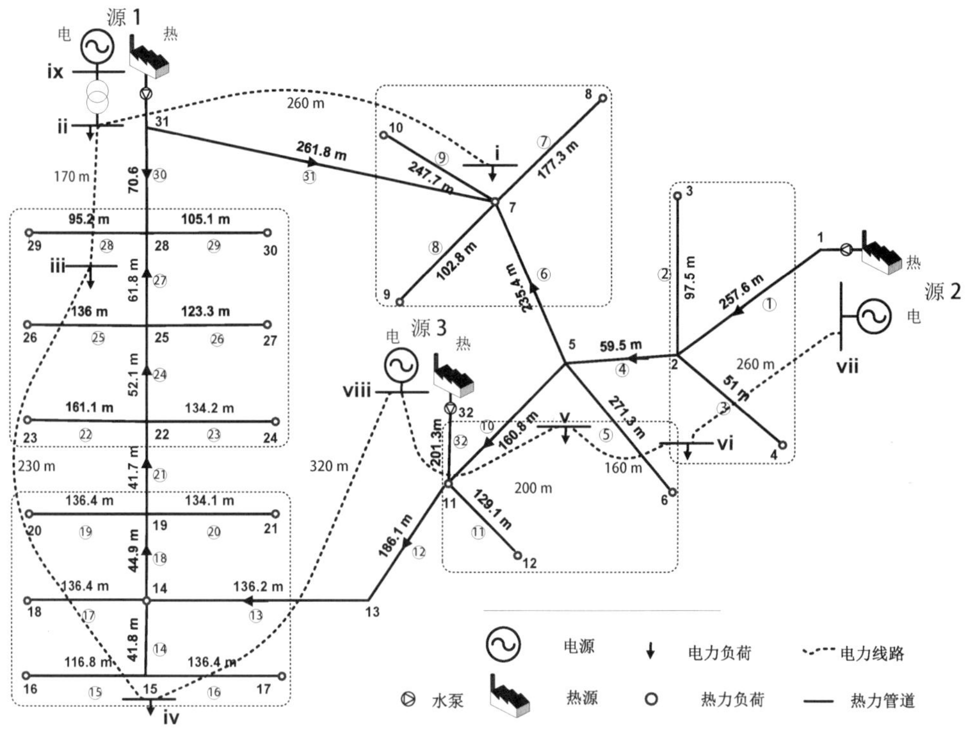

图 7.1　配电网与热力管网通过少量 CHP 机组耦合的 Barry 岛算例

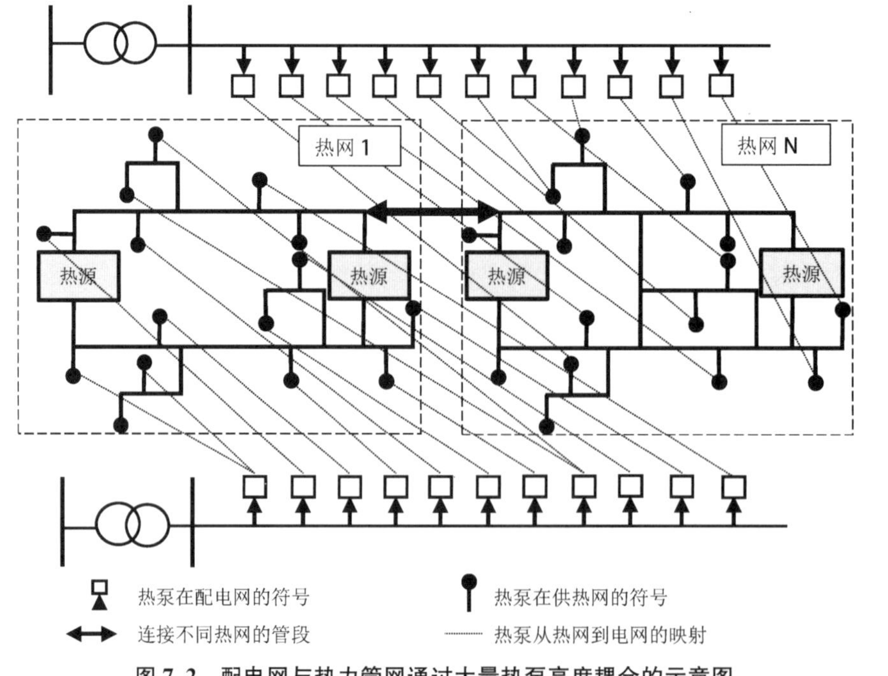

图 7.2　配电网与热力管网通过大量热泵高度耦合的示意图

可再生能源、环境温度等信号的影响，而调控热泵池会影响配电网电压与频率以及热网与蓄热装置的运行。

一般综合能源系统中的热用户多采用一种供热方式，因为接入热网的用户同时安装热泵进行混合供热会增加设备投资成本，尤其会造成很高的供热网成本。另外现阶段空气源热泵的低温适应性以及室外换热器的结霜和除霜问题造成空气源热泵运行效果不理想，制约空气源热泵推广应用①。这些因素使得"区域供热＋热泵"的混合供热受到限制，制约了电热网融合的统一建模理论发展。

7.1.3　共享热网给统一理论带来了重大机遇和挑战

根据前一节的内容，实现电热耦合网深度融合系统需要两种供热组态方式的结合，即单体建筑分别配置供能设备提供能源，以及分布式能源站为多个建筑提供能源，这种混合供热的解决方案是否真实存在？终于，共享供热供冷网的出现提供了答案。

共享供热供冷网（cold water heat sharing networks）[155,156]或称第5代区域供热供冷系统（5GDHC）[157]，或称能源总线系统（energy bus system）[117]，是一种集成应用城区的可再生能源及剩余能源②的城区冷热能源系统。共享热网③通过集中的城区管网，将冷却水或热媒水输送到用户末端的制冷或热泵机组（见图7.3）。系统用户从冷管取水用于冷水机组的冷凝器冷却，然后向暖管输出，输出热量可以提供给其他用户的热泵用于供暖，因此，共享热网也称为冷热平衡网（balanced energy networks，BEN）[155,156]。共享热网的工作水温接近于环境温度，管道可利用塑料管取代钢管，故管道无须保温，大大降低了管道投资成本与热力传输损耗，还可大量利用分布式的可再生能源。另外，不同于空气源或土壤源热泵，共享热网的恒温水源提高了末端热泵的效率，并能实现同时供冷供热。而且用户末端机组可以根据用户需要启停机组，进行末端调节，公共部分的能耗仅为总循环水泵、冷热源循环水泵。

共享热网相比于传统热网，具有变革性的特点如图7.4所示。

从单独的水环热泵模型，扩展到单元结构中的楼宇共享热网，然后到连接楼宇共享热网的区域共享热网，多个相连的共享热网中大量的小容量与大容量热泵池，

---

① 空气源热泵应用于我黄河流域、华北等寒冷地区时性能较差，甚至无法运行。我国长江流域、华南等地区，虽然冬季空气温度较高，但空气源热泵的结霜问题严重，导致其运行的稳定性和可靠性较低，严重制约其推广应用。

② 在城市范围内，广泛存在着各种低品位的能源资源，例如浅层地表蓄热、江河湖海水、地下水、城市污水、工业余热/废热、各种工艺排热或建筑排热，以及太阳能和空气。这些低品位能源的特点是数量大但密度低，且实际应用中存在效率低、不经济等问题。共享热网的热源可采用低品位能源、可再生能源、热回收的能源，以及小部分高品位能源作为辅助热源（如燃气锅炉与空气源热泵等）。

③ 为方便描述，用"共享热网"表示"共享供热供冷网"，以及用"热泵供暖"表示"热泵供暖与冷水机组供冷"。

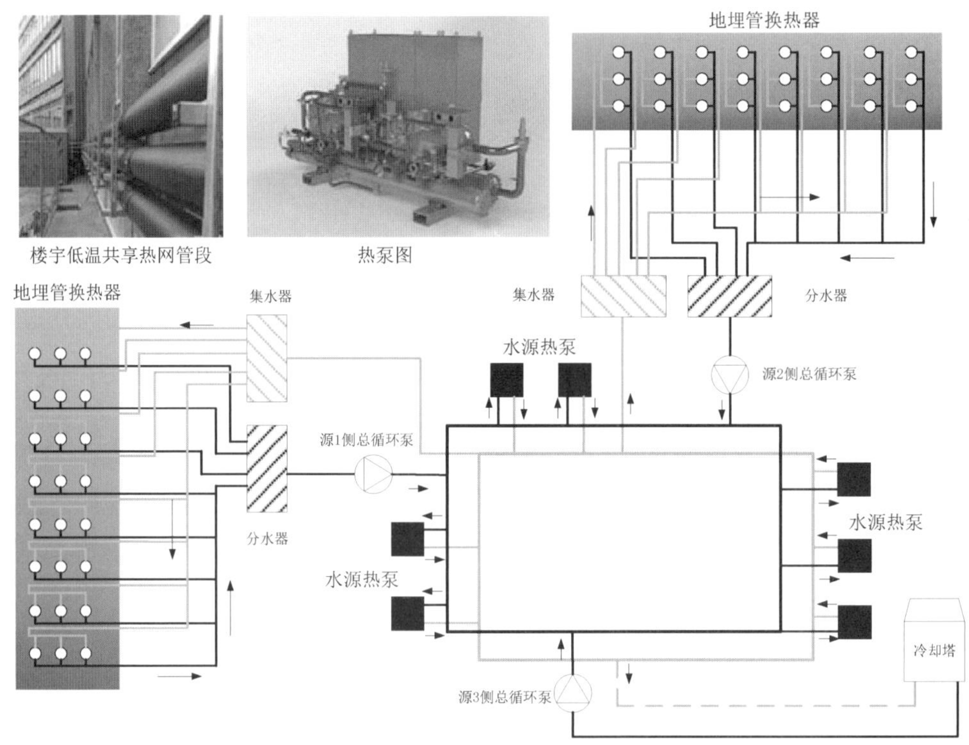

图 7.3　土壤源与冷却塔并联形式的共享热网(或称能源总线系统)①[117][158]

去中心化的分布式水源热泵系统，不需要冷热源能源中心。能源站用来补热和蓄热。

管网水温低至12～30℃，可以利用更多的低品位可再生能源和余热废热资源。可将不同空间分布的分散资源集成聚集到总线中共享，起到能源枢纽（energy hubs）或电网聚集器（aggregator）的作用。实现能源互联网。

供水温度低，实现低㶲供暖。采用无保温的塑料管道。有更长的输送距离。

没有供回水管的概念，只需要一根冷管和一根暖管，可以同时供冷供热。并通过管网实现建筑间的热量交换。有些用户可以成为既是使用者又是供应者，即“产消者（Prosumer）”。

当供冷供热不平衡时，需要系统有储热装置，生活热水需要单设增温热泵和蓄热水箱。通过蓄热，可以调节热泵的运行时段，避免高峰用电、消纳可变可再生电力。

住宅用户的能耗完全根据家庭电表计费。能源效率高于空气源热泵，供冷供热品质高于分体空调。非常适合在我国南方地区使用，解决困扰多年的住宅集中供暖问题。

图 7.4　共享热网区别于传统热网的特点[117]

构成了共享热网与配电网紧密互联的网状结构能源网(见图 7.5)。共享热网驱动的电热网高度耦合的复杂场景，改变了目前电热综合能源网仅由少量 CHP 机组构

① 图中分、集水器是连接供暖末端和供回水干管的附件，起到由干管向各个支路供水分流，由各个支路向干管回水汇流及调节各支路流量的作用。

成的弱耦合形态，也影响了未来配电网的形态。多个共享热网是否连接、热泵池向电网提供灵活性的连续调控运行策略等，均会影响系统投资成本、运行成本与收益。热泵池作为电力负荷会影响配电网电压与频率，调控热泵池会影响热泵在共享热网的节点水温和流量，进而影响辅助热源的启停与出力以及蓄热装置运行。这些大量相互交织影响的动态过程需要一套基于共享热网作为电热强耦合网前提条件的系统性网络流建模理论，以提高中低压配电网的可观性。通过电热能流转换的调控，减小线路潮流阻塞与节点电压越限，分散地消纳分布式可再生能源。

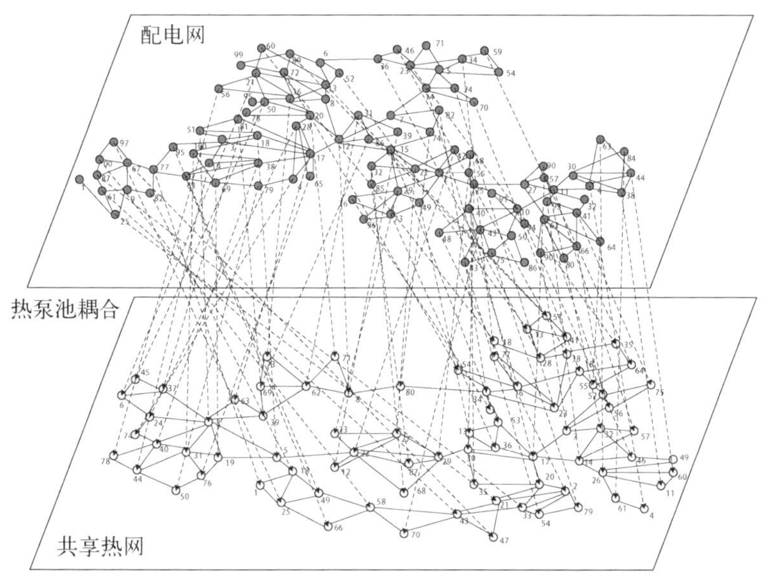

图 7.5　通过共享热网的热泵池实现高度耦合的电热网络拓扑简化图

7.1.4　共享热网型能源元胞的灵活性聚合应用前景广阔

共享热网与配电网耦合关系最密切的是热泵池，大量的热泵等分布式资源可通过聚合商提升系统运行灵活性，实现热网与电网友好互动。共享热网是由热泵驱动的网络，它使用超低温热网将楼宇连接在一起，并利用需求侧响应优化电力最佳使用时间。这实际上将热泵和楼宇本身变成了分布式储能系统，为电网提供了低成本的平衡服务。在一个可再生能源高度渗透的智能电网中，热泵建立起电网和热网的桥梁，并且能为智能电网提供辅助服务。

（1）电压控制：当可再生能源供电不足导致配电网局部欠压时，降低热泵的有功功率需求；而当过压时，增加热泵的投入（蓄热运行）。

（2）配电网中的拥塞管理：以避免变压器和线路容量的超限为目的。通过控制运行热泵的台数，防止变压器过载。停运的热泵可以通过蓄热(冷)乃至建筑结构蓄热来补偿。

(3) 平衡发电和需求，并确保电网中的稳定频率：通过调节需求侧小容量热泵或热泵池来增减负荷进行调峰。

(4) 消纳分布式可再生能源：通过热泵供热、供冷和蓄热运行，尽可能消纳连接在配电网中的可再生能源。

(5) 作为需求侧响应的重要措施：热泵运行可以利用今后更加细分的分时电价，也可以通过热泵的启停和系统的蓄热来提供需求侧响应，从而获得经济效益。

(6) 虚拟储能技术：利用发电高峰和用热低谷时的电力驱动热泵蓄热，在发电低谷和用热高峰时使用蓄热，是成本最低的间接储能技术。因此，热泵蓄热成为综合能源的重要组成部分，可以是集中在能源中心的大型热泵和蓄热水池，也可以是分散到各个用户的小型热泵。

共享热网通过热泵池与蓄热提升电力系统灵活性带来额外收益，而分布式资源的灵活性需要聚合才能为电网所用。共享热网的扩展与元胞的生长演化十分类似。共享热网是渐进式的能源变革，不需要提前多年规划大型能源站，可以根据项目的开发进度逐步投入，比如先建立楼宇共享热网，然后将其连接起来以扩大共享热网。因此，电力元胞与共享热网共同构成了能源元胞。基于此，本章将构建一套共享热网型能源元胞的分层级协调体系以及灵活性聚合与分配的方法。

7.2 电热网建模现状分析

7.2.1 共享热网的研究现状

共享热网(BEN)[156]，也称能源总线(energy bus，简称 Ebus)[117]。同济大学龙惟定教授在总结我国城市发展特点和方向基础上，提出了适应于建设低碳城市的能源总线系统概念[117]。所谓“能源总线”就是将来自可再生能源或未利用能源的热源/热汇水，通过作为基础设施的管网输送到用户。在用户端，总线来的水作为水源热泵的热源/热汇，经换热后回到源头，或排放(地表水)或循环再次换热(通过换热器与各种“源”和“汇”耦合)或回灌(地下水)。在中国知网搜索“能源总线”，得到约十多篇文章，作者单位以同济大学为主，在建筑暖通学科层面研究了能源总线与热泵的能效评价等[117,159]。共享热网虽然在欧洲被称为第 5 代供热网(5GDHC)[160]，但与第 4 代低温热网(4GDH)具有变革性的不同[157]。4GDH 是低温区域供热系统，它仍然是一种从中心能源站向末端热力站或用户集中供热的模式，采用了低温供水(30～60℃)，但其系统结构与第 3 代(3GDH)没有很大差别[161]。4GDH 的供热主机可以不用燃烧型锅炉而改用电力驱动热泵，或利用工业废热[162]。5GDHC 的基本定义：5GDHC 的网络是一个以水或盐水为载体介质的热能供应网，末端是带有水源热泵的混合热力站。它的工作温度非常接近环境温度，因此不适合直接供暖。输送的载体可以提供给分布式水源热泵，满足用户的个性化需求。与区域供冷供热系统相比，共享热网系统在低负荷率情况下的经济运行和节能管理有更大的优势。共享热网具有可拓展性，因大部分城市城区建筑很多是分期建设的，负荷也是逐渐增加的，环网可以适应这种扩展。另外，用户分布式水环热泵系统可以根据项目的开发进度逐步投入。共享热网在国内已有多个项目投入应用，如上海嘉定东方豪园等[117]。近年，英国建成了第一个共享热网提升电网灵活性的实践项目：伦敦南岸大学（London South Bank University，LSBU）共享热网示范工程[156]。文献[151]全面回顾总结了现代区域供热网的模型、运行与规划，但是目前共享热网还没有完整统一的设计运行方法。

共享热网的物理特性表现：① 双向网络，分布式水环热泵产消者意味着有用户输入，也有输出；② 管网分布，未来热力网将集成大量的分布式热源，多源环状热力网水力交汇特性复杂；③ 管网流量，管网水温接近环境温度，用户侧热力站的进出口水温差小，为保证用户端热泵性能，管径和管网流量要大于常规供热管网；④ 流量调节，分布式循环水泵变频调节的水力特性不仅与水泵选型有关，还与热源、水力工况、定压方式及管网拓扑结构有关；⑤ 热泵性能，热泵机组的制热量或制冷量是进水温度的函数，热网管段水温的变化会影响末端机组的出力。

综上，目前关于共享热网的研究主要集中在以下方面：

(1) 仍以建筑暖通学科为主，较少涉及电网交互分析；

(2) 主要基于传统的第四代热网建模，即少量能源站的辐射状网络；

(3) 共享热网具有多源、环状、双向、超低温、末端热泵供暖等特性，且热网管段与地埋管蓄热的热动态特性十分复杂。

7.2.2　电热耦合网多能流建模理论

关于区域综合能源系统研究，在能源动力、化工以及经济学等领域，通常对电力系统简化处理，不计及潮流计算，这可能导致非可行解（如电压越限等）[39]。在电力系统领域，国内包括清华大学、天津大学等几十所高校与研究机构多位学者都开展了广泛研究[51]。目前主要采用两类基本模型，一类是能量枢纽模型，另一类是网络拓扑模型（详见本书第 1 章）。

网络流与运行可行域建模对综合能源的价值至关重要，因为多能源设备的使用很可能会超过网络运行限制。目前光伏发电、热泵、电动汽车渗透率的提高造成配电网潮流和电压的波动，引发配电网的升级改造需求，包括改变网络结构、扩大容量，以及某些调控资源的应用如储能、有载调压变压器的使用。事实上，电热综合能源的建模仿真(不考虑优化功能)还在研究发展中，正确的建模是一项艰巨的任务：冷热网的慢动态特性、电热网的复杂相互影响与多时空的综合能源需求响应。文献[163]通过有向加权图研究电热能量转换关系，但是没有电网与热网的网络流分析。文献[164]基于参数灵敏度矩阵定量描述电、气互联系统间交互耦合机理。文献[165]基于电热边界可行域概念研究了考虑区域供热管网热传导过程的CHP电热耦合系统的调度方法。文献[166]研究了考虑楼宇热惯性的电热综合能源调度的可行域方法。文献[167，168]通过闵可夫斯基和(Minkowski sum)集成多个灵活性资源的功率集，形成灵活性多面体可行区域，通过投影到二维空间，形象地显示由多个资源创造的总体灵活性。文献[169]研究了分布式资源聚合组成的虚拟电厂VPP的可行域与灵活性运行域的计算方法与经济分析。文献[170，171]研究了多源环状供热网的热力损耗与热力暂态模型，文献[172]兼顾了热网动态特性与精细化水力模型。但很少文献研究共享热网中通过管段热媒相连的热泵池对配电网与热网多时间尺度动态过程的影响。

综上，当前电热综合能源网的研究大多局限于由少量热电联供机组构成的弱耦合网络，其局限主要如下：

(1) 未考虑共享热网构成的电热网高密度耦合形态；

(2) 未考虑多源环状双向共享热网中热源的热交换量、总线水温度和用户热泵机组工况三者互相耦合的复杂运行调节策略；

(3) 未考虑热泵池强耦合改变了电热综合能源系统多时间尺度的水力-热力分阶段准稳态过程。

7.2.3 分布式资源的灵活性聚合方法

高渗透率可再生能源的消纳问题归根结底是电力系统的灵活性不足导致的[173,174]。当前有很多学者研究如何通过电-热综合能源系统多能互补提升电力系统运行灵活性[175-177]，文献[178]综述了电制热(power-to-heat)消纳可再生能源的模型与灵活性潜力，主要分为两类方法：一类是利用热网蓄热的慢动态特性；另一类是对温控负荷的灵活性聚合。

第一类方法中，主要通过部署储热装置或者电加热系统(如热泵和电锅炉)以提高热定电CHP机组的可调节能力来减少弃风问题[49]。文献[152]围绕热力管网动态特性建模及电热协调优化等内容，对利用热力管网热惯性提升电热综合能源系统调节能力的研究方法展开了回顾。文献[179]全面地研究了热网和冷网的慢动态特性及蕴含的调度灵活性，并将其应用于多能优化调度。文献[49]将电热灵活性应用于解决风力发电消纳与CHP机组广泛应用之间的矛盾。文献[175]提出利用区域供热网络的蓄热能力来增加调度灵活性，但求解方法较复杂。文献[180]考虑热力系统多重热惯性（电储热锅炉、热网、建筑物）的电热协调优化运行模型。文献[181]采用模型预测控制（MPC）方法研究了建筑楼宇的热惯性。文献[182]研究了含储热的电-热联供系统，应用能量流法构建包含储热、传热和漏热过程在内的系统整体能量流模型，获得系统中电能、热能的整体传输约束。文献[183]提出基于广义蓄热模型的灵活性评价方法，通过热源爬坡速率、热输入极限和热能容量这三个灵活性指标来量化评估区域热力网络在为电-热系统提供平衡方面的能力。

另一类方法中，主要通过对异构、分散、多样的分布式能源（DER）进行灵活性聚合。文献[30]通过分布式协调控制灵活需求技术来实现系统效益。文献[67，184]通过多种能源存储与转换设备提高综合能源系统的灵活性。少数研究灵活性优化的文献同时包含了电网潮流方程约束与热网热力流方程约束[69,70]。文献[185]提出居民楼宇电热系统的灵活性量化架构。文献[186]研究了分布式灵活性资源设备的变工况特性。文献[82]研究了热泵对光伏-储能系统运行的影响。文献[113]针对分层级协调中聚合商与上下各层交互的信息边界较不清晰，提出分层级的模型预测控制方法（MPC）聚合热泵以向电网提供灵活性。文献[37]提出调度弹性和适应性来衡量聚合商的调控能力。针对英国第一个共享热网提升电网灵活性的示范项目，文献[158]研究了共享热网通过热泵与蓄热之间的电热转换提供需求侧响应，计算了该项目全年向电网提供灵活性服务的收益，包含固定频率响应（firm frequency response，FFR）、短期运行备用（short term operating reserve，STOR）与过网费（network use of system charge，UoS），其中短期运行备用的主要目的为减少电网阻塞。

综上，目前关于综合能源电热耦合系统提升电力系统灵活性的研究的特点：① 主要通过温控负荷聚合（与热网无关联）或通过热网管段的热惯性和慢动态特性来调控系统灵活性；② 未考虑能源元胞的热泵池均通过共享热网管段连接并相互影响；③ 未探讨同时通过调控互联热泵池及利用共享热网与地埋管蓄热的慢动态特性提升电网灵活性。

7.3　强耦合的能源元胞方案

本章面向能源元胞聚合商，通过热泵池高密度耦合配电网与共享热网，包含区域电热网，冷/热/电负荷以及各种能源存储与转换设备，设计能源元胞方案总体框架图如图7.6所示。

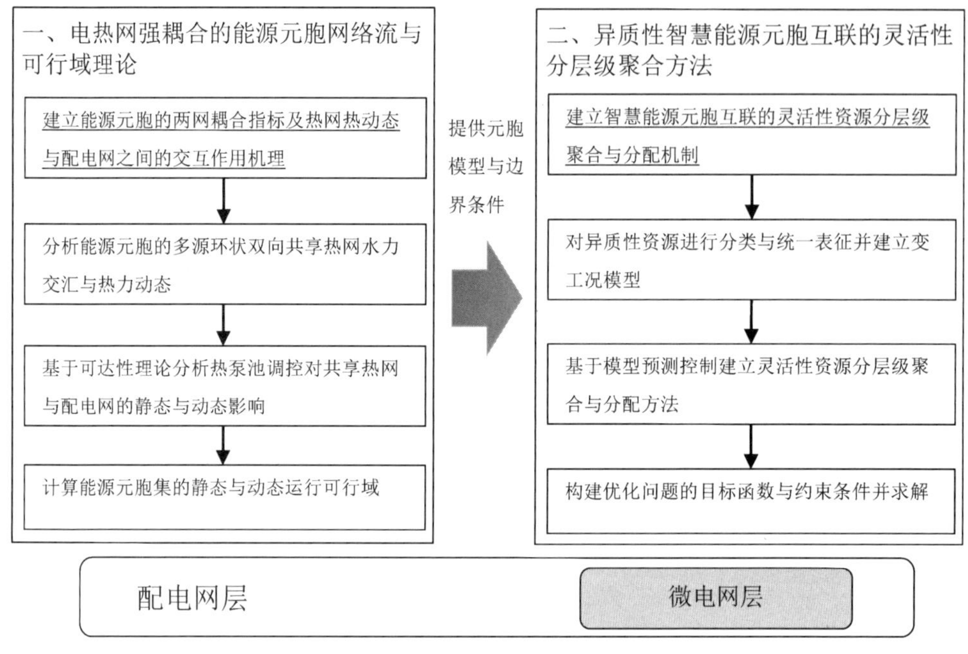

图 7.6　强耦合的能源元胞架构

7.3.1　电热网强耦合的能源元胞网络流与可行域理论

未来热力网将集成大量的分布式热源，多源环状热力网的考虑将更具现实意义。为此，需要深入分析能源元胞中多源环状共享热网的物理特性与计算方法，包括流量、压力及温度计算、地埋管蓄热与热泵建模。共享热网通过热泵池耦合电力与热力功率流。热泵池的电热功率转换以及转换功率的大小受到分时电价、可再生能源、环境温度等信号的影响。调控热泵池会影响配电网线路潮流、电压与频率，以及共享热网与地埋管蓄热装置的运行。这些大量相互交织影响的动态过程需要一套系统性的网络流建模理论来进行优化分析。

1）共享热网元胞的精细化建模

共享热网涉及不同特性的源的匹配、负荷分配及管网运行，非常复杂。通过分布式变频水泵调频，在各用户处布置独立循环水泵，并在热源处布置均压管，保持管网的水力稳定和平衡。通过分布式变频水泵及分布式热泵，可实现水力及热力控制解耦。通过建模对热泵主机、负荷侧水环热泵、地源侧与负荷侧各支路流量、地埋管岩土温度、水泵实时运行状态、运行效率、设备能耗、负荷情况、系统性能系数、节能低碳等常年运行数据进行分析，优化系统运行策略。

首先，分析园区/建筑群负荷特点，掌握全年冷、热负荷变化特点与互补情况，如住宅与商业楼宇负荷的互补可通过描述负荷多样性的辛普森指数指标进行刻画。

其次，进行水力工况分析，即给定各管段管径参数和水泵选型后，校验各节点压力、各管段流量、比摩阻等工况参数，以满足设计要求。确保热网和热用户有足够的资用压力，保证管网的可靠运行。管网的输送压降需考虑不同季节和不同用户负荷下的运行工况，这些不同的运行工况，导致各热源/热汇的供能范围不同，当不同工况下的循环泵扬程差别不大时，可通过水泵实现变频调节；当扬程差别过大时，可选择不同型号的水泵并联，分工况运行。由于共享热网集中了各种不同性质的冷热用户，因此系统在对冷却水的需求量和使用时间上波动性较大，故必须采取技术措施以保持管网的水力稳定和平衡。另外，处于水力交汇点的用户将获得来自多个源的供水，且交汇点位置随用户负荷不断变化，传统调节方式很难实现水力平衡，而水力交汇点的移动导致的温度变化会造成机组工况的不稳定。如图 7.7 的环状共享热网，由两个热源运行，此时将出现 2 个水力交汇点。

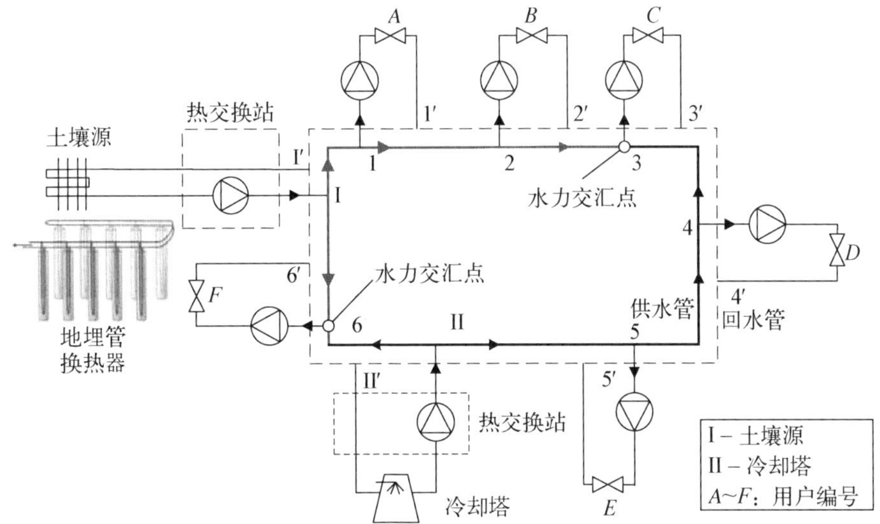

图 7.7　多源环状共享热网水力交汇示意图

水力交汇点将多个热源的供热范围分割为多个部分，在水力交汇点处，被分割这两部分管线的流向是相反的。在夏季供冷高峰时期，如图 7.7 所示的整个环网需同时由土壤源和冷却塔供冷，此时点 3、6 为水力交汇点，此时土壤源的供冷范围为用户 A、B、C、F，而冷却塔的供冷范围为用户 D、E、F。多热源环状管网水力交汇点一般位于末端用户侧，但交汇点的位置非固定不变的，而是随热源及热负荷的变化而变化，比如当点 3 左侧（即用户 A、B、C）或右侧（即用户 D、E）的流量发生改变，水力交汇点的位置也将变化。

由于共享热网多源多汇环状双向流动的复杂特性，一根管段上不同用户节点之间的流量方向会变化，因此可采用离散化管段流量方法计算，如图 7.8 所示。图中 i 表示管段编号，管段总数为 I；j 表示管段 i 中用户的位置，J 是管段 i 的用户数目。

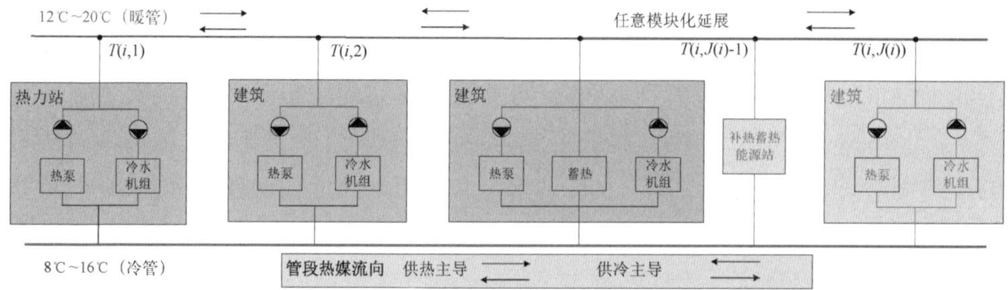

图 7.8　多源环状共享热网的离散化管段流量示意图

根据图 7.8，离散化管段的热力损耗与质量流率、热媒温度关系的公式为

$$\begin{cases}\dot{m}(i)=\sum_{n=1}^{N(i)}\dot{m}_n(i)\delta_n(i), \quad \dot{m}_1(i)=0 \\ \Phi(i,\ j+1)=\Phi(i,\ j)-\Delta\Phi(i,\ j) \\ \Delta\Phi(i,\ j)=c_p\dot{m}_n(i)[T_{\mathrm{a}}(i,\ j)-T(i,\ j)]\left(1-\mathrm{e}^{-\frac{\lambda(i,\ j)l(i,\ j)}{c_p\dot{m}(i)}}\right)\end{cases} \tag{7.1}$$

$$(i=1,\ 2,\ \cdots,\ I;\ j=1,\ 2,\ \cdots,\ J(i)-1)$$

式中，$N(i)$ 是管段 i 离散的数目；$\delta_n(i)$ 表示管段 i 离散化后第 n 个点是否有流量的 0/1 变量；Φ 是热力功率（W），$\Delta\Phi$ 是热力损耗；c_p 是水的比热容（J · kg^{-1} · ℃$^{-1}$），$c_p=4.182\times10^{-3}$ MJ · kg^{-1} · ℃$^{-1}$；T 是节点温度（℃），T_{a}是环境温度（℃）；λ 是管段单位长度的总传热系数（W · m^{-1} · ℃$^{-1}$）；l 是管段长度（m）；$\dot{m}$ 是管段的质量流率（kg/s）。

因为环状热力管网的动态过程并不满足电路的基尔霍夫定律，所以本研究需要采用精细化的管段动态偏微分方程，这将影响元胞建模和边界条件。考虑管内流体与土壤温度间的漏热损失，以流体微元为研究对象，建立供热管网对流换热的一维能量守恒方程即对流-扩散-松弛的代数偏微分动态方程（advection-diffusion-relaxation PDEs①）：

$$\begin{aligned}&\forall i\in\mathcal{E}_p:\ T_i(t;\ 0)=T_i^{(\mathrm{in})}(t),\quad T_i(t;\ L_i)=T_i^{(\mathrm{out})}(t)\\&\forall z\in[0,\ L_i]:\ \frac{\partial T_i}{\partial t}+V_i\frac{\partial T_i}{\partial z}=D_i\frac{\partial^2T_i}{\partial z^2}-\gamma_iT_i\end{aligned} \tag{7.2}$$

① PDEs，即偏微分方程的英文缩写，英文全称为 partial differential equations。

式中，对于图 $\mathcal{G}=(\mathcal{V},\ \mathcal{E})$，$\mathcal{V}$ 和 $\mathcal{E}$ 表示节点和边的集合：$\alpha,\ \beta,\ \gamma,\ \cdots \in \mathcal{V}$；$i,\ j,\ k,\ \cdots \in \mathcal{E}$。$\mathcal{E}_p \subset \mathcal{E}$ 表示管段的集合；T_i 为管段 i 流体微元温度；$z \in [0,\ L_i]$ 表示在长度为 L_i 管段的位置；V_i 为管段 i 的流体速度；D_i 为管段 i 的导热系数，γ_i 为管段 i 内流体向土壤的散热系数(heat dissipation coefficient)。

分析管网中各个冷热源特性，包括可用的资源量计算(地源、水源)，并基于此进行系统运行策略分析。共享热网的热源采用低品位能源、可再生能源、热回收的能源，小部分高品位能源的辅助热源采用如燃气锅炉与空气源热泵等。研究多热源如地埋管换热器(borehole heat exchangers)、冷却塔串联或并联的联合运行调节，研究辅助热源加入后系统的热力性能分析。地埋管换热器的温度动态方程为

$$\frac{1}{\alpha}\frac{\partial T}{\partial t}=\frac{\partial^2 T}{\partial z^2}+\frac{\partial^2 T}{\partial r^2}+\frac{1}{r}\frac{\partial T}{\partial r}+\frac{1}{r^2}\frac{\partial^2 T}{\partial \theta^2} \tag{7.3}$$

式中，$\alpha(\mathrm{m^2/s})$为热媒热扩散系数(thermal diffusivity)，$z(\mathrm{m})$为轴向位置(到地面的距离)，$r(\mathrm{m})$为径向位置(到地埋管换热器中心的距离)，$\theta(\mathrm{rad})$为角度位置。

总线供水温度的不同选择将影响共享热网的末端热泵机组输入功率变化。对于供冷系统，总线供水温度升高则水源热泵机组消耗的电力功率增加；对于供热系统，总线供水温度升高则热泵机组消耗的电力功率减小。因此，当共享热网同时供冷供热时，存在最佳的总线供水温度。

一般研究共享热网的3级蓄热建模：第1级是系统层面，主要是季节性蓄热如钻孔地埋管蓄热；第2级是热力站(末端的分布式热泵能源子站)层面，主要是短期蓄热，作为需求侧响应与负荷调节之用；第3级是用户层面，主要是瞬间蓄热，保证生活热水的温度满足卫生要求。

共享热网最大的优势是多源之间的互补，通过源之间的负荷分配和运行调节，有效避免一些源的弱势。通过不同“源”得到的冷却水温度不尽相同。研究各“源”之间如何分配负荷，从而进行负荷的匹配调节。源的控制策略是提供设定温度的供水；用户的控制策略是根据负荷变化调节机组功率，进而调节供水流量。

2）高密度耦合的能源元胞网络流理论

借鉴图论思想，首先根据共享热网系统的主要设备和连接关系，分别抽象归纳得到配电网拓扑图和共享热网拓扑图；进而根据热泵、冷水机组和水泵等转换对应关系，确定两层网络间节点的互联关系，如图7.9所示。网络首先是一种物理容器，其容量对能量流、信息流有限定作用，网络可能为线、面、体的几何形状所制约。流更多是关于过程的，其运行跨越空间和时间标度，能够显现出驱动系统运行的变化动态，如图7.9所示。本节提出能源元胞网络流与可行域理论分析电热网强耦合的交互性，提高含高渗透率可再生能源与分布式能源的中低压配电网的可观性。

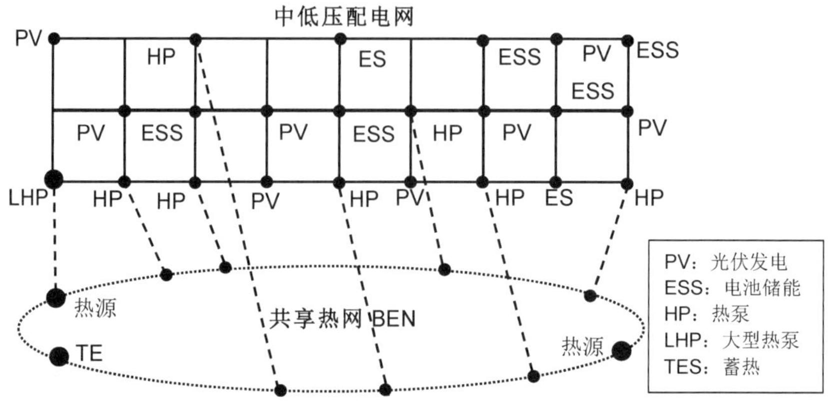

图 7.9　能源元胞的共享热网与局部配电网通过热泵池高密度耦合的网络流示意图

从节点入手分析两网共享热网和配电网的相互依存关系，通过邻接矩阵描述网络中节点之间的连通情况，通过拉普拉斯矩阵(Laplacian matrix)量化节点在网络中的连通程度。可考虑采用对偶图方法将原始网络上针对边或链接的问题转化为基于节点的问题。在网络系统中，与“可达性”或流系统的“势能”相当的概念是“中心性”。入度或出度可以很好地测度节点的到达情况，但入度和出度只考虑了直接连接，不同于对流势能的测度，没有反映任何大于直接相邻节点的距离。两节点电力距离用节点之间的线路阻抗描述，距离越近，电力潮流越可能通过此路径流通。类似地，热力距离用节点之间的比摩阻描述。在二元图中，测量度的方法只是简单地计算到达或从任意节点出发的连接的数量，即相邻的数量，而不是实际距离，如果用真实距离对图形进行加权，可以计算出更加传统的测度指标，即可达性。

可达性理论(reachability)是指给定系统在输入参数不确定情况下，经过稳态动态变化过程可以达到的目标状态范围，即根据输入参数集合求解状态集合。针对热泵池调控的不确定性，采用通过闵可夫斯基和(Minkowski addition)定义的齐诺多面体(zonotopes)作为集合表达形式，研究系统的稳态与动态运行范围。闵可夫斯基和表示为各约束空间的输出组合如图 7.10(a)所示：对于 $\mathbb{R}^d$ 中方向向量 $\boldsymbol{a}$ 与 $\boldsymbol{b}$ 的任意两个集合 $\boldsymbol{A}$ 与 $\boldsymbol{B}$，算式 $\boldsymbol{A} \oplus \boldsymbol{B}$ 表示这两个集合的闵可夫斯基和。

$$\boldsymbol{A} \oplus \boldsymbol{B} = \{\boldsymbol{a} + \boldsymbol{b} \mid \boldsymbol{a} \in \boldsymbol{A},\ \boldsymbol{b} \in \boldsymbol{B}\} \tag{7.4}$$

齐诺多面体(Zonotopes)是一种特殊的对称性集合的表达形式，如图 7.10(b)所示，可以通过一系列线段的闵可夫斯基和进行定义，表示为

$$Z = \{x \in R^n \mid x = c + \sum_{i=1}^{p} \alpha_i g^{(i)},\ \alpha_i \in [-1,\ 1]\} \tag{7.5}$$

式中，$c \in R^n$ 称为齐诺多面体 Z 的中心；n 为齐诺多面体的维数；$g^{(i)} \in R^n$ 称为齐

诺多面体的生成元；p 为生成元的个数。可将定义简记为：$Z=(c, <g^{(1)}, \cdots, g^{(p)}>)$。

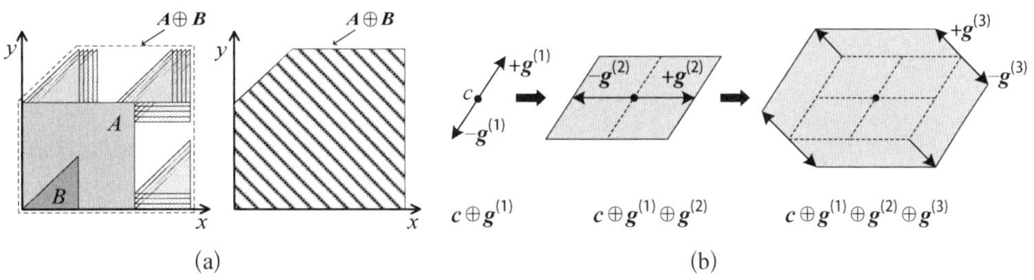

图 7.10　闵可夫斯基和与齐诺多面体的建立方法

(a) 闵可夫斯基和；(b) 齐诺多面体的建立方法

对于静态可达性分析，利用齐诺多面体形式对元胞不确定性功率出力进行建模，作为系统的输入不确定集；建立系统潮流方程，在正常（额定）运行点求解系统潮流，并将其线性化，得到潮流灵敏度矩阵；利用得到的线性化矩阵对输入不确定集进行线性变换，得到描述系统状态变量波动范围的状态不确定集合。该状态不确定集合包含了系统状态量（电压幅值、相角）的所有可能的取值。静态分析中利用多能流计算过程中的雅可比矩阵信息及变量间的耦合关系，计算能源元胞中电压、热网压力、支路潮流、管段流量对控制变量热泵出力、水泵压力的参数灵敏度矩阵，定量描述电热网互联系统间交互耦合机理。

针对动态可达性分析，首先研究扰动发生后过渡阶段的能源元胞中共享热网与配电网的交互过程和各子网的多时间尺度特性。针对热负荷动态响应，研究“热泵池＋地埋管蓄热”的多源环状双向共享热网的热惯性与目前少数 CHP 热源的辐射状热网的热惯性动态过程之间的差异。传统 CHP 热源的供热网运行中通常设有室温或回水测温反馈装置，一旦一次管网回水温度过低，就意味着供热量小于用户热负荷，管网运行调节中心随即增大热源供热量，以充分保证用户热舒适性。因此传统热网会经历水力—热力—建筑物多阶段准稳态的状态改变过程，然后通过 CHP 机组相互耦合，由此导致配电网状态改变。共享热网具有多源多汇环状双向流动特性，通过高密度热泵池与配电网耦合，本节将深入研究其热惯性动态过程与配电网之间传导反馈的交互机理。

通过可达性分析，将有效考虑共享热网的各种不确定因素对配电网运行情况的影响，预测可能出现的越限行为，为运行层面的调度控制提供决策支持。通过调节节点无功补偿装置调控电力潮流，改变能流转换，减小线路潮流阻塞与节点电压越限。假如共享热网中用户热泵全部开启，配电网节点电压是否会出现越限以及线路潮流是否会出现堵塞，将直接决定线路的无功补偿设备（如电力电容器）是否开启运行。电力电容器能够帮助高负载率的馈线回升电压，增加线路互联有助于拉平电压。热泵的开启会消耗管网的热量，降低热媒的温度，因此需通过热力方程计算补偿热量，决定热网的辅助热源如大型锅炉或地源热泵是否开启及出力大小。

3）能源元胞集的灵活性可行域分析方法

可行域(feasible operating region，FOR)指异质性分布式资源聚合组成的虚拟电厂(VPP)的所有可行调度功率点(有功和无功功率)的集合，如图 7.11 所示。灵活性运行域(flexibility operating region，FXOR)考虑了给定时间的所有调度功率点(有功和无功功率)的集合，是可行域 FOR 的子集，如图 7.11 所示。紧急情况下，这些运行域可被电网运营商直接调用，以快速支撑互联电网的稳定安全运行。

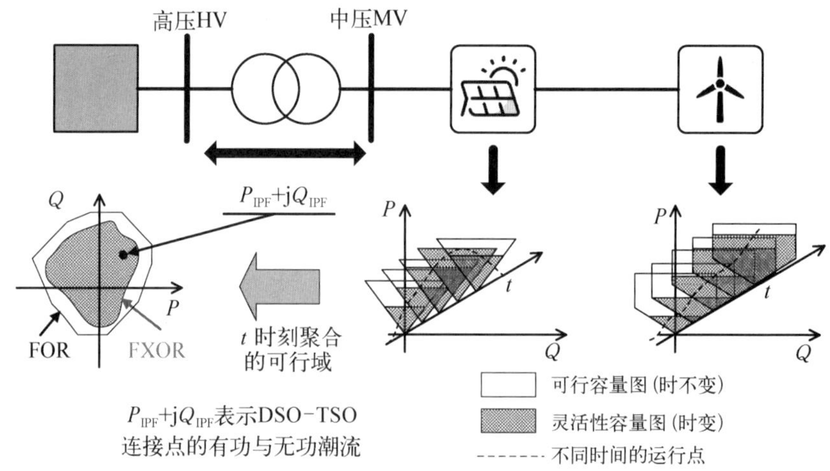

图 7.11　可行域 FOR 与灵活性运行域 FXOR 概念示意图

虽然关于电力系统与综合能源系统灵活性的指标量化有文献论述，但确定含共享热网热泵池的能源元胞集的灵活性可行域分析仍然是一个挑战。本章基于闵可夫斯基求和，提出能源元胞集的灵活性可行域分析方法，计算能源元胞集的稳态与动态运行范围。通过计算聚合商区域内热泵、冷水机组、光伏发电、储能等不同分布式灵活性资源的有功-无功功率容量图(capability charts)，对不同容量图的功率点进行随机抽样，计算该配电网区域内与输电网运营商(DSO - TSO)连接点的有功与无功潮流(interconnection power flow，IPF)，将未导致配电网潮流越限的 IPF 集合表示为可行域 FOR。通过灵活性资源容量图的顶点组合与象限分区，采用随机抽样法方法分别计算可行域的示意图如图 7.12 所示。

在此基础上，可进一步考虑分布式可再生能源渗透率不断提高对能源元胞集可行域的影响。以光伏发电为例，其系统的可再生能源功率渗透率(power penetration，PP)是指在给定局域网内，所有分布式光伏电源发电功率与同一时刻该区域负荷之

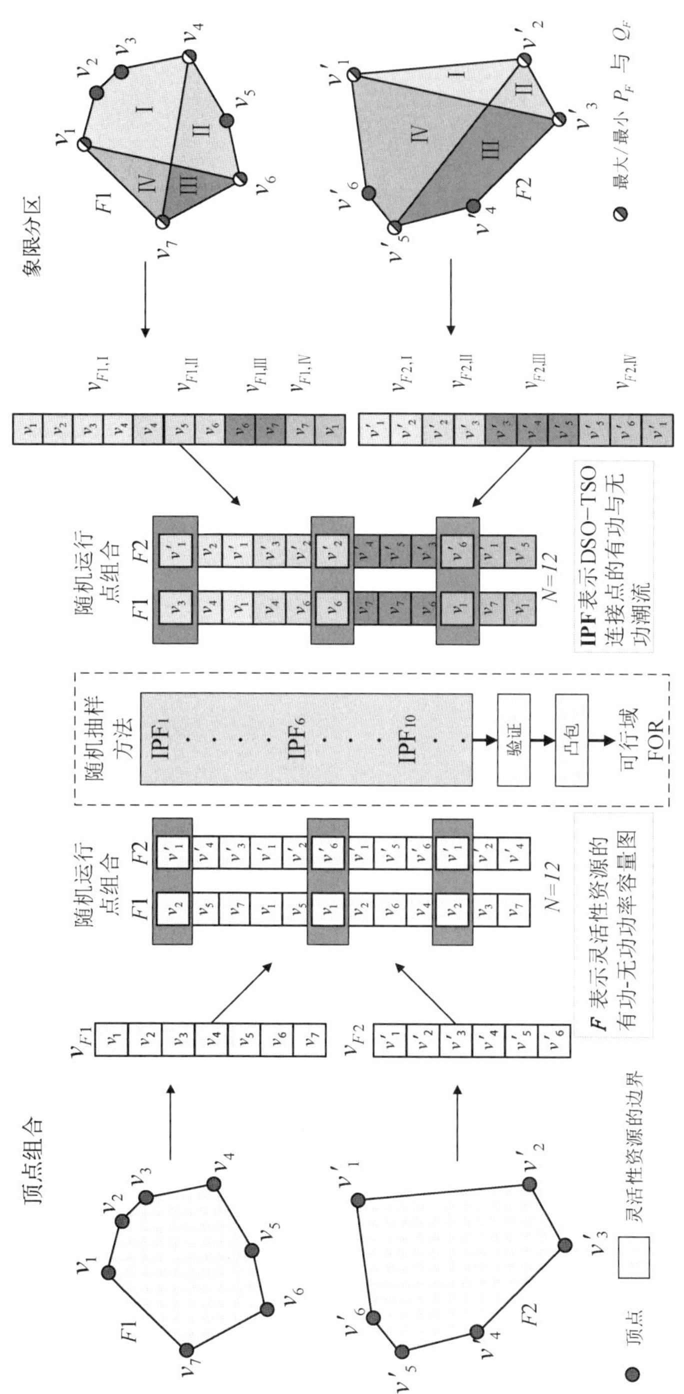

图 7.12　基于灵活性资源容量图通过随机抽样法计算可行域的示意图

比的全年最大值。容量渗透率(capacity penetration，CP)指分布式光伏电源全年最大发电功率与区域负荷全年最大值的百分比。能量渗透率(energy penetration，EP)指分布式光伏电源全年提供的电量占系统负荷全年耗电总量的百分比。

7.3.2 智慧能源元胞互联的灵活性分层级聚合方法

从能源元胞到灵活性聚合，包含了元胞的演化动态，由此扩大了网络流理论的内涵。目前关于热泵灵活性聚合的研究中，热泵大多与热网无关联，而本章中考虑热泵池通过共享热网管段热媒相连接的情况。热泵根据聚合商信号进行启停与调节热力输出，向电网提供灵活性。进一步地，本节将从热泵拓展到异质性分布式资源的灵活性聚合。

1) 异质性灵活性资源的规范性描述、聚合与分配机制

依据电压等级形成层级体系：设备层、楼宇元胞层和聚合商层。基于红黄绿交通灯概念，制定配电网运营商(DSO)与聚合商的交互机制，建立异质性分布式资源的部分负荷特性模型、系统规范化方法描述，建立不同的灵活性资源分类与依据价格区间的资源属性聚合。研究聚合商协调上层 DSO 下发指令及下层多个元胞灵活性聚合域信息的响应机制；研究聚合商向下层多个元胞分配灵活性出力的计算方法，从而实现对灵活性资源分层级协调控制。

本章探索聚合商如何协同不同分布式可调控资源，根据能源局域网的整体运行状况进行最优电力交换、共享调节容量和备用容量，通过合理调控，进而更好地匹配可再生能源的出力特性以及电力系统的峰谷特性。通过对海量复杂、异构、时变分布式资源(DERs)的高效聚合与协同控制，实现对配电网内 DERs 灵活性的实时挖掘，最优分配各灵活性可调资源出力，减小净负荷的波动性和不确定性。聚合商调节负荷水平的能力可用峰均比、弹性与适应性等参数描述。

能源局域网依据电压等级形成层级体系：设备层、楼宇元胞层、园区聚合商层，分别对应设备控制、本地能量管理系统(EMS)和聚合商协调管理系统，如图 7.13 所示。聚合商根据用户舒适度偏好设置、分时或实时电价、配电网约束等信息协调智慧能源元胞热泵等灵活性资源启停与运行。

(1) 设备层：把设备资源属性及用户舒适度偏好设置发送给元胞；从元胞接收启停或出力调整指令，并进行系统调整。

(2) 元胞层：接收热泵、水泵与蓄热等单独资源的信息并进行聚合，计算设备出力分配的调度指令；发送出力调整指令给设备。

(3) 聚合商：接收元胞的出力列表信息并聚合，然后发送给配电网运营商 DSO，后者进行配电网运行安全域的边界越限验证及给出偏差电量罚款等指标。

研究分布式资源(DER)统一建模表征问题。针对异构 DER 状态多样化带来

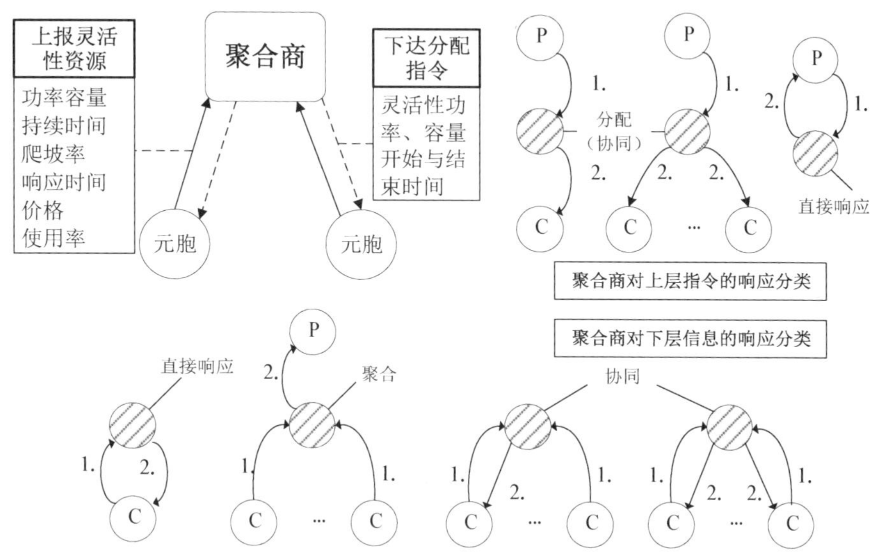

图 7.13　聚合商对上层与下层输入信息的响应

的维度灾问题，研究复杂异构 DER 的统一标准化表征方法，从 DER 对象的属性、特征、关系、操作等方面对其进行泛化描述，形成 DER 标准模型库。将资源分为 5 类：可控源（锅炉、燃气发电机）、波动源（光伏发电、太阳能发热、风力发电）、储能（热水蓄热、相变材料蓄热、电池储能）、负荷、多能耦合设备（CHP 机组、热泵、燃料电池、电制热）。不同灵活性资源属性包含：功率（kW）、爬坡率（kW/s）、启动延迟时间（s）、价格（元/kW）等。考虑能源转换设备的部分负荷特性建模，部分负荷效率函数可能很复杂，如非连续、0－1 开断、分段等。

研究 DER 资源属性的聚合过程。描述 DER 之间如何依据聚合规则进行聚合行为的过程，依据 DER 的灵活性、容量、调控成本等构建聚合规则，或依据应用场景选取某些属性构建相应聚合指标，如创建一定价格区间的灵活性列表，将此列表的集合作为单独的灵活性。通过 DERs 聚合，减少单个设备启停（0/1 变量）导致的非凸优化问题。

研究多个智慧能源元胞之间的协同方法。聚合商通过模型预测控制（model predictive control，MPC）方法计算控制信号并发送给能源元胞（EMS）调整出力。MPC 方法是一类基于模型的闭环优化控制算法，其主要思想是结合系统模型、当前状态量和约束条件，在线滚动求解最优的控制输入变量。MPC 流程可大致分为预测模型、滚动优化和反馈校正三部分。在当前时刻 t，基于一定的预测模型，得到未来有限时域 N（预测时域）内的系统输出状态预测量 $y(t+k \mid t)$，$k=1, 2, \cdots, N$。系统预测输出 $y(t+k \mid t)$ 根据当前时刻的系统输入、输出以及未来控制时域内的控制信号 $u(t+k \mid t)$，$k=0, 1, \cdots, N-1$ 求解。灵活性的具体量化信息用时域表示，包含时域上的爬坡率与时间延迟等信息，对 MPC 协调很重要。MPC 方法基本思路：利用超短期可再生能源出力预测及负荷功率预测，结合 MPC 框架构建实时运行功率校正模型。优化校正以能源元胞内热泵池等分布式资源当前的实际运行状态反馈为基准，不断滚动优化求解未来有限时段内的运行控制计划，并下发之后一个时段的控制指令。通过 MPC 的采样反馈和滚动优化，实现能源元胞的闭环能量管理和分布式资源出力的精确分配。

聚合商对灵活性资源分层级协调控制的策略：根据上层配电网运营商(DSO)的下发指令及下层多个元胞发送的灵活性聚合域信息，计算灵活性响应的分配(即时域上的爬坡出力)，然后向下层多个元胞分别发送灵活性分配指令，最终控制各个热泵设备。异质性能源元胞的灵活性分层级协调流程图如图 7.14 所示。安全验

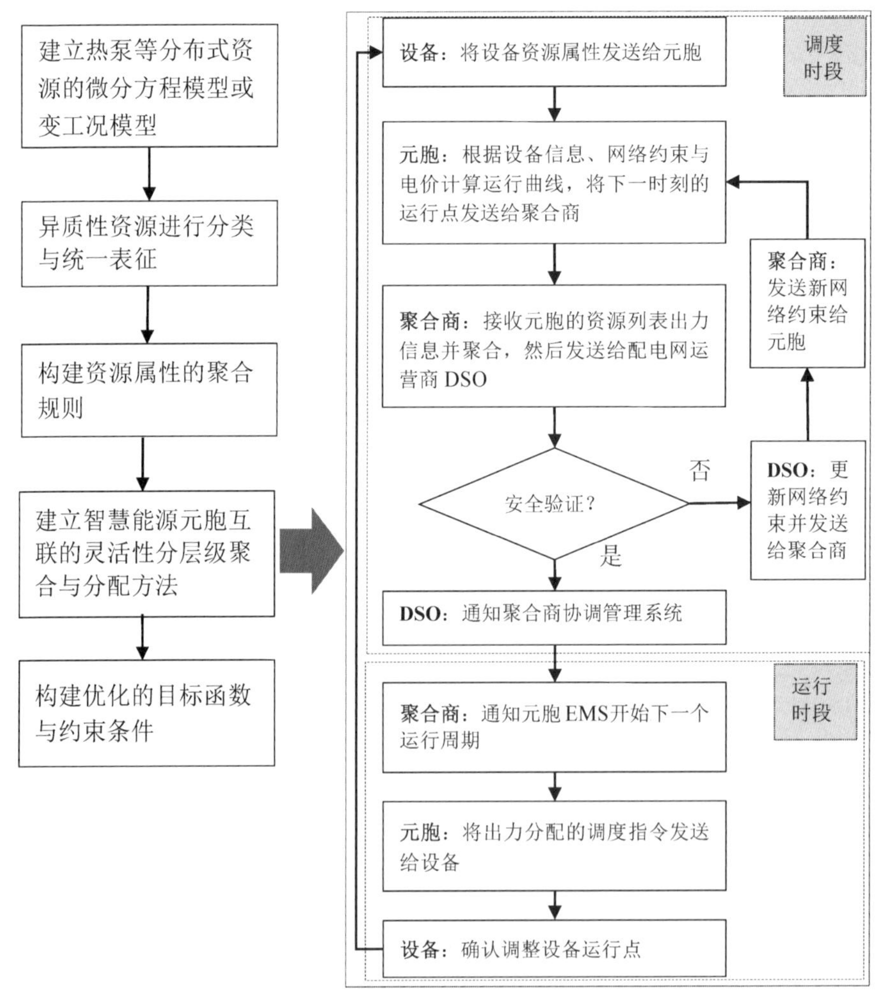

图 7.14　异质性能源元胞互联的灵活性分层级协调流程图

证采用交通灯的红黄绿灯概念，绿灯时聚合商自由参与市场交易，DSO 不干预；黄灯时表明潜在的系统备用不足等，DSO 与聚合商进行交互；红灯时，DSO 直接干预并集中控制聚合的灵活性资源，保证系统运行安全。红灯时，优化方法考虑研究方案一的可行域网络边界约束，采用集中优化方法；绿灯与黄灯时，优化方法采用分布式优化方法。

2）智慧能源元胞互联的灵活性聚合的优化建模与求解方法

模型的目标函数：燃料成本、边际碳排放成本、聚合商调度误差的惩罚成本之和最小。将聚合商调度区域内能源元胞集的运行可行域作为约束条件。研究聚合商与智慧元胞间的信息流，构建目标函数与约束条件，采用模型预测控制（MPC）实现的技术方法。基于调度弹性、适应性、负荷峰均比等指标，考虑局域网与上级电网馈线电力交换在某些极端情况下不满足预期电力交换功率的机会约束。通过置信度的合理选择，实现系统灵活性与局域网运行成本之间的折中。

模型的目标函数和约束条件表示为

$$\begin{aligned} &\min_{x} \boldsymbol{\lambda}^{\mathrm{T}} \boldsymbol{x} \\ &s.t.\ \boldsymbol{A}\boldsymbol{x} = \boldsymbol{b} \\ &\boldsymbol{C}\boldsymbol{x} \leqslant \boldsymbol{h} \\ &\boldsymbol{x}_{\mathrm{lb}} \leqslant \boldsymbol{x} \leqslant \boldsymbol{x}_{\mathrm{ub}} \end{aligned} \tag{7.6}$$

式中，$\boldsymbol{\lambda}$ 为灵活性资源价格，$\boldsymbol{x}$ 为各灵活性资源的出力。耦合矩阵 $\boldsymbol{A}$ 描述各灵活性资源与负荷的分配关系，矩阵 $\boldsymbol{A}$ 的非零元素用设备效率表示，$\boldsymbol{b}$ 为电力与热力负荷。$\boldsymbol{C}$ 为描述储能前后时段耦合的系数矩阵，$\boldsymbol{h}$ 为储能约束的其他部分。

$$\begin{aligned} &\boldsymbol{\lambda}^{\mathrm{T}} = (c_1^{\mathrm{fuel}}(t_0),\ \cdots,\ c_1^{\mathrm{fuel}}(t_N),\ c_2^{\mathrm{fuel}}(t_0),\ \cdots,\ c_2^{\mathrm{fuel}}(t_N),\ \cdots) \\ &\boldsymbol{x}^{\mathrm{T}} = (P_1(t_0),\ \cdots,\ P_1(t_N),\ P_2(t_0),\ \cdots,\ P_2(t_N),\ \cdots,\ S_1(t_0),\ \cdots,\ S_1(t_N),\ \cdots) \\ &\boldsymbol{b}^{\mathrm{T}} = (D_{\mathrm{H}}(t_0),\ \cdots,\ D_{\mathrm{H}}(t_N),\ D_{\mathrm{P}}(t_0),\ \cdots,\ D_{\mathrm{P}}(t_N)) \end{aligned} \tag{7.7}$$

式中，c^{fuel} 表示燃料成本系数，P 表示能源转换设备的出力，S 表示存储设备的充放功率，$t_0 \cdots t_N$ 表示运行时域，D_{H} 与 D_{P} 分别表示热力与电力负荷。

目标函数的运行成本为能源元胞集的燃料成本、碳排放成本与惩罚成本，其中调度误差惩罚成本 $C_{\mathrm{err}}^{\mathrm{DSO}}$ 表示为

$$C_{\mathrm{err}}^{\mathrm{DSO}} = \sum_{t} \alpha_{\mathrm{err}}^{\mathrm{DSO}}(t) \left| P_{\mathrm{agg}}^{\mathrm{DSO}}(t) - P_{\mathrm{agg}}(t) \right| \tag{7.8}$$

式中，$P_{\mathrm{agg}}(t)$ 为元胞聚合商的调度功率，$\alpha_{\mathrm{err}}^{\mathrm{DSO}}(t)$ 为调度误差成本系数，$P_{\mathrm{agg}}^{\mathrm{DSO}}(t)$ 为配电网 DSO 向聚合商下发的调度任务。

优化计算可得出各灵活性资源分配给负荷的功率，即热泵、锅炉、PV、电池储能、CHP机组、蓄热、上级电网等分别分配给电负荷与热负荷的功率，据此计算结果直接画出系统的电力平衡时域图。

为克服综合能源局域网新能源出力和负荷侧双侧不确定性的影响，在约束条件中引入调度弹性、调度适应性等指标，用机会约束优化以管控聚合商出清计划偏差的风险。调度弹性 γ(schedule elasticity)是馈线电力交换值与计划值的最大允许偏差，否则聚合商会被高额罚款。该指标与可再生能源不确定性相对应。

$$|P^{\mathrm{DSO}}(t)-P_{\mathrm{g}}(t)|\leqslant\gamma \tag{7.9}$$

式中，P^{SO}为电力交换计划值(energy exchange commitment)，P_{g}为局域网与上级电网的净电力交换值。

调度适应性 δ(schedule adaptability)是相邻每小时馈线电力交换计划之差的最大值。该指标与可再生能源波动性相对应。相邻每小时的交换电力不能超过 δ，否则聚合商会被高额罚款。

$$|P_{\mathrm{g}}(t)-P_{\mathrm{g}}(t-1)|\leqslant\delta \tag{7.10}$$

较小的弹性与适应性约束了聚合商调整馈线电力交换功率的自由度，从而减小了净负荷的不确定性。通过对调度弹性与适应性两个可调参数的选择能够减小上级电网的爬坡需求与发电成本。聚合商调节局域网负荷水平的能力可用峰均比(peak-to-average, PAR)衡量。

允许局域网与上级电网馈线电力交换在某些极端情况下不满足电力交换功率约束，将模型中的馈线电力交换功率平衡约束转化为机会约束。机会约束优化是在一定的概率意义下达到最优的理论，采用置信度水平描述目标函数和约束条件，提供了一种显式表示风险程度的手段。考虑到所作决策在一些比较极端的情况下可能不满足约束条件，而这些情况出现的概率很低，为避免由此引起的优化方案过于保守(如成本太高)，机会约束优化允许所做决策在一定程度上不满足约束条件，但该决策应使约束条件成立的概率不小于某一置信水平。求解机会约束优化的方法一般是根据事先给定的置信水平，把机会约束转化为相应的确定性优化模型，然后采用常规方法求解。

7.4 本章小结

目前的综合能源系统主要基于传统的前四代热网，热媒温度一般较高，用户同时接入区域供热网并安装现场锅炉或热泵实现混合供热的投资成本非常高，应用效果受到限制。本章基于暖通工程领域的共享热网，其工作水温接近于环境温度(可采用塑料管取代钢管，管道无须保温)，大大降低了管道投资成本与热力传输损耗，还可大量利用分布式的可再生能源。另外，不同于空气源或土壤源，共享热网的恒温水源提高了末端热泵的效率，并能实现同时供冷供热。

目前电热综合能源网研究主要基于少量大型 CHP 机组的弱耦合，即通过边界外端口研究互相交互的多能源网络等值端口模型。能源元胞共享热网具有多源环状双向流动特性，通过高密度热泵池与配电网紧密耦合，其热惯性动态过程与配电网之间的交互机理与传统 CHP 热网不同。本章提出建立基于能源元胞的耦合度更高的电-热网络模型，通过分析网络流与可行域(边界条件)，可实现多时间尺度的强耦合电热网方程求解。

目前关于电热转换提升灵活性的研究很少可以同时利用温控负荷聚合与热网热惯性。温控负荷提升电网灵活性的研究中，所有热泵设备与热网无关联，而共享热网中所有热泵均通过管段热媒相连并相互影响。本章将智慧能源元胞概念引入灵活性聚合，研究共享热网热泵池作为电力系统可调控的灵活性资源以及调控热泵池对配电网、共享热网及蓄热等的动态交互影响，综合解决电热多种能源形式的聚合和分配方式，为电网调峰提供新的解决思路。推进数学和控制方法在电热综合能源系统中的工程应用。

共享热网驱动的能源元胞可极大地提高能源利用率和系统灵活性，是综合能源系统研究的重要发展方向。能源元胞耦合可再生能源，可以解决弃光弃风问题能源元胞同时也与传统电网耦合，解决传统电网供能端稳定与耗能端负荷不确定的矛盾。共享热网驱动的能源元胞将成为电网削峰和消纳可再生能源的重要手段，促进能源资源优化配置和综合能效提升。未来全覆盖的能源信息网络和城市能源互联网综合监测与管理平台的建设为智慧能源元胞的灵活性资源提供了更大的发展空间。现阶段综合能源系统热网研究主要针对我国北方，如果采用共享热网驱动的能源元胞系统和分层级灵活性聚合方法，可望提高收益降低成本，有助于实现综合能源系统热网应用在我国南方，可同时满足供冷供暖的目标。本章研究有望为电热综合能源系统建模优化注入新的活力，在可再生能源消纳、碳中和领域等均具有广泛的应用前景。

参 考 文 献

[1] Perez-Arriaga I, Batlle C, Gómez T, et al. Utility of the future: An MIT energy initiative response to an industry in transition[M]. Cambridge, MA: MIT Energy Initiative. 2016.

[2] Heinen S, Hewicker C, Jenkins N, et al. Unleashing the flexibility of gas: Innovating gas systems to meet the electricity system's flexibility requirements[J]. IEEE Power and Energy Magazine, 2017, 15(1): 16 - 24.

[3] Good N, Martínez Ceseña E A, Mancarella P. Ten questions concerning smart districts[J]. Building and Environment, 2017, 118: 362 - 376.

[4] Liu X, Mancarella P. Modelling, assessment and Sankey diagrams of integrated electricity-heat-gas networks in multi-vector district energy systems[J]. Applied Energy, 2016, 167: 336 - 352.

[5] Liu X, Wu J, Jenkins N, et al. Combined analysis of electricity and heat networks[J]. Applied Energy, 2016, 162: 1238 - 1250.

[6] 吴建中.欧洲综合能源系统发展的驱动与现状[J].电力系统自动化,2016,(05): 1 - 7.

[7] Weedy B M, Cory B J, Jenkins N, et al. Electric power systems[M]5th ed. New Jersey: John Wiley & Sons, Inc., 2012.

[8] Harrison G, Wallace R. Network integration of CHP: How to maximize access[J]. Cogeneration and On-Site Power Production, 2004, 5(4): 69 - 76.

[9] CHPA. Integrated energy: The role of CHP and district heating in our energy future[R]. London: The Combined Heat and Power Association (CHPA), 2010.

[10] Zhao H. Analysis, modelling and operational optimization of district heating systems[D]. Denmark: Danmarks Tekniske Univ., 1995.

[11] Davies G, Woods P. The potential and costs of district heating networks[R]. Oxford: Pöyry Energy (Oxford) Ltd, 2009.

[12] Kunz J, Haldi P, Sarlos G. Dynamic behavior of district heating systems[D]. Toulouse: Ecole Nationale de l'Aviation Civile, Begell House Publishers, 1994.

[13] Skagestad B, Mildenstein P. District heating and cooling connection handbook[M]. Paris: International Energy Agency (IEA), 2015.

[14] Johansson P. Buildings and district heating-contributions to development and assessments of efficient technology[D]. Lund, Sweden: Dept. of Energy Sciences, Faculty of Engineering, Lund University, 2011.

[15] BERR. Heat call for evidence[R]. London: Deparment for Business Enterprise & Regulatory Reform, Goverment of UK, 2008.

[16] Department of Energy & Climate Change. A strategic framework for low carbon heat in the UK: Summary of responses[R]. London : Department of Energy and Climate Change, 2012.

[17] Hm Government. The carbon plan: Delivering our low carbon future[R/OL]. [2011 - 12 - 02]. http://www.nationalarchives.gov.uk/doc/open-government-licence/.

[18] Wiltshire R. The UK potential for community heating with combined heat and power[R]. UK: BRE. Building Research Establishment Watford, 2003.

[19] Starr F. Future challenges for CHP in the UK and continental Europe[R]. UK: Claverton Energy Research Group, 2010.

[20] Kelly S, Pollitt M G. Making combined heat and power district heating (CHP - DH) networks in the United Kingdom economically viable: a comparative approach[D]. Cambridge: University of Cambridge, Faculty of Economics, 2009.

[21] CHPA. The role of CHP and district heating in our energy future[M]. London: The Combined Heat and Power Association (CHPA), 2010.

[22] Department of Energy and Climate Change. The future of heating: Meeting the challenge [R]. London : Department of Energy and Climate Change, March 2013.

[23] Jenkins N, Strbac G, Ekanayake J. Distributed generation (energy engineering)[M]. London: The Institution of Engineering and Technology, 2010.

[24] Woods P. The case for district heating — a flexible energy system[M]. Cardiff, Wales: Cardiff University Seminar, 2012.

[25] LCICG. Technology innovation needs assessment (tina) heat summary report[M].London: Low Carbon Innovation Coordination Group, September 2012.

[26] Woods P. Comparing CHP/DH with other technologies[R]. London: CIBSE Seminar, 2011.

[27] Department of Energy & Climate Change. Heat and energy saving strategy consultation [R]. London: Department of Energy & Climate Change, 2009.

[28] DECC, DCLG. Warm homes, greener homes: A strategy for household energy management supporting paper VIII, an enabling framework for district heating and cooling[R]. London: Department of Energy & Climate Change, 2010.

[29] Hu K, Chen L, Chen Q, et al. Phase-change heat storage installation in combined heat and power plants for integration of renewable energy sources into power system[J]. Energy, 2017, 124: 640 - 651.

[30] Strbac G, Pudjianto D, Aunedi M, et al. Cost-effective decarbonization in a decentralized market: The benefits of using flexible technologies and resources[J]. IEEE Power and Energy Magazine, 2019, 17(2): 25 - 36.

[31] Hirth L, Ueckerdt F, Edenhofer O. Integration costs revisited — an economic framework for wind and solar variability[J]. Renewable Energy, 2015, 74: 925 - 39.

[32] Cochran J, Miller M, Zinaman O, et al. Flexibility in 21st century power systems[J/OL]

[2014－05－20]. https://www.nrel.gov/docs/fy14osti/61721.pdf.

[33] 鲁宗相，李海波，乔颖.含高比例可再生能源电力系统灵活性规划及挑战[J].电力系统自动化，2016，(13)：147－158.

[34] Luthander R, Widén J, Nilsson D, et al. Photovoltaic self-consumption in buildings: A review[J]. Applied Energy, 2015, 142: 80－94.

[35] DESIRE Project. Dissemination strategy on electricity balancing for large scale integration of renewable energy[M]. Aalborg, Denmark: DESIRE Project, European Commission, 2008.

[36] Turkenburg W C, Arent D J, Bertani R, et al. Chapter 11-Renewable energy[M]//Global energy assessment — toward a sustainable future. Cambridge, UK, New York, USA and Laxenburg, Austria: Cambridge University Press and the International Institute for Applied Systems Analysis, 2012: 761－900.

[37] Zachar M, Daoutidis P. Microgrid/macrogrid energy exchange: A novel market structure and stochastic scheduling[J]. IEEE Transactions on Smart Grid, 2017, 8(1): 178－189.

[38] Huo D, Gu C, Ma K, et al. Chance-constrained optimization for multienergy hub systems in a smart city[J]. IEEE Transactions on Industrial Electronics, 2019, 66(2): 1402－1412.

[39] Samsatli S, Samsatli N J. A multi-objective MILP model for the design and operation of future integrated multi-vector energy networks capturing detailed spatio-temporal dependencies [J]. Applied Energy, 2018, 220: 893－920.

[40] Geidl M, Andersson G. Optimal power flow of multiple energy carriers[J]. IEEE Transactions on Power Systems, 2007, 22(1): 145－155.

[41] Liu X. Combined analysis of electricity and heat networks[D]. Cardiff, Wales: Cardiff University, 2013.

[42] Seungwon A, Qing L, Gedra T W. Natural gas and electricity optimal power flow[J]. Transmission and Distribution Conference and Exposition, IEEE PES, 2003, 1: 138－143.

[43] Chaudry M, Jenkins N, Strbac G. Multi-time period combined gas and electricity network optimisation[J]. Electric Power Systems Research, 2008, 78(7): 1265－1279.

[44] Qadrdan M, Chaudry M, Wu J, et al. Impact of a large penetration of wind generation on the GB gas network[J]. Energy Policy, 2010, 38(10): 5684－5695.

[45] Martinez-Mares A, Fuerte-Esquivel C R. A unified gas and power flow analysis in natural gas and electricity coupled networks[J]. Power Systems, IEEE Transactions on, 2012, 27(4): 2156－2166.

[46] Rubio-Barros R, Ojeda-Esteybar D, Vargas A. Energy carrier networks: interactions and integrated operational planning[M]//Sorokin A, Rebennack S, Pardalos P M, et al. Handbook of networks in power systems II. Berlin and Heidelberg: Springer Berlin Heidelberg. 2012: 117－167.

[47] Cullen J M, Allwood J M. The efficient use of energy: Tracing the global flow of energy from fuel to service[J]. Energy Policy, 2010, 38(1): 75－81.

[48] Zhang X, Strbac G, Shah N, et al. Whole-system assessment of the benefits of integrated electricity and heat system[J]. IEEE Transactions on Smart Grid, 2019, 10(1): 1132－

1145.

[49] Chen X, Mcelroy M B, Kang C. Integrated energy systems for higher wind penetration in china: formulation, implementation, and impacts [J]. IEEE Transactions on Power Systems, 2018, 33(2): 1309 - 1319.

[50] Mashayekh S, Stadler M, Cardoso G, et al. Security-constrained design of isolated multi-energy microgrids[J]. IEEE Transactions on Power Systems, 2018, 33(3): 2452 - 2462.

[51] 杨经纬,张宁,康重庆.多能源网络的广义电路分析理论——(二)网络模型[J].电力系统自动化,2020,44(10): 10 - 21.

[52] 陈瑜玮,孙宏斌,郭庆来.综合能源系统分析的统一能路理论(五): 电-热-气耦合系统优化调度[J].中国电机工程学报,2020,40(24): 7928 - 7937.

[53] 王成山,吕超贤,李鹏,等.园区型综合能源系统多时间尺度模型预测优化调度[J].中国电机工程学报,2019,39(23): 6791 - 6803.

[54] 徐飞,闵勇,陈磊,等.包含大容量储热的电-热联合系统[J].中国电机工程学报,2014,(29): 5063 - 5072.

[55] 贾宏杰,王丹,徐宪东.区域综合能源系统若干问题研究[J].电力系统自动化,2015,(07): 198 - 207.

[56] 黎静华,朱梦姝,陆悦江,等.综合能源系统优化调度综述[J].电网技术,2021: 1 - 16.

[57] 丁涛,牟晨璐,别朝红,等.能源互联网及其优化运行研究现状综述[J].中国电机工程学报,2018,38(15): 4318 - 4328.

[58] 顾伟,陆帅,王珺,等.多区域综合能源系统热网建模及系统运行优化[J].中国电机工程学报,2017,37(05): 1305 - 1316.

[59] 任洪波,邓冬冬,吴琼,等.基于热电共融的区域分布式能源互联网协同优化研究[J].中国电机工程学报,2018,38(14): 4023 - 4034.

[60] 陈皓勇,李明,邱明,等.时变能量网络建模与分析[J].中国科学: 技术科学,2019,49(03): 243 - 254.

[61] 陈彬彬,孙宏斌,尹冠雄,等.综合能源系统分析的统一能路理论(二): 水路与热路[J].中国电机工程学报,2020,40(07): 2133 - 2142.

[62] Acha S, Mariaud A, Shah N, et al. Optimal design and operation of distributed low-carbon energy technologies in commercial buildings[J]. Energy, 2018, 142: 578 - 591.

[63] Zhang D, Shah N, Papageorgiou L G. Efficient energy consumption and operation management in a smart building with microgrid[J]. Energy Conversion and Management, 2013, 74: 209 - 222.

[64] 沈欣炜,朱守真,郑竞宏,等.考虑分布式电源及储能配合的主动配电网规划-运行联合优化[J].电网技术,2015,(07): 1913 - 1920.

[65] Zhou Z, Zhang J, Liu P, et al. A two-stage stochastic programming model for the optimal design of distributed energy systems[J]. Applied Energy, 2013, 103: 135 - 144.

[66] Li Z, Xu Y. Optimal coordinated energy dispatch of a multi-energy microgrid in grid-connected and islanded modes[J]. Applied Energy, 2018, 210: 974 - 986.

[67] Good N, Mancarella P. Flexibility in multi-energy communities with electrical and thermal storage: A stochastic, robust approach for multi-service demand response [J]. IEEE

Transactions on Smart Grid, 2019, 10(1): 503 - 513.

[68] Cardoso G, Brouhard T, Deforest N, et al. Battery aging in multi-energy microgrid design using mixed integer linear programming[J]. Applied Energy, 2018, 231: 1059 - 1069.

[69] Morvaj B, Evins R, Carmeliet J. Decarbonizing the electricity grid: The impact on urban energy systems, distribution grids and district heating potential[J]. Applied Energy, 2017, 191: 125 - 140.

[70] Ceseña E a M, Mancarella P. Energy systems integration in smart districts: robust optimisation of multi-energy flows in integrated electricity, heat and gas networks[J]. IEEE Transactions on Smart Grid, 2019, 10(1): 1122 - 1131.

[71] Liu X, Yan Z, Wu J. Optimal coordinated operation of a multi-energy community considering interactions between energy storage and conversion devices[J]. Applied Energy, 2019, 248: 256 - 273.

[72] 张雨曼,刘学智,严正,等.光伏-储能-热电联产综合能源系统分解协调优化运行研究[J].电工技术学报,2020,35(9): 210 - 224.

[73] Yang Y, Li H, Aichhorn A, et al. Sizing strategy of distributed battery storage system with high penetration of photovoltaic for voltage regulation and peak load shaving[J]. IEEE Transactions on Smart Grid, 2014, 5(2): 982 - 991.

[74] Uddin K, Gough R, Radcliffe J, et al. Techno-economic analysis of the viability of residential photovoltaic systems using lithium-ion batteries for energy storage in the United Kingdom[J]. Applied Energy, 2017, 206: 12 - 21.

[75] Mariaud A, Acha S, Ekins-Daukes N, et al. Integrated optimisation of photovoltaic and battery storage systems for UK commercial buildings[J]. Applied Energy, 2017, 199: 466 - 478.

[76] Parra D, Swierczynski M, Stroe D I, et al. An interdisciplinary review of energy storage for communities: Challenges and perspectives[J]. Renewable and Sustainable Energy Reviews, 2017, 79: 730 - 749.

[77] Mckenna E, Pless J, Darby S J. Solar photovoltaic self-consumption in the UK residential sector: New estimates from a smart grid demonstration project[J]. Energy Policy, 2018, 118: 482 - 491.

[78] Linssen J, Stenzel P, Fleer J. Techno-economic analysis of photovoltaic battery systems and the influence of different consumer load profiles[J]. Applied Energy, 2017, 185: 2019 - 2025.

[79] Pimm A J, Cockerill T T, Taylor P G. The potential for peak shaving on low voltage distribution networks using electricity storage[J]. Journal of Energy Storage, 2018, 16: 231 - 242.

[80] Mckenna E, Mcmanus M, Cooper S, et al. Economic and environmental impact of lead-acid batteries in grid-connected domestic PV systems[J]. Applied Energy, 2013, 104: 239 - 249.

[81] Yu D, Liu H, Yan G, et al. Optimization of hybrid energy storage systems at the building level with combined heat and power generation[J]. Energies, 2017, 10(5): 606.

[82] Liu X, Zhang P, Pimm A, et al. Optimal design and operation of PV-battery systems considering the interdependency of heat pumps[J]. Journal of Energy Storage, 2019, 23: 526 - 536.

[83] Fedorov M. Parallel implementation of a steady state thermal and hydraulic analysis of pipe networks in OpenMP[M]//Wyrzykowski R, Dongarra J, Karczewski K, et al. Parallel processing and applied mathematics. Berlin and Heidelberg: Springer Berlin/Heidelberg, 2010: 360 - 369.

[84] Siemens. PSS sincal 7.0 heating manual[M]. Munich, Germany: Siemens, 2010.

[85] Larock B E, Jeppson R W, Watters G Z. Hydraulics of pipeline systems[M]. Boca Raton, Florida: CRC Press, 2000.

[86] Osiadacz A. Simulation and analysis of gas networks[M]. Riyadh, Saudi Arabia: Gulf Pub. Co., 1987.

[87] 7-Technologies. TERMIS help manual[M]. Denmark: 7T, 2009.

[88] Benonysson A. Dynamic modelling and operational optimization of district heating systems [D]. Lyngby: Danmarks Tekniske Hoejskole, Lyngby (Denmark). Lab. for Varme-og Klimateknik,1991.

[89] Ben Hassine I, Eicker U. Impact of load structure variation and solar thermal energy integration on an existing district heating network[J]. Applied Thermal Engineering, 2011, 50 (2013): 1437 - 1446.

[90] Henze G P, Floss A G. Evaluation of temperature degradation in hydraulic flow networks [J]. Energy and Buildings, 2011, 43(8): 1820 - 1828.

[91] Clamond D. Efficient resolution of the Colebrook equation[J]. Industrial & Engineering Chemistry Research, 2009, 48(7): 3665 - 3671.

[92] Press W H, Teukolsky S A, Vetterling W T, et al. Numerical recipes 3rd edition: The art of scientific computing[M]. Cambridge: Cambridge University Press, 2007.

[93] Mathworld. Newton's method[M/OL].[2021 - 08 - 03]https://mathworld.wolfram.com/NewtonsMethod.html.

[94] Altman T, Boulos P F. Convergence of Newton method in nonlinear network analysis[J]. Mathematical and Computer Modelling, 1995, 21(4): 35 - 41.

[95] Steer K C B, Wirth A, Halgamuge S K. Control period selection for improved operating performance in district heating networks[J]. Energy and Buildings, 2011, 43(2 - 3): 605 - 613.

[96] Byun J, Choi Y, Shin J, et al. Study on the development of an optimal heat supply control algorithm for group energy apartment buildings according to the variation of outdoor air temperature[J]. Energies, 2012, 5(5): 1686 - 1704.

[97] Bøhm B, Danig P O. Monitoring the energy consumption in a district heated apartment building in Copenhagen, with specific interest in the thermodynamic performance[J]. Energy and Buildings, 2004, 36(3): 229 - 236.

[98] Saarinen L. Modelling and control of a district heating system[D]. Uppsala, Sweden: Uppsala University, Department of Information Technology, 2008: 12.

[99] Bøhm B, Ha S, Kim W, et al. Simple models for operational optimisation[M]. Lyngby, Denmark: Department of Mechanical Engineering, Technical University of Denmark, 2002.

[100] Coulson J M, Richardson J F, Sinnott R K. Coulson & Richardson's chemical engineering: Volume 1: Fluid flow, heat transfer & mass transfer[M]. Oxford, United Kingdom: Butterworth-Heinemann Ltd, 1999: 501.

[101] McCalley J. Power system analysis I (fall 2006) course[M]. Ames, Iowa: Electrical and Computer Engineering Department, Iowa state university.

[102] Grainger J J, Stevenson W D. Power system analysis[M]. New York: McGraw-Hill, 1994.

[103] Pierluigi M. Cogeneration systems with electric heat pumps: Energy-shifting properties and equivalent plant modelling[J]. Energy Conversion and Management, 2009, 50(8): 1991 - 1999.

[104] Kalina J, Skorek J. CHP plants for distributed generation-equipment sizing and system performance evaluation[R]. Berlin, Germany: Proceeding of ECOS, 2002.

[105] Chartered Institution of Building Services Engineer (CIBSE). Guide to community heating and CHP (Good practice guide (GPG) 234)[R]. London: CIBSE, 2014.

[106] Sondergren C, Ravn H F. A method to perform probabilistic production simulation involving combined heat and power units[J]. Power Systems, IEEE Transactions on, 1996, 11(2): 1031 - 1036.

[107] Goldstein L. Gas-fired distributed energy resource technology characterizations[R]. United States: National Renewable Energy Laboratory, 2003.

[108] EPA. Catalog of CHP technologies[M]. Washington DC: U.S. Environmental Protection Agency (EPA) Combined Heat and Power Partnership, 2008.

[109] Eurelectric. European Combined Heat & Power: A technical analysis of possible definition of the concept of "Quality CHP"[R]. Paris, France: Union of the Electricity Industry-EURELECTRIC, 2002.

[110] Palsson H. Methods for planning and operating decentralized combined heat and power plants[D]. Lyngby, Denmark: Technical University of Denmark, 2000.

[111] Larsen H V, Pålsson H, Ravn H F. Probabilistic production simulation including combined heat and power plants[J]. Electric Power Systems Research, 1998, 48(1): 45 - 56.

[112] CHPQA. Guidance note 28: The Determination of Z ratio[M]. London: Combined heat and power quality assurance (CHPQA), 2014.

[113] Fischer D, Bernhardt J, Madani H, et al. Comparison of control approaches for variable speed air source heat pumps considering time variable electricity prices and PV[J]. Applied Energy, 2017, 204: 93 - 105.

[114] Postnote. Renewable heating[R]. London: The Parliamentary Office of Science and Technology, 2010.

[115] Meibom P, Kiviluoma J, Barth R, et al. Value of electric heat boilers and heat pumps for wind power integration[J]. Wind Energy, 2007, 10(4): 321 - 337.

[116] Committee on Climate Change. The fourth carbon budget — reducing emissions through

the 2020s[R]. London: Climate Change Committee (CCC), 2010.

[117] 龙惟定,白玮,范蕊,等.疫情之后:能源总线与第 5 代区域供热供冷系统的发展[J].暖通空调,2020,50(10):1-13.

[118] Danfoss. The heating book-8 steps to control of heating systems[M/OL][2021-05-21]. https://electrical-engineering-portal. com/download-center/books-and-guides/danfoss-the-heating-book.

[119] Desoer C A, Kuh E S. Basic circuit theory[M]. New York and London: McGraw-Hill, 1969.

[120] Seugwon A. Natural gas and electricity optimal power flow[D]. Stillwater Oklahoma: Oklahoma State University, 2004.

[121] Cretì A. Competition in wholesale electricity markets[M]//Cretì A, Fontini F. Economics of electricity: Markets, competition and rules. Cambridge: Cambridge University Press. 2019: 155-182.

[122] Cretì A. Introduction to energy and electricity[M]//Cretì A, Fontini F. Economics of Electricity: Markets, competition and rules. Cambridge: Cambridge University Press. 2019: 5-32.

[123] Xing Y, Bagdanavicius A, Lannon S C, et al. Low temperature district heating network planning with the focus on distribution energy losses. The Fourth International Conference on Applied Energy (ICAE2012)[C]. Suzhou, China, 2012.

[124] Ingram S, Probert S, Jackson K. The impact of small scale embedded generation upon the operating parameters of distribution networks[J]. DTi New and Renewable Energy Program, K/EL/00303/04/01, 2003.

[125] Cretì A. Energy products and the time dimension of electricity markets[M]//Cretì A, Fontini F. Economics of electricity: markets, competition and rules. Cambridge: Cambridge University Press. 2019: 59-71.

[126] Guo T, Henwood M I, Van Ooijen M. An algorithm for combined heat and power economic dispatch[J]. Power Systems, IEEE Transactions on, 1996, 11(4): 1778-1784.

[127] Glover J D, Sarma M S, Overbye T J. Power Systems Analysis & Design[M]. Thomson, 2008.

[128] Weisstein E W. "Permutation Matrix." from mathworld — A Wolfram web resource[EB/OL][2019-09-11].https://mathworld.wolfram.com/PermutationMatrix.html.

[129] Coherent Research Ltd. The university of Manchester energy Dashboard[R/OL][2014-09-18].https://www.ems.estates.manchester.ac.uk/.

[130] RAP. Grid-connected distributed generation: Compensation mechanism basics[J/OL][2017-08-17].https://energizeohio.osu.edu/sites/energizeohio/files/imce/68469-2.pdf.

[131] Li F. Spatially explicit techno-economic optimisation modelling of UK heating futures[D]. London: University College London, 2013.

[132] Zhang X, Strbac G, Teng F, et al. Economic assessment of alternative heat decarbonisation strategies through coordinated operation with electricity system — UK case study[J]. Applied Energy, 2018, 222: 79-91.

[133] Rees M T, Wu J, Jenkins N, et al. Carbon constrained design of energy infrastructure for new build schemes[J]. Applied Energy, 2014, 113: 1220 - 1234.

[134] US Department of Energy. The importance of flexible electricity supply[R]. Washington DC: US Department of Energy, 2010.

[135] Beck T, Kondziella H, Huard G, et al. Assessing the influence of the temporal resolution of electrical load and PV generation profiles on self-consumption and sizing of PV-battery systems[J]. Applied Energy, 2016, 173: 331 - 342.

[136] Sani Hassan A, Cipcigan L, Jenkins N. Optimal battery storage operation for PV systems with tariff incentives[J]. Applied Energy, 2017, 203: 422 - 441.

[137] Ameli H, Qadrdan M, Strbac G. Value of gas network infrastructure flexibility in supporting cost effective operation of power systems[J]. Applied Energy, 2017, 202: 571 - 580.

[138] Barbour E, Parra D, Awwad Z, et al. Community energy storage: A smart choice for the smart grid? [J]. Applied Energy, 2018, 212: 489 - 497.

[139] Lai C S, Mcculloch M D. Levelized cost of electricity for solar photovoltaic and electrical energy storage[J]. Applied Energy, 2017, 190: 191 - 203.

[140] Ma J, Silva V, Belhomme R, et al. Evaluating and planning flexibility in sustainable power systems[J]. IEEE Transactions on Sustainable Energy, 2013, 4(1): 200 - 209.

[141] Pimm A J, Cockerill T T, Taylor P G. Time-of-use and time-of-export tariffs for home batteries: Effects on low voltage distribution networks[J]. Journal of Energy Storage, 2018, 18: 447 - 458.

[142] National Grid. 2017 Future energy scenarios[M/OL][2017 - 10 - 20]. [http://www.nationalgrid.com/UK/Industry-information/Future-of-Energy/Future-Energy-Scenarios/.

[143] Goater A, Squires J. Carbon footprint of heat generation[R]. London: The Parliamentary Office of Science and Technology, 2016.

[144] Danish Energy Agency. Technology data for energy plants[J/OL][2018 - 05 - 01]. https://ens.dk/sites/ens.dk/files/Analyser/technology_data_catalogue_for_energy_plants_-_aug_2016_update_oct_nov_2017.pdf.

[145] Ofgem. Feed-in-Tariffs (FIT): Generation & export payment rate table 01April - 30 June 2016[R]. London: Office of Gas and Electricity Markets.

[146] Richardson I, Thomson M, Infield D, et al. Domestic electricity use: A high-resolution energy demand model[J]. Energy and Buildings, 2010, 42(10): 1878 - 1887.

[147] Bertsch V, Geldermann J, Lühn T. What drives the profitability of household PV investments, self-consumption and self-sufficiency? [J]. Applied Energy, 2017, 204: 1 - 15.

[148] Beck T, Kondziella H, Huard G, et al. Optimal operation, configuration and sizing of generation and storage technologies for residential heat pump systems in the spotlight of self-consumption of photovoltaic electricity[J]. Applied Energy, 2017, 188: 604 - 619.

[149] Bloomberg New Economy Forum (BNEF). New energy outlook 2018[M]. London: BloombergNEF, 2018.

[150] Morvaj B, Evins R, Carmeliet J. Optimising urban energy systems: Simultaneous system sizing, operation and district heating network layout[J]. Energy, 2016, 116: 619 - 636.

[151] Novitsky N N, Shalaginova Z I, Alekseev A A, et al. Smarter smart district heating[J]. Proceedings of the IEEE, 2020, 108(9): 1596 - 1611.

[152] 徐飞,郝玲,陈磊,等.电热综合能源系统中热力管网动态建模及协调运行研究综述[J].全球能源互联网,2021,4(01): 55 - 63.

[153] Huang W, Zhang N, Cheng Y, et al. Multienergy networks analytics: Standardized modeling, optimization, and low carbon analysis[J]. Proceedings of the IEEE, 2020, 108(9): 1411 - 1436.

[154] Fischer D, Wolf T, Wapler J, et al. Model-based flexibility assessment of a residential heat pump pool[J]. Energy, 2017, 118: 853 - 864.

[155] Song W H, Wang Y, Gillich A, et al. Modelling development and analysis on the Balanced Energy Networks (BEN) in London[J]. Applied Energy, 2019, 233 - 234: 114 - 125.

[156] Wang Y, Gillich A, Lu D, et al. Performance prediction and evaluation on the first balanced energy networks (BEN) part I: BEN and building internal factors[J]. Energy, 2021, 221: 119797.

[157] Wirtz M, Kivilip L, Remmen P, et al. 5th generation district heating: A novel design approach based on mathematical optimization[J]. Applied Energy, 2020, 260: 114158.

[158] Gillich A. A smarter way to electrify heat — the balanced energy network approach to demand side response in the UK. European Council for an Energy Efficient Economy (ECEEE) Summer Study[C]. Hyeres, France: 2017.

[159] 孟华,王海,龙惟定.夏热冬冷地区能源总线系统的区域能源规划方法[J].制冷学报,2017,38(04): 50 - 58.

[160] Buffa S, Cozzini M, D'antoni M, et al. 5th generation district heating and cooling systems: A review of existing cases in Europe[J]. Renewable and Sustainable Energy Reviews, 2019, 104: 504 - 522.

[161] Wang Y, Zhang S, Chow D, et al. Evaluation and optimization of district energy network performance: Present and future[J]. Renewable and Sustainable Energy Reviews, 2021, 139: 110577.

[162] Fang H, Xia J, Jiang Y. Key issues and solutions in a district heating system using low-grade industrial waste heat[J]. Energy, 2015, 86: 589 - 602.

[163] 田立亭,程林,李荣,等.基于加权有向图的园区综合能源系统多场景能效评价方法[J].中国电机工程学报,2019,39(22): 6471 - 6483.

[164] 陈厚合,邵俊岩,姜涛,等.基于参数灵敏度的综合能源系统安全控制策略研究[J].中国电机工程学报,2020,40(15): 4831 - 4843.

[165] Jiang T, Min Y, Zhou G, et al. Hierarchical dispatch method for integrated heat and power systems considering the heat transfer process[J]. Renewable and Sustainable Energy Reviews, 2021, 135: 110412.

[166] Pan Z, Guo Q, Sun H. Feasible region method based integrated heat and electricity dispatch considering building thermal inertia[J]. Applied Energy, 2017, 192: 395 - 407.

[167] Chicco G, Riaz S, Mazza A, et al. Flexibility from distributed multienergy systems[J]. Proceedings of the IEEE, 2020, 108(9): 1496 - 1517.

[168] 栗子豪,李铁,吴文传,等.基于 Minkowski Sum 的热泵负荷调度灵活性聚合方法[J].电力系统自动化,2019,43(05): 14 - 21.

[169] Wang H, Riaz S, Mancarella P. Integrated techno-economic modeling, flexibility analysis, and business case assessment of an urban virtual power plant with multi-market co-optimization[J]. Applied Energy, 2020, 259: 114142.

[170] Wang H, Meng H. Improved thermal transient modeling with new 3-order numerical solution for a district heating network with consideration of the pipe wall's thermal inertia [J]. Energy, 2018, 160: 171 - 183.

[171] Wang H, Meng H, Zhu T. New model for onsite heat loss state estimation of general district heating network with hourly measurements [J]. Energy Conversion and Management, 2018, 157: 71 - 85.

[172] 刘洪,赵晨晓,葛少云,等.基于精细化热网模型的电热综合能源系统时序潮流计算[J].电力系统自动化,2021,45(04): 63 - 72.

[173] 鲁宗相,李海波,乔颖.高比例可再生能源并网的电力系统灵活性评价与平衡机理[J].中国电机工程学报,2017,(01): 9 - 20.

[174] Ding Y, Shao C, Yan J, et al. Economical flexibility options for integrating fluctuating wind energy in power systems: The case of China[J]. Applied Energy, 2018, 228: 426 - 436.

[175] Li Z, Wu W, Shahidehpour M, et al. Combined Heat and Power Dispatch Considering Pipeline Energy Storage of District Heating Network [J]. IEEE Transactions on Sustainable Energy, 2016, 7(1): 12 - 22.

[176] 陈群,郝俊红,陈磊,等.电-热综合能源系统中能量的整体输运模型[J].电力系统自动化,2017,41(13): 7 - 13.

[177] 邵常政.面向灵活性与可靠性的电-热综合能源系统运行与规划研究[D].杭州：浙江大学,2020.

[178] Bloess A, Schill W P, Zerrahn A. Power-to-heat for renewable energy integration: A review of technologies, modeling approaches, and flexibility potentials [J]. Applied Energy, 2018, 212: 1611 - 1626.

[179] 陈瑜玮,王彬,潘昭光,等.计及用户灵活性和热惯性的多能园区优化调度：研发及应用[J].电力系统自动化,2020,44(23): 29 - 37.

[180] 孙鹏,滕云,冷欧阳,等.考虑供热系统多重热惯性的电热联合系统协调优化[J].中国电机工程学报,2020,19: 1 - 13.

[181] 李卓阳,靳小龙,贾宏杰,等.考虑建筑物热动态特性的暖通空调模型预测控制方法[J].中国电机工程学报,2020,40(12): 3928 - 3940.

[182] 郝俊红,陈群,葛维春,等.热特性对含储热电-热联供系统的综合调度影响[J].中国电机工程学报,2019,39(09): 2681 - 2689.

[183] Jiang Y, Wan C, Botterud A, et al. Exploiting flexibility of district heating networks in combined heat and power dispatch[J]. IEEE Transactions on Sustainable Energy, 2020, 11(4): 2174 - 2188.

[184] Ceseña E A M, Good N, Panteli M, et al. Flexibility in sustainable electricity systems: Multivector and multisector nexus perspectives[J]. IEEE Electrification Magazine, 2019, 7(2): 12 - 21.

[185] Bampoulas A, Saffari M, Pallonetto F, et al. A fundamental unified framework to quantify and characterise energy flexibility of residential buildings with multiple electrical and thermal energy systems[J]. Applied Energy, 2021, 282: 116096.

[186] 李建林,田立亭,程林,等.考虑变工况特性的微能源系统优化规划(一)基本模型和分析[J].电力系统自动化,2018,42(19): 18 - 26.

附录 A　水力计算方法

水力模型的目标是在节点质量流率 $\dot{m}_q$ 给定的情况下计算管段质量流率 $\dot{m}$。水力方程组的待求变量通常可表示为三种形式：未知管段质量流率 $\dot{m}$、未知节点水头 h、未知的校正质量流率 $\Delta\dot{m}$。本书第 2 章论述了牛顿-拉夫逊方法求解待求变量为管段质量流率 $\dot{\boldsymbol{m}}$ 的水力方程组。本附录介绍牛顿-拉夫逊方法求解待求变量为水头 $\boldsymbol{h}$ 的水力方程组，以及牛顿-拉夫逊方法与 Hardy-Cross 法求解待求变量为校正质量流率 $\Delta\dot{\boldsymbol{m}}$ 的水力方程组。

A1　简单算例

含 1 个环路的管网如附图 A.1。节点质量流率为 $\dot{\boldsymbol{m}}_q = \begin{bmatrix} 5 \\ -4 \\ -1 \end{bmatrix}$。假设各管段的阻力系数为常数，$\boldsymbol{K} = \begin{bmatrix} 3 \\ 2 \\ 6 \end{bmatrix}$。

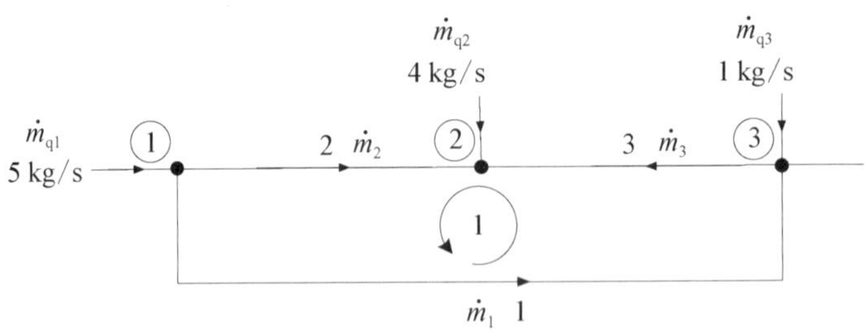

附图 A.1　含 1 个环路的管网

网络关联矩阵 $\boldsymbol{A}$ 与环路关联矩阵 $\boldsymbol{B}$ 可表示为

$$A = \begin{array}{c} \\ \text{节点编号} \end{array} \begin{array}{c} \\ 1 \\ 2 \\ 3 \end{array} \overset{\text{管段编号}}{\begin{array}{ccc} 1 & 2 & 3 \\ \hline \end{array}} \begin{bmatrix} 1 & -1 & 0 \\ 0 & 1 & 1 \\ -1 & 0 & -1 \end{bmatrix} \qquad B = \text{环路编号}\ 1 \overset{\text{管段编号 } 1\ \ 2\ \ 3}{\begin{bmatrix} 1 & -1 & 1 \end{bmatrix}}$$

1) $\dot{m}$ -方程

节点1与2的质量节点流量平衡方程表示为

$$\begin{aligned} -\dot{m}_1 - \dot{m}_2 + 5 = 0 \\ \dot{m}_2 + \dot{m}_3 - 4 = 0 \end{aligned} \tag{A.1}$$

环路1的回路压力平衡表示为

$$\boldsymbol{F}_l(\dot{\boldsymbol{m}}) = \sum_{j=1}^{3} B_j K_j \dot{m}_j \mid \dot{m}_j \mid = 3\dot{m}_1 \mid \dot{m}_1 \mid - 2\dot{m}_2 \mid \dot{m}_2 \mid + 6\dot{m}_3 \mid \dot{m}_3 \mid = 0 \tag{A.2}$$

2) h -方程

依据方程(2.9),将质量流率写成水头为变量的表达式

$$\dot{m}_k = \left(\frac{\mid h_i - h_j \mid}{K_k}\right)^{1/2} \tag{A.3}$$

式中,$\dot{m}_k$ 为连接节点 i 与 j 的管段 k 的质量流率。

将 $\dot{m}_k$ 代入到方程(A.1):

$$\begin{aligned} -\left(\frac{h_1 - h_3}{K_1}\right)^{1/2} - \left(\frac{h_1 - h_2}{K_2}\right)^{1/2} + 5 = 0 \\ \left(\frac{h_1 - h_2}{K_2}\right)^{1/2} + \left(\frac{h_3 - h_2}{K_3}\right)^{1/2} - 4 = 0 \end{aligned} \tag{A.4}$$

3) $\Delta\dot{m}$ -方程

选取各管段质量流率初始值 $\dot{\boldsymbol{m}}^{(0)}$,使其满足节点流量平衡方程(A.1)(如,$\dot{\boldsymbol{m}}^{(0)} = \begin{bmatrix} \dot{m}_1^{(0)} \\ \dot{m}_2^{(0)} \\ \dot{m}_3^{(0)} \end{bmatrix} = \begin{bmatrix} 3 \\ 2 \\ 2 \end{bmatrix}$)。则管段质量流率更新为初始值 $\dot{m}^{(0)}$ 加上校正质量流率 $\Delta\dot{m}$。相应地,回路压力平衡方程表示为

$$\begin{aligned} \boldsymbol{F}_l = \boldsymbol{BK}\dot{\boldsymbol{m}} \mid \dot{\boldsymbol{m}} \mid &= \sum_{j=1}^{3} B_j K_j \dot{m}_j \mid \dot{m}_j \mid = 3\dot{m}_1 \mid \dot{m}_1 \mid - 2\dot{m}_2 \mid \dot{m}_2 \mid + 6\dot{m}_3 \mid \dot{m}_3 \mid \\ &= 3(\dot{m}_1^{(0)} + \Delta\dot{m}) \mid (\dot{m}_1^{(0)} + \Delta\dot{m}) \mid - 2(\dot{m}_2^{(0)} - \Delta\dot{m}) \mid (\dot{m}_2^{(0)} - \Delta\dot{m}) \mid \\ &\quad + 6(\dot{m}_3^{(0)} + \Delta\dot{m}) \mid (\dot{m}_3^{(0)} + \Delta\dot{m}) \mid = 0 \end{aligned} \tag{A.5}$$

综上所述，水力模型的 3 种方程组如下：

① 方程组(A.1)与(A.2)，待求变量：$\dot{m}_1$，$\dot{m}_2$，$\dot{m}_3$；

② 方程组(A.4)，待求变量：h_1，h_2；

③ 方程组(A.5)，待求变量：$\Delta\dot{m}$。

$\dot{m}$ -方程的数目等于热网管段数目，h -方程数目等于热网节点数－1，$\Delta\dot{m}$ -方程数目等于热网环路数目。

A2　求解方法

第 2 章已论述了牛顿-拉夫逊方法求解待求变量为管段质量流率 $\dot{m}$ 的水力方程组，本节介绍水力模型 h -方程与 $\Delta\dot{m}$ -方程的求解。

A2.1　牛顿-拉夫逊法求解 h -方程

h -方程通过牛顿-拉夫逊方法求解，其迭代形式为

$$\boldsymbol{h}^{(i+1)}=\boldsymbol{h}^{(i)}-\boldsymbol{J}^{-1}\boldsymbol{F}_{\mathrm{h}} \tag{A.6}$$

式中，$\boldsymbol{F}_{\mathrm{h}}$为水头的偏差向量。

方程(A.4)的雅可比矩阵表示为

$$\boldsymbol{J}=\begin{bmatrix} -\dfrac{1}{2K_1\dot{m}_1}-\dfrac{1}{2K_2\dot{m}_2} & \dfrac{1}{2K_2\dot{m}_2} \\ \dfrac{1}{2K_2\dot{m}_2} & -\dfrac{1}{2K_2\dot{m}_2}-\dfrac{1}{2K_3\dot{m}_3} \end{bmatrix} \tag{A.7}$$

假设节点 3 的水头为基准值 $h_3=10$ Pa，节点 1 与节点 2 的初始水头为：$h_1=20$ Pa，$h_2=4$ Pa。第 1 次迭代时，$\boldsymbol{h}^{(1)}=\boldsymbol{h}^{(0)}-(\boldsymbol{J}^{(0)})^{-1}\boldsymbol{F}_h^{(0)}=[21.908\,9\quad 3.967\,8\quad 10.000\,0]^{\mathrm{T}}$。

在误差 $\varepsilon=10^{-3}$ 的情况下，经过 4 251 次迭代后结果收敛为 $\boldsymbol{h}=[21.998\,8\quad 3.997\,6\quad 10.000\,0]^{\mathrm{T}}$。将 $\boldsymbol{h}$ 代入到方程(A.3)，质量流率的计算结果为：$\dot{\boldsymbol{m}}=[1.999\,8\quad 3.000\,2\quad 1.000\,5]^{\mathrm{T}}$。

研究发现，求解待求变量为水头节点变量的 h -方程，当初始水头值选取不合适时，会遇到收敛问题。

A2.2　牛顿-拉夫逊法求解 $\Delta\dot{m}$ -方程

$\Delta\dot{m}$ -方程的待求变量为各管段校正质量流率。选取各管段质量流率的初始值以满足节点流量平衡方程。通过将回路 li 中所有管段质量流率更改相同的校

正值 $\Delta\dot{m}_{li}$，使流入节点增加(或减少)的流量被流出节点完全相同的增加(或减少)的流量所平衡，确保节点流量平衡方程始终会满足。

环路中各管段质量流率根据校正质量流率更新得出

$$\dot{\boldsymbol{m}}=\dot{\boldsymbol{m}}^{(0)}+\boldsymbol{B}^{\mathrm{T}}\Delta\dot{\boldsymbol{m}} \tag{A.8}$$

式中，$\Delta\dot{\boldsymbol{m}}$ 向量维度为 $n_l\times 1$，n_l 是环路的数目。

牛顿-拉夫逊的迭代形式为

$$\Delta\dot{\boldsymbol{m}}^{(i+1)}=\Delta\dot{\boldsymbol{m}}^{(i)}-\boldsymbol{J}^{-1}\boldsymbol{F}_l \tag{A.9}$$

雅可比矩阵为

$$\boldsymbol{J}=\begin{bmatrix}\dfrac{\partial F_1}{\partial\Delta\dot{m}_1} & \cdots & \dfrac{\partial F_1}{\partial\Delta\dot{m}_{n_l}}\\ \vdots & \ddots & \vdots\\ \dfrac{\partial F_{n_l}}{\partial\Delta\dot{m}_1} & \cdots & \dfrac{\partial F_{n_l}}{\partial\Delta\dot{m}_{n_l}}\end{bmatrix} \tag{A.10}$$

环路水头的偏差向量为

$$\boldsymbol{F}_l(\dot{\boldsymbol{m}})=\boldsymbol{F}_l(\dot{\boldsymbol{m}}^{(0)}+\boldsymbol{B}^{\mathrm{T}}\Delta\dot{\boldsymbol{m}})=\sum_{j=1}^{n_p}B_{kj}K_j(\dot{m}_j^{(0)}+B_{kj}\Delta\dot{\boldsymbol{m}}_k)\mid(\dot{m}_j^{(0)}+B_{kj}\Delta\dot{\boldsymbol{m}}_k)\mid \tag{A.11}$$

$\boldsymbol{F}_l$ 对 $\Delta\dot{\boldsymbol{m}}$ 的导数 $\left(\dfrac{\partial\boldsymbol{F}_l}{\partial\Delta\dot{\boldsymbol{m}}}\right)$ 表示为

$$\frac{\partial\boldsymbol{F}_{l,k}}{\partial\Delta\dot{\boldsymbol{m}}_j}=\begin{cases}\sum\limits_{j=1}^{n_p}2\mid B_{kj}\mid K_j\mid\dot{m}_j\mid, & \text{if}\, j\in\text{loop}\, k\\ 2B_{kj}B_{k'j}K_j\mid\dot{m}_j\mid, & \text{if}\, j\in\text{loop}\, k,\ j\in\text{loop}\, k'\end{cases} \tag{A.12}$$

对于图 A.1 中的热力管网，雅可比矩阵 $\boldsymbol{J}$ 为

$$\boldsymbol{J}=\frac{\partial\boldsymbol{F}_l}{\partial\Delta\dot{\boldsymbol{m}}}=6\mid\dot{m}_1\mid+4\mid\dot{m}_2\mid+12\mid\dot{m}_3\mid \tag{A.13}$$

假设初始值 $\Delta\dot{\boldsymbol{m}}^{(0)}=\boldsymbol{0}$，第 1 次迭代时，

$$\Delta\dot{\boldsymbol{m}}^{(1)}=\Delta\dot{\boldsymbol{m}}^{(0)}-(\boldsymbol{J}^{(0)})^{-1}\boldsymbol{F}_l^{(0)}=0-\frac{43}{50}=-0.86$$

在误差 $\varepsilon=10^{-3}$ 的情况下经 4 迭代后，结果收敛为：$\Delta\dot{\boldsymbol{m}}=-1$。因此，依据方程(A.8)：

$$\dot{\boldsymbol{m}}=\dot{\boldsymbol{m}}^{(0)}+\boldsymbol{B}^{\mathrm{T}}\Delta\dot{\boldsymbol{m}}=\begin{bmatrix}3\\2\\2\end{bmatrix}+\begin{bmatrix}1\\-1\\1\end{bmatrix}[-1]=\begin{bmatrix}2\\3\\1\end{bmatrix}。$$

A2.3 解环法求解 $\Delta\dot{\boldsymbol{m}}$ -方程

解环法(Hardy-Cross)是由早期手工计算发展而来的,每次求解 1 个环路,而不是同时求解所有环路。迭代形式为

$$\Delta\dot{\boldsymbol{m}}^{(i+1)}=\Delta\dot{\boldsymbol{m}}^{(i)}-\frac{\boldsymbol{F}_l}{\dfrac{\partial\boldsymbol{F}_l}{\partial\Delta\dot{\boldsymbol{m}}}}=\Delta\dot{\boldsymbol{m}}^{(i)}-\frac{\boldsymbol{BK}\dot{\boldsymbol{m}}\ |\ \dot{\boldsymbol{m}}\ |}{2\ |\ \boldsymbol{B}\ |\ \boldsymbol{K}\ |\ \dot{\boldsymbol{m}}\ |}\tag{A.14}$$

所有环路中管段质量流率的调整值,相当于采用牛顿-拉夫逊法的雅可比矩阵的主对角线元素,其计算表达式为

$$\frac{\boldsymbol{F}_l}{\dfrac{\partial\boldsymbol{F}_l}{\partial\Delta\dot{\boldsymbol{m}}}}=\frac{\sum_{j=1}^{n_p}B_{kj}K_j\dot{m}_j\ |\ \dot{m}_j\ |}{\sum_{j=1}^{n_p}2\ |\ B_{kj}\ |\ K_j\ |\ \dot{m}_j\ |},\ k=1,\ 2,\ \cdots,\ n_l\tag{A.15}$$

式中,n_p 与 n_l 表示管段数目与环路数目,k 表示环路编号的索引,$|\boldsymbol{B}|$ 由元素‘1’与‘0’组成。对于同时在 2 个环路的一根管段,质量流率的调整是累计的。求解 $\dfrac{\partial\boldsymbol{F}_l}{\partial\Delta\dot{\boldsymbol{m}}}$ 的过程在牛顿-拉夫逊方法中已说明。

相比于牛顿-拉夫逊法求解 $\Delta\dot{m}$ -方程,Hardy-Cross 方法通过独立考虑每个环路而不是同时考虑所有环路,简化了校正值的计算。

对图 A.1 中管网的 $\Delta\dot{m}$ -方程的计算步骤如下:

(1) 选取 $\dot{\boldsymbol{m}}^{(0)}$ 满足节点流量平衡方程,如,$\dot{\boldsymbol{m}}^{(0)}=\begin{bmatrix}\dot{m}_1^{(0)}\\\dot{m}_2^{(0)}\\\dot{m}_3^{(0)}\end{bmatrix}=\begin{bmatrix}3\\2\\2\end{bmatrix}$。

(2) 通过方程(A.5) 计算环路水头损失。第 1 次迭代时,

$$\boldsymbol{F}_l=\boldsymbol{BK}\dot{\boldsymbol{m}}\ |\ \dot{\boldsymbol{m}}\ |=[1\quad -1\quad 1]\begin{bmatrix}3\\2\\6\end{bmatrix}\begin{bmatrix}3\\2\\2\end{bmatrix}\begin{bmatrix}3\\2\\2\end{bmatrix}=27-8+24=43。$$

(3) 计算步骤(2)表达式的导数。第 1 次迭代时,

$$2\ |\ \boldsymbol{B}\ |\ \boldsymbol{K}\ |\ \dot{\boldsymbol{m}}\ |=\sum_{j=1}^{n_p}2\ |\ B_{kj}\ |\ K_j\ |\ \dot{m}_j\ |=18+8+24=50。$$

(4) 采用相同的值 $\Delta\dot{m}$ 校正环路中各管段质量流率。该校正值通过步骤(2)的结果除以步骤(3)的结果。第1次迭代时，

$$\Delta\dot{m}=-\frac{\boldsymbol{BK}\dot{\boldsymbol{m}}\mid\dot{\boldsymbol{m}}\mid}{2\mid\boldsymbol{B}\mid\boldsymbol{K}\mid\dot{\boldsymbol{m}}\mid}=-\frac{43}{50}=-0.86。因此，$$

$$\dot{\boldsymbol{m}}^{(1)}=\begin{bmatrix}\dot{m}_1^{(1)}\\\dot{m}_2^{(1)}\\\dot{m}_3^{(1)}\end{bmatrix}=\dot{\boldsymbol{m}}^{(0)}+\boldsymbol{B}^{\mathrm{T}}\Delta\dot{m}=\begin{bmatrix}\dot{m}_1^{(0)}+\Delta\dot{m}\\\dot{m}_2^{(0)}-\Delta\dot{m}\\\dot{m}_3^{(0)}+\Delta\dot{m}\end{bmatrix}=\begin{bmatrix}2.14\\2.86\\1.14\end{bmatrix}。$$

(5) 该计算过程从步骤(2)一直迭代，直到 $\mid\boldsymbol{F}_l\mid$ 的最大值小于 ε。4次迭代后，结果收敛为：$\dot{\boldsymbol{m}}=\begin{bmatrix}\dot{m}_1\\\dot{m}_2\\\dot{m}_3\end{bmatrix}=\begin{bmatrix}2\\3\\1\end{bmatrix}$。

A3 复杂算例

含多个环路的环状热力网如附图A.2所示。网络由热源节点1供热。钢管中的管段参数、节点质量流率 $\dot{\boldsymbol{m}}_{\mathrm{q}}$、网络关联矩阵 $\boldsymbol{A}$、环路关联矩阵 $\boldsymbol{B}$ 如附表A.1～A.4所示。

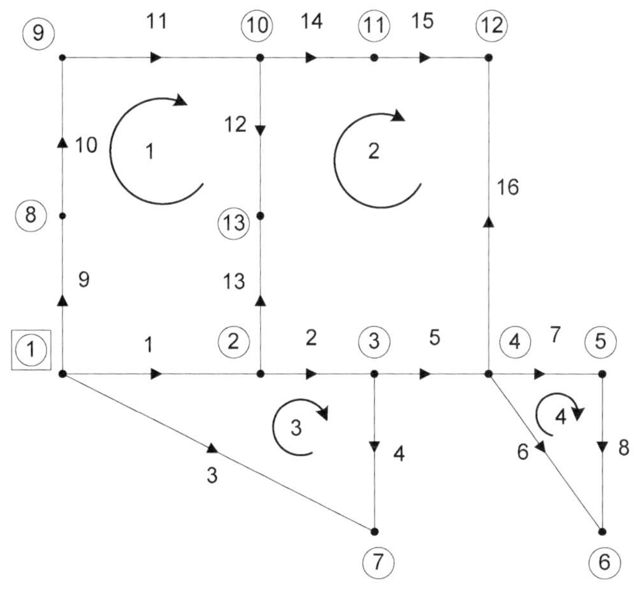

附图A.2 含多个环路的热力网

附表 A.1　管 段 参 数

管　段	始端节点	末端节点	内径/m	长度/m	粗糙度/mm
1	1	2	0.25	200	0.025
2	2	3	0.20	80	0.025
3	1	7	0.05	352	0.025
4	3	7	0.05	112	0.025
5	3	4	0.20	240	0.025
6	4	6	0.05	328	0.025
7	4	5	0.15	96	0.025
8	5	6	0.125	248	0.025
9	1	8	0.08	160	0.025
10	8	9	0.05	104	0.025
11	9	10	0.05	208	0.025
12	10	13	0.15	200	0.025
13	2	13	0.30	48	0.025
14	10	11	0.10	120	0.025
15	11	12	0.08	208	0.025
16	4	12	0.10	280	0.025

附表 A.2　节点质量流率

节点	1	2	3	4	5	6	7	8	9	10	11	12
$\dot{m}$	129.37	2.96	4.37	7.38	9.16	27.03	1.96	4.65	5.85	28.29	26.67	7.68

附表 A.3　网络关联矩阵 *A*

		管段编号(Pipe No.)															
		1	2	3	4	5	6	7	8	9	10	11	12	13	14	15	16
节点编号(Node No.)	1	−1		−1						−1							
	2	1	−1											−1			
	3		1		−1	−1											
	4					1	−1	−1									−1
	5							1	−1								
	6						1		1								

（续表）

		管段编号(Pipe No.)															
		1	2	3	4	5	6	7	8	9	10	11	12	13	14	15	16
节点编号(Node No.)	7			1	1												
	8									1	−1						
	9										1	−1					
	10											1	−1		−1		
	11														1	−1	
	12															1	1

附表 A.4 环路关联矩阵 *B*

		管段编号(Pipe No.)															
		1	2	3	4	5	6	7	8	9	10	11	12	13	14	15	16
环路编号(Loop No.)	1	−1								1	1	1	1	−1			
	2		−1			−1							−1	1	1	1	−1
	3	1	1	−1	1												
	4						−1	1	1								

A3.1 牛顿-拉夫逊法求解 $\Delta\dot{m}$ -方程

如图 A.2 所示的热力管网的雅可比矩阵 $\boldsymbol{J}$ 表示为

$$\boldsymbol{J}=\begin{bmatrix} J_{11} & J_{12} & J_{13} & 0 \\ J_{21} & J_{22} & J_{23} & 0 \\ J_{31} & J_{32} & J_{33} & 0 \\ 0 & 0 & 0 & J_{44} \end{bmatrix} \tag{A.16}$$

式中，

$$J_{kk}=\sum_{j=1}^{n_p} 2\mid B_{kj}\mid K_j\mid \dot{m}_j\mid,$$

$$J_{12}=J_{21}=2B_{1,12}B_{2,12}K_{12}\mid \dot{m}_{12}\mid + 2B_{1,13}B_{2,13}K_{13}\mid \dot{m}_{13}\mid,$$

$$J_{13}=J_{31}=2B_{1,1}B_{3,1}K_1\mid \dot{m}_1\mid,$$

$$J_{23}=J_{32}=2B_{2,2}B_{3,2}K_2\mid \dot{m}_2\mid。$$

在误差为 $\varepsilon=10^{-3}$ 的情况下，经 6 次迭代后，结果收敛为

$\dot{\boldsymbol{m}}=[119.06\quad 62.13\quad 1.47\quad 0.49\quad 57.28\quad 2.14\quad 34.05\quad 24.89\quad 8.83\quad 4.18\quad -1.67\quad -50.60\quad 53.97\quad 20.64\quad -6.03\quad 13.71]$。

A3.2 解环法求解 $\Delta\dot{\boldsymbol{m}}$ -方程

Hardy-Cross 方法求解含 4 个环路的热力管网(见附图 A.2)的步骤如下。

(1) 选取 $\dot{\boldsymbol{m}}^{(0)}$ 满足节点流量平衡方程：

① 选取所有 4 个环路的任意一根管段，给定初始值，形成 4 个扩展方程，如环路 1 的管段 11，环路 2 的管段 16，环路 3 的管段 3，环路 4 的管段 6，假设其初始质量流率为 1 kg/s。

② 通过联立 4 个扩展方程与 12 个节点流量平衡方程来计算 16 根管段的初始质量流率

$$\dot{\boldsymbol{m}}^{(0)}=[116.87\quad 49.90\quad 1.00\quad 0.96\quad 44.57\quad 1.00\quad 35.19\quad 26.03\quad 11.50\quad 6.85\quad 1.00\quad -60.64\quad 64.01\quad 33.35\quad 6.68\quad 1.00]^{\mathrm{T}}。$$

(2) 计算各环路的水头损失之和。第 1 次迭代时，$\boldsymbol{F}_l=\boldsymbol{BK}\dot{\boldsymbol{m}}\,|\,\dot{\boldsymbol{m}}\,|=\begin{bmatrix}20.24\\31.75\\2.40\\7.38\end{bmatrix}$。

(3) 计算步骤(2)表达式求导的数值。第 1 次迭代时，

$$2\,|\,\boldsymbol{B}\,|\,\boldsymbol{K}\,|\,\dot{\boldsymbol{m}}\,|=\sum_{j=1}^{n_p}2\,|\,B_{kj}\,|\,K_j\,|\,\dot{m}_j\,|=\begin{bmatrix}12.17\\3.09\\6.35\\5.16\end{bmatrix}。$$

(4) 将环路 li 的各管段质量流率，调整为相同值 $\Delta\dot{m}_{li}$。该调整值是由步骤 2 的结果除以步骤 3 的结果计算得出的。第 1 次迭代时，

$$\Delta\dot{\boldsymbol{m}}^{(1)}=-\frac{\boldsymbol{BK}\dot{\boldsymbol{m}}\,|\,\dot{\boldsymbol{m}}\,|}{2\,|\,\boldsymbol{B}\,|\,\boldsymbol{K}\,|\,\dot{\boldsymbol{m}}\,|}=-\begin{bmatrix}20.24\\31.75\\2.40\\7.38\end{bmatrix}\Bigg/\begin{bmatrix}12.17\\3.09\\6.35\\5.16\end{bmatrix}=\begin{bmatrix}-1.66\\-10.28\\-0.38\\-1.43\end{bmatrix},$$

则 $\dot{\boldsymbol{m}}^{(1)}=\dot{\boldsymbol{m}}^{(0)}+\boldsymbol{B}^{\mathrm{T}}\Delta\dot{\boldsymbol{m}}^{(1)}=[118.16\quad 59.80\quad 1.38\quad 0.58\quad 54.85\quad 2.43\quad 33.76\quad 24.60\quad 9.84\quad 5.19\quad -0.66\quad -52.02\quad 55.39\quad 23.07\quad -3.60\quad 11.28]^{\mathrm{T}}$。

(5) 本计算过程从步骤(2)一直迭代，直到 $|\,\boldsymbol{F}_l\,|$ 的最大值小于 ε。经 7 次迭代

后，结果收敛为：$\dot{\boldsymbol{m}}=[119.06\quad 62.13\quad 1.47\quad 0.49\quad 57.28\quad 2.14\quad 34.05\quad 24.89\quad 8.83\quad 4.18\quad -1.67\quad -50.60\quad 53.97\quad 20.64\quad -6.03\quad 13.71]^{\mathrm{T}}$。

A4　小结

本部分通过简单算例与复杂算例，阐述了牛顿-拉夫逊方法与 Hardy-Cross 方法求解热力管网的 3 种水力方程模型（支路型 $\dot{m}$ -方程，节点型 h -方程与 $\Delta\dot{m}$ -方程）。节点型 h -方程的牛顿-拉夫逊方法对水头初始值很敏感。$\Delta\dot{m}$ -方程的方程数目最少。牛顿-拉夫逊方法能够同时求解所有的环路。Hardy-Cross 方法每次处理一个环路，其每次迭代的调整值相当于使用了牛顿-拉夫逊方法中雅可比矩阵的主对角线元素，类似于电力系统中 PQ 快速解耦法。

附录B 编程演示[1]

B1 水力模型编程

针对本书 2.3 节中的算例，在 MATLAB Editor 中新建 m 数据文件名称如“heatdata_3node1loop. m”与运行文件“hydraulic_cal. m”，编写如下代码：

heatdata_3node1loop. m

```
N=3;% number of Ns in DHN
Np=3;% number of pipes
Nd=2;% number of loads
D=ones(3,1)*150e-3;% pipe diameter
ep=ones(3,1)*1.25e-3;% pipe roughness
s=pi*D.*D/4;% area of cross-section of pipe
len=[400 400 600]';% length of pipe
mq=[2; 3];% nodal mass flow rate kg/s
rho=958.4; % Density of water (kg/m^3) at 100 degrees C
g=9.81;% Gravitational acceleration
viscosity=.294e-6;% temp is 100deg, unit: m2/s kinematic viscosity
% network node-arc incidence matrix
A=[1 -1 0; 0 1 1; -1 0 -1];
B=[1 1 -1];
```

hydraulic_cal. m

```
heatdata_3node1loop; % for loop-type DHN-data
dm=[1 1 1]';% initialise dm
err=1;pre=0;
while err>1e-3% calculate pipe flow dm
  m_node=A*dm;% flow injection at the node
  dPhi=m_node(1: N-1)-mq;% nodal flow  mismatches
  HJ0=A(1: N-1,: );
  vel=dm./s/rho;% unit of m kg/s, V m/s
  Re=abs(vel).*D./viscosity;
  for ire=1: Np
    if Re(ire)<2300
      factor(ire)=64/Re(ire);
    else
      factor(ire)=colebrook(Re(ire),ep(ire)./D(ire));
    end
  end
  Kf=factor'.*len./D./s./s/2/g/rho/rho;
  dpre=B*(Kf.*abs(dm).*dm);% pressure equation is |Q|.*Q
  HJpre=2*B.*(Kf'.*abs(dm'));% jacobian of loop pressure
  dH=[dPhi;dpre];
  HJ=[HJ0;HJpre];
  dx=-HJ\dH;
  err=max(abs(dH));
  dm=dm+dx;
  pre=pre+1;
end
disp('mass flow rates within each pipe'); dm
```

[1] 本书各章节的编程源代码可通过扫描 197 页的二维码下载。

B2 多能流转换编程

B2.1 转换效率矩阵

在“MATLAB Editor”中新建 m 文件名称如“efficiency_matrix.m”，编写如下代码。代码中能源转换设备标识为：1 表示燃气轮机，2 与 20 表示区域与小型燃气 CHP 机组，3 与 30 表示区域与小型的非燃气 CHP 机组，4 与 40 表示区域与小型的燃气锅炉，5 与 50 表示区域与小型的热泵，6 与 60 表示区域与小型的电锅炉，7 表示电解制氢，更多的转换设备以此类推。

efficiency_matrix.m 第 1 部分

```
Nvector=7;% number of energy vector
Eff_m=inf*ones(Ncon,Nvector);% efficiency matrix
for i=1: Ncon
  switch components(i,5) % type of devices
    case 1%  1 gas-fired generator
      Eff_m(i,1)=components(i,6)*Hg;
    case {2,20}%  2 gas-fired CHP
      Eff_m(i,2)=components(i,6)*Hg;% thermal efficiency
      Eff_m(i,1)=components(i,6)/components(i,7)*Hg;% elec. efficiency
    case 3%  3 non-gas-fired CHP
      Eff_m(i,3)=components(i,6);
    case {4,40}%  4 gas boiler
      Eff_m(i,2)=components(i,6)*Hg;
    case {5,50,6,60%  5 heat pump
      Eff_m(i,3)=components(i,6);
    case 7%  7 electrolyser
      Eff_m(i,4)=components(i,6)/HH2;
    case 80 % local electric chiller similar to case 50 local heat pump
      Eff_m(i,6)=components(i,6);
    case 90 % local absorption chiller
      Eff_m(i,7)=components(i,6);
    case 100 % local gas engine chiller
      Eff_m(i,5)=components(i,6)*Hg; % similar to case 20 local gas boiler
  end
end
```

在将模型转化成代码前，先完成设备输出向量变换成矩阵的代码练习。

<table>
<tr><th colspan="2">设备输出向量变换成矩阵的代码练习 ex1.m</th></tr>
<tr><td>假设 向量 $\boldsymbol{b}=\begin{bmatrix}5\\4\\8\end{bmatrix}$，矩阵 $\boldsymbol{A}=\begin{bmatrix}3&4&0\\0&0&6\\0&2&0\end{bmatrix}$，</td><td>MATLAB 代码 1：
b=[5 4 8]';
A=[3 4 0;0 0 6;0 2 0];</td></tr>
</table>

（续表）

<table>
<tr><th colspan="2">设备输出向量变换成矩阵的代码练习 ex1.m</th></tr>
<tr><td>按照 A 矩阵每列的非零元素读取向量 b，将 b 变换成矩阵 $\begin{bmatrix}5 & 5 & 0\\0 & 0 & 4\\0 & 8 & 0\end{bmatrix}$。
写出代码让 A 所有非零元素置 1
$\boldsymbol{A}=\begin{bmatrix}3 & 4 & 0\\0 & 0 & 6\\0 & 2 & 0\end{bmatrix}\rightarrow\begin{bmatrix}1 & 1 & 0\\0 & 0 & 1\\0 & 1 & 0\end{bmatrix}$</td><td><code>[Ncon, Nvector]=size(A);
[row,col]=find(A~=0);
I_A=zeros(Ncon,Nvector);
for i=1: length(row)
  I_A(row(i),col(i))=1;
End</code>
然而更简洁的 MATLAB 代码 2 只需 1 行：
I_A = (A~= 0);
扩展向量 b 为矩阵
<code>b_m=I_A.*repmat(b,1,Nvector);</code></td></tr>
</table>

在"efficiency_matrix.m"文件中继续添加如下代码，由于 CHP 机组默认的用户数据是热力输出，因此输出矩阵中 CHP 第 1 列的元素需要更新为电力输出即除以热电比。

efficiency_matrix.m 第 2 部分

```
% I_m is formed by putting all nonzero elements of Eff to 1.
I_m=(Eff_m~=inf);
Eout_m=I_m.*repmat(Eout,1,Nvector);% inputs in a matrix form
%  CHP is exceptional, update Eout_m since CHP generated elec and heat
index_chp=find( components(: ,5) ==2 | components(: ,5)==20);% find CHP
Eout_m(index_chp,1)=Eout_m(index_chp,2) ./components(index_chp,7);
% heat-to-power ratio
% for CHP, first column should be elec output rather than default thermal
Ein_m =  Eout_m./Eff_m;%  outputs in a matrix form
```

B2.2 转换设备电热气功率

在"efficiency_matrix.m"文件中继续添加如下代码。由于 CHP 机组同时生产电力与热力，因此对于 CHP 机组消耗的燃气会重复计算，即第 1 列与第 2 列只取一列中的元素。

efficiency_matrix.m 第 3 部分

```
% Calculate specified electrical and heat power and gas flows
P_con_sp=Eout_m(: ,1)-Ein_m(: ,3)-Ein_m(: ,4)-Ein_m(: ,6);
Phi_con_sp=Eout_m(: ,2)+Eout_m(: ,3)-Ein_m(: ,7);
vq_con_sp=Ein_m(: ,1)+Ein_m(: ,2)-Eout_m(: ,4)+Ein_m(: ,5);
for i=index_chp
  % For CHP, gas generated elec and heat, only one is used to calculate gas fuel
  vq_con_sp(i)=Ein_m(i,1)-Eout_m(i,4)+Ein_m(i,5);
end
```

能源转换设备的主要输入数据与输出如附表 B.1 所示。

附表 B.1 能源转换设备的输入数据与输出

能源转换设备输入数据					输出设备电热气功率		
设备节点	设备类型	效率	热电比	设备终端输出/MW	电/MW	热/MW	气/(m^3/h)
1	2	0.42	1.52	1.5	0.99	1.50	0.091 575
2	40	0.95	0.00	0.036 225	0	0.036 225	0.000 978
3	40	0.95	0.00	0.22	0	0.22	0.005 938
4	40	0.95	0.00	0.464	0	0.464	0.012 524
5	40	0.95	0.00	0.226	0	0.226	0.006 1
6	50	3	0.00	0.283	−0.094 33	0.283	0
7	50	3	0.00	0.296	−0.098 67	0.296	0
8	50	3	0.00	0.8	−0.266 67	0.8	0
9	50	3	0.00	0.867	−0.289	0.867	0
10	50	3	0.00	0.362	−0.120 67	0.362	0
11	50	3	0.00	0.377	−0.125 67	0.377	0
12	20	0.65	2.50	0.3	0.12	0.3	0.011 834
13	20	0.65	2.50	4.564	1.825 6	4.564	0.180 039
14	20	0.65	2.50	0.191	0.076 4	0.191	0.007 535
15	2	0.42	1.52	2.6	1.716	2.60	0.158 73

B2.3 置换矩阵

在将置换矩阵建模转化成代码前,先完成构造置换矩阵的代码练习。

根据输入的编号

转换设备编号	电网中编号
1	$e4$
2	$e5$
3	$e3$
4	—

写出置换矩阵

$$M_e = \begin{bmatrix} 0 & 0 & 0 & 1 & 0 \\ 0 & 0 & 0 & 0 & 1 \\ 0 & 0 & 1 & 0 & 0 \\ 0 & 0 & 0 & 0 & 0 \end{bmatrix}$$

由左侧可知置换矩阵中 3 个元素(1 4)(2 5)(3 3)需置为 1。

第 1 步:找出与电网关联的转换设备编号,示例中为 1、2、3。

```
indexpe= components(:,1).*(components(:,2)>0);
```

第 2 步:通过稀疏矩阵 sparse 命令将相应的元素置为 1。

```
Me= sparse(nonzeros(indexpe),nonzeros(components(:,2)),ones(sum(indexpe>0),1),Ncon,Ne-1);
```

在 MATLAB Editor 中新建 m 文件，名称如 flow_mapping.m，编写如下代码。通过改变设备类型与参数，EXCEL 输出文件中能源转换设备的电热气功率及多能流网络的电热气功率相应改变。

```
flow_mapping.m
Eout=components(: ,9);% output elec. and heat power as the input of efficiency_matrix.m
[P_con_sp, Phi_con_sp, vq_con_sp]=efficiency_matrix(Eout)
% =======to form the permutation matrix=================================
% for each device, if the element of column vector is zero,then its local numbering is zero
indexpe=components(: ,1).*(components(: ,2)>0);
indexph=components(: ,1).*(components(: ,3)>0);
indexpg=components(: ,1).*(components(: ,4)>0);
% permutation matrix   S = sparse (i, j, s, m, n, nzmax) uses vectors i, j, and s to
generate an
  % m-by-n sparse matrix such that S(i(k),j(k))=s(k)
Me=sparse(nonzeros(indexpe),nonzeros(components(: ,2)),ones(sum(indexpe>0),1),
Ncon,Ne-1);
Mh=sparse(nonzeros(indexph),nonzeros(components(: ,3)),ones(sum(indexph>0),1),
Ncon,Nh);
Mg=sparse(nonzeros(indexpg),nonzeros(components(: ,4)),ones(sum(indexpg>0),1),
Ncon,Ng-1);
%%%%%%%%%===========================================================
% permutation matrix update the local numbering of elec. power of conversion components.
%==============permutation matrix============================
P_sp=P+Me'*P_con_sp % oringial load power+power at conversion devices
Phi_sp=Phi_dh+Mh'*Phi_con_sp
vq_sp=Mg'*vq_con_sp*3.6e3%  unit m3/s to m3/h
```

B3 MATLAB 优化编程简单示例

电力系统的经济调度是多约束的非线性优化问题，研究每台发电机组应输出多少功率，才能满足负荷所需，并使运转成本降至最低的经济调度问题。本节主要参考相关文献，首先仅考虑各区的机组，并忽略发电机的最大与最小输出功率限制及传输损耗，求解经济调度问题；其次考虑发电机输出的有效功率约束不等式，并将传输损耗的经济调度纳入考虑。

现探讨某一含有 N 台发电机组的互联式电力系统，其中各机组均可按经济调度方法予以运转。所有发电机组处于经济调度策略下都要运转在相等的递增运转成本下，即等微增率准则。对于此准则，可直觉地解释：假设某一台机组的递增运转成本高于其他机组，则将其输出功率予以减少且将功率转移到递增运转成本较低的机组，则总运转成本 C_T将会降低。换言之，降低那些拥有较高递增运转成本的输出功率所节省的成本金额，将大于在那些较低递增运转成本机组上增加等量功率时所需增加的成本金额。因此，所有发电机组均需运转于相同的增量运转成本，此即经济调度原则。

假设某一互联电力系统含两台发电机组，且均以经济调度策略予以运转。已知其运转成本函数为 $C_1=10P_1+8\times10^{-3}P_1^2$，$C_2=8P_2+9\times10^{-3}P_2^2$。发电机组的不等式限制为 $100\leqslant P_1\leqslant 600$ MW，$400\leqslant P_2\leqslant 1\,000$ MW。总传输线损失为 $P_L=1.5\times10^{-4}P_1^2+2\times10^{-5}P_1P_2+3\times10^{-5}P_2^2$ MW。当总负荷 P_T 由 500 MW 增加到 1 500 MW，求各机组的功率输出 P_1 与 P_2、递增运转成本 λ 与总运转成本 C_T。

由经济调度准则得

$$\begin{aligned}
&\lambda=\frac{\dfrac{\mathrm{d}C_1}{\mathrm{d}P_1}}{\left(1-\dfrac{\partial P_L}{\partial P_1}\right)}=\frac{10+16\times10^{-3}P_1}{1-(3\times10^{-4}P_1+2\times10^{-5}P_2)}\\
&\lambda=\frac{\dfrac{\mathrm{d}C_2}{\mathrm{d}P_2}}{\left(1-\dfrac{\partial P_L}{\partial P_2}\right)}=\frac{8+18\times10^{-3}P_2}{1-(6\times10^{-5}P_2+2\times10^{-5}P_1)}\\
&P_1+P_2-P_L=P_T
\end{aligned}\tag{B.1}$$

由(B.1)式构成含有 P_1，P_2，λ 三个变量的非线性方程组，可以求解，但是比较麻烦。可用 MATLAB 的“Optimization Toolbox”优化工具箱求解此问题，在“fmincon”里输入给定的目标与约束，即可求解。通过计算，当总负荷为 1 400 MW 与 1 500 MW 时的最优调度解 P_1 超过其功率限制上限，则取功率上限。当总负荷为 1 500 MW 时的最优调度解为 600 MW 与 996 MW。

“MATLAB fmincon”指令求解该经济调度的程序如下：

MATLAB fmincon 指令语法

求解约束非线性多变量函数最小值(constrained nonlinear multivariable function)

非线性规划求解器

将优化问题描述成如下格式：

$$\min_x f(x)\,such\ that\begin{cases}c(x)\leqslant 0\\ ceq(x)=0\\ A\cdot x\leqslant b\\ Aeq\cdot x=beq\\ lb\leqslant x\leqslant ub\end{cases}$$

b 与 beq 是不等式与等式约束的向量，A 与 Aeq 是不等式与等式约束的矩阵，$c(x)$与 $ceq(x)$ 是不等式与等式约束的函数表达式，$f(x)$是返回常数值的目标函数.$f(x)$，$c(x)$与 $ceq(x)$可以是非线性函数。x，lb 与 ub 可以是向量或矩阵。

语法格式

```
[x,fval,exitflag,output]==fmincon(fun,x0,A,b,Aeq,beq,lb,ub)
```

(续表)

```
[x,fval]=fmincon(@ (x)10.*x(1)+8e-3*x(1)*x(1)+8*x(2)+9e-3*x(2)*x(2), ...
[100;400],[],[],[],[],[100;400],[600;1000],@ limitfun)
function [c,ceq]=limitfun(x)
c=[];
ceq=x(1)+x(2)-(1.5e- 4*x(1)*x(1)+2e-5*x(1)*x(2)+3e-5*x(2)*x(2))-1500;
end
```

B4 MATLAB 储能优化编程

在 MATLAB 编程建立 4 个 m 文件，流程如下：

read_Excel.m → cosfun.m → bess.m → write_Excel.m

用“xlsread”指令读取 EXCEL 数据文件。示例：pvdata_xls=xlsread('inputdata.xlsx',2,'D: D')；%表示读取“inputdata.xlsx”文件的第 2 个标签的 D：D 列。

附表 B.2 储能输入数据

经济参数		PV 光伏参数		电池储能参数	
折现系数	0.06	额定功率(kW)	4 000	容量价格(元/MW·h)	1 200 000
电价峰价(元/MW·h)	1 049.9	PV 投资成本(元/kW·h)	13 140	功率价格(元/MW)	1 000 000
电价平价(元/MW·h)	655.5	PV 上网电价(元/kW·h)	0.451 5	寿命(year)	12
电价谷价(元/MW·h)	352.2	PV 补贴(元/kW·h)	0	充电效率	0.95
		PV 利用小时数	990	放电效率	0.95
		PV 寿命(year)	20	最大放电深度 DoDmax	0.9
		典型日天数	365	最小放电深度 DoDmin	0.1

B4.1 储能约束条件编写

储能峰谷套利的优化问题表示为

$$\mathrm{Min}\sum_{t=1}^{T}(x(h+t)-x(t))C_e(t)$$

s.t.

$$\begin{cases} 0 \leqslant x(t) \leqslant x(3h+1) \\ 0 \leqslant x(h+t) \leqslant x(3h+1) \\ \mathrm{SOC}_{\min} x(3h+2) \leqslant y(t) \leqslant \mathrm{SOC}_{\max} x(3h+2) \\ y(t) = y(t-1) + (\eta_c x(h+t) - x(t)/\eta_d)\Delta t \end{cases} \tag{B. 2}$$

式中，$y(t) = x(2h+t)$，$\Delta t = 1h$。

将约束条件(式 B. 2)的非零项移到左侧得

$$\begin{cases} x(t) - x(3h+1) \leqslant 0 \\ x(h+t) - x(3h+1) \leqslant 0 \\ \mathrm{SOC}_{\min} x(3h+2) - y(t) \leqslant 0 \\ -\mathrm{SOC}_{\max} x(3h+2) + y(t) \leqslant 0 \\ y(t-1) + \eta_c x(h+t) - x(t)/\eta_d - y(t) = 0 \end{cases} \tag{B. 3}$$

$$lb \leqslant x(t) \leqslant ub$$

$$lb = 0 ub = P_{\mathrm{BESS}}^{\mathrm{rated}}$$

不等式约束表示为 $\boldsymbol{A} = \begin{bmatrix} A_{11} & A_{12} \\ A_{21} & A_{22} \end{bmatrix}$

	$x(t)$	$x(t+h)$	$y(t)$	$P_{\mathrm{BESS}}^{\mathrm{rated}}$	$E_{\mathrm{BESS}}^{\mathrm{rated}}$
1	1			−1	
2	1			−1	
⋮	⋱			−1	
23	1			−1	
24	1			−1	
1		1		−1	
2		1		−1	
⋮		⋱		−1	
23		1		−1	
24		1		−1	
1			−1		$\mathrm{SOC}_{\min}$
2			−1		$\mathrm{SOC}_{\min}$
⋮			⋱		$\mathrm{SOC}_{\min}$
23			−1		$\mathrm{SOC}_{\min}$
24			−1		$\mathrm{SOC}_{\min}$
1			1		$-\mathrm{SOC}_{\max}$
2			1		$-\mathrm{SOC}_{\max}$
⋮			⋱		$-\mathrm{SOC}_{\max}$
23			1		$-\mathrm{SOC}_{\max}$
24			1		$-\mathrm{SOC}_{\max}$

等式约束 $\mathbf{A}_{eq}$ 表示为

	$x(t)$	$x(t+h)$	$y(t)$	P_{BESS}^{rated}	E_{BESS}^{rated}
1	$-1/\eta_d$	η_c	-1 1		
2	$-1/\eta_d$	η_c	1 -1		
⋮	⋱	⋱	1 ⋱		
23	$-1/\eta_d$	η_c	1 -1		
24	$-1/\eta_d$	η_c	1 -1		

综上，储能约束的主程序为

bess.m

```
load inputdata_PVB_all.mat;
Capmax=20;% limit on BESS capacity
xsize=3*nhours+2;
lb=zeros(xsize,1);
ub=ones(xsize,1)*Capmax;
ub(1: nhours)=max(P_netload-P_pv,0);% to limit battery discharging power exceeding
load

Aeq=[-diag(ones(nhours,1))/dischargeefficiency chargeefficiency*diag(ones(nhours,1))...
  diag(-ones(nhours,1))+diag(ones(nhours-1,1),-1) zeros(nhours,2)];
beq=zeros(nhours,1);

A11=diag(ones(nhours*2,1));
A12=[zeros(nhours*2,nhours)-ones(nhours*2,1) zeros(nhours*2,1)];
A21=zeros(2*nhours,2*nhours);
A221=[- diag(ones(nhours,1)); diag(ones(nhours,1))];
vector_DOD=[DoDmin*ones(nhours,1); -DoDmax*ones(nhours,1)];
A222=[zeros(nhours*2,1) vector_DOD];% last 2 column
A22=[A221 A222];
A=[A11 A12;A21 A22];
b=zeros(nhours*4,1);

x0=zeros(xsize,1);
options=optimoptions(@ fmincon,'UseParallel',false,'Algorithm','interior-point');
[x,fval,exitflag]=fmincon(@ costfun,x0,A,b,Aeq,beq,lb,ub,[], options)
Pdischarge=x(1: nhours);
Pcharge=x(nhours+1: nhours*2);
Prated=x(nhours*3+1);
Erated=x(nhours*3+2)
P_import=P_netload+Pcharge-Pdischarge-P_pv; % elec. import or export to grid
```

B4.2 储能目标函数编写

编写目标函数的 m 文件如下。

costfun.m

```
function totalcost=costfun(x)
load inputdata_PVB_all nhours powerprice zhexianxishu_bess C_pcs C_bess Ntdays;
load inputdata_PVB_all P_load P_netload;
Pdischarge=x(1: nhours);
Pcharge=x(nhours+1: nhours*2);
Ebess=x(nhours*2+1: nhours*3);
Prated=x(nhours*3+1);
Erated=x(nhours*3+2);
opex=0;
for i=1: nhours
  opex=opex+(P_netload(i)-Pdischarge(i)+Pcharge(i))*powerprice(i);
end
opex=opex * Ntdays
capex=zhexianxishu_bess*(C_pcs*Prated+C_bess*Erated) % capex
totalcost=opex+capex;
```

B4.3 电力功率平衡图

通过“xlswrite”指令，将运行优化结果输出到 EXCEL 数据文件，画出显示光伏、电池储能放电、充电和电网的电力平衡关系柱状图(见附图 B.1)。

示例：`xlswrite('output.xlsx', Pdischarge(: ,1), 1, 'G2');`

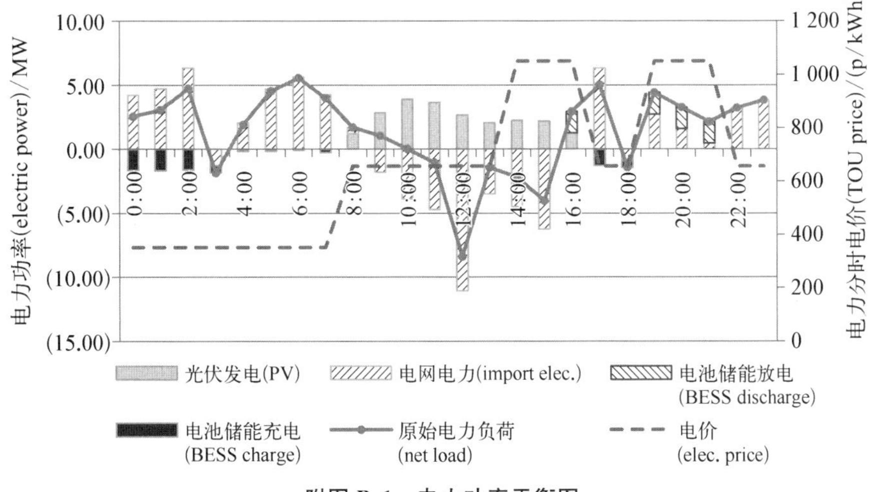

附图 B.1 电力功率平衡图

观察结果发现当电池储能套利盈利时，电池配置容量等于最大限定容量；充放电峰谷套利不盈利（即小于投资成本）时，电池配置容量为0。电力平衡图中，电池的储能放电功率有些时段会远远大于负荷，即电池储能放电并外送电网。分布式能源系统配置储能一般用于自发自用，需添加约束条件即电池储能放电不能超过净负荷（此处，净负荷=原负荷－光伏发电－其他分布式发电，加上约束后储能配置容量明显减小）：

```
ub(1: nhours)=max(P_netload-P_pv,0);% to limit battery discharging power exceeding load
```

B5 CPLEX 编程演示

B5.1 CPLEX 基本情况介绍

本节目的是掌握 IBM ILOG CPLEX 软件的运用，能够使用 IBM ILOG CPLEX 软件建立数学模型并且建立数据文件和模型文件，之后通过该软件求解最优规划。模型文件的结构主要包括数据定义、决策变量的定义、目标函数的定义和约束条件的定义四部分。下面介绍一下模型文件中 OPL 的用法。

（1）float，用来定义浮点数字数据的近似数字数据类型。语法为：float 变量名[对应字符串数组变量名]=[数值1，数值2……数值n]。

（2）int，用来定义整形数据，语法规则同 float。

（3）range，用来定义一段连续的整数数据。其语法为：range 变量名=$a..b$；其中a和b是两个整数，表示的含义是a，b间的所有整数，包括a和b。

（4）dvar，决策变量定义一般用到 dvar，其语法为：dvar 数据类型函数变量名；其中数据类型函数后面可以加正负号来表示决策变量的正负。

（5）maximize(minimize)，目标函数的定义一般用这两个来表示求最大值或最小值，其语法规则为：maximize(minimize)目标函数表达式。

（6）subject to，约束条件用 subject to 来定义，其语法为

```
subject to{
约束条件 1 的名称：约束条件 1 的具体约束；
约束条件 2 的名称：约束条件 2 的具体约束；
};
dvar int+x; // 非负整数
dvar float+y; // 非负小数
```

附图 B.2 IBM ILOG CPLEX 工作界面

```
dvar boolean z; // 布尔值
// 与下面等价
dvar int x in 0..maxint;
dvar float y in 0..infinity;
dvar int z in 0..1;
```

决策变量表达式：如果一个决策变量是由其他决策变量计算而来的，那么就应当写成表达式形式。

```
// dexpr 数据类型 数据名称= 决策变量运算
dexpr int slack[i in r]=x[i]-y[i];
```

建立并运行第一个优化问题

选择一个最简单的优化问题：

目标函数：最小化 $x + y$

约束条件：$2*x + y >=3$；$y >=-5$；$y <=4$。

手工画图即可求解。在图中画出约束条件围成的阴影区域，代表目标函数 $x+y$ 的线段从左到右平行移到，与阴影区域第一个相遇到的点如附图 B.3 所示即是目标函数最小值。此时决策变量值为 $x= 4$，$y= -5$，以及目标函数值等于-1。

在 CPLEX 中求解附图 B.3 中优化问题的步骤如下：

第 1 步：选择："文件"→"新建"→"OPL 项目"。

在打开的对话框，输入项目名称，如"helloworld"，并勾选：① 添加缺省运行配置；② 创建模型；③ 创建数据。

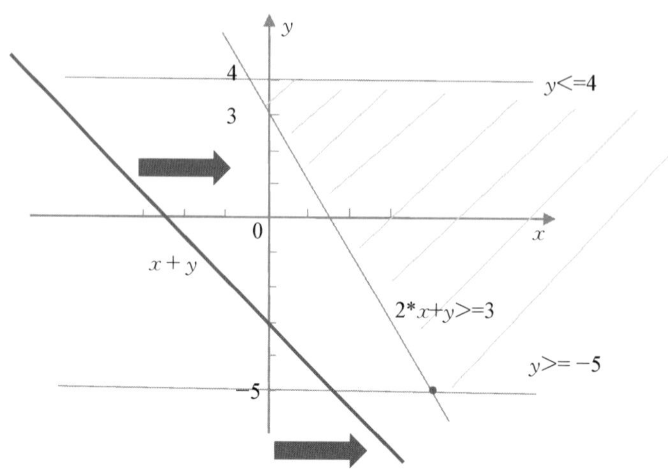

附图 B.3　简单优化问题的图示法

新项目

创建项目

创建新项目。

项目名称：helloword

项目位置：D:\CPLEX_Studio128\workspace　浏览...

项目文件夹：D:\CPLEX_Studio128\workspace\helloword

选项

描述：

☑ 添加缺省运行配置

☑ 创建模型

☐ 创建设置

☑ 创建数据

完成(F)　取消

第 2 步：在模型文件“helloworld.mod”中输入以下代码：

```
dvar float+x;
dvar int y;
dexpr float z=x+y;
minimize z;
subject to{
      2*x+y>=3;
      y>=-5;
      y<=4;
}
```

第 3 步：右键点击“运行配置”下面的“配置 1”，在弹出的菜单选择“运行这个”，此时发现运行错误。需要把“配置 1”改成英文，右键点击“配置 1”，选择重命名，输入英文如“config1”。

重命名运行配置

新建名称(A): config1

预览(W) > 确定 取消

第 4 步：运行代码：右键点击“运行配置”下面的“config1”，在弹出的菜单选择“运行这个”。输出优化结果如下：

问题浏览器 变量 断点

目标为 -1 的解决方案

名称	值
决策变量 (2)	
x	4
y	-5
决策表达式 (1)	
z	-1

B5.2 光伏-储能优化编程示例

在 CPLEX 中建立模型的过程中，因 OPL 语言不含有 min 函数，可以使用 min 函数的定义式 $\min(x, y) = 0.5*(x + y - |x - y|)$ 来代替 min 函数的功能，其中，绝对值的计算可以用 abs() 函数来实现。

新建 OPL 项目，输入项目名称如“PVbattery”，在生成的空白数据文件“PVbattery.dat”与空白模型文件“PVbattery.mod”中编写代码。

通过数据文件“PVbattery. dat”的编写读取 EXCEL 输入数据，使用“from SheetRead”指令；将优化计算结果写入 EXCEL，使用“to SheetWrite”指令。

PVbattery.dat

```
SheetConnection sheet("energyflowpvb.xlsx"); //建立连接
  P_dmd from SheetRead(sheet,"power_balance! F2: F49"); //从标签 power_balance 中读取数据
  P_pv from SheetRead(sheet,"power_balance! D2: D49"); //从标签 power_balance 中读取数据
  Ce from SheetRead(sheet,"power_balance! C2: C49"); //从标签 power_balance 中读取数据
  P_charge to SheetWrite(sheet,"power_balance! H2: H49");  //将数据写入标签 power_
balance
  P_discharge to SheetWrite(sheet,"power_balance! G2: G49");  //将数据写入标签 power_
balance
  P_grid to SheetWrite(sheet,"power_balance! I2: I49"); //从电网买电或外送电网
  Ebess to SheetWrite(sheet,"PVB_flow! E2: E50");  //将数据写入标签 PVB_flow 到 C25
```

模型文件编写包含：数据参数、决策变量、目标函数及约束条件。

(1) 数据参数。

(2) 决策变量为每时刻的充电功率 $P_{\mathrm{BESS}}^{\mathrm{charge}}$、放电功率 $P_{\mathrm{BESS}}^{\mathrm{charge}}$、储能电量 E_{BESS} 以及与上级电网交换功率 P_{grid}，其中 $P_{\mathrm{BESS}}^{\mathrm{charge}}$，$P_{\mathrm{BESS}}^{\mathrm{charge}}$，$E_{\mathrm{BESS}}$ 均为非负值：

PVbattery.mod 第 1 部分

```
dvar float+P_charge[R]; //充电  非负数
dvar float+P_discharge[R]; //放电  非负数
dvar float+Ebess[S];  //电池内剩余电量  非负数
dvar float P_grid[R]; //与电网交换功率
```

(3) 目标函数是最小化运行成本，即给定时段中，从上级电网的购电成本减去向上级电网外送电量的收益。

① 若 $P_{\mathrm{grid}} \geqslant 0$，则成本为 $P_{\mathrm{grid}} C_{\mathrm{e}}(t)$，表示成代数表达式：$0.5*(P_{\mathrm{grid}} + |-P_{\mathrm{grid}}|) C_{\mathrm{e}}(t)$；

② 若 $P_{\mathrm{grid}} < 0$，说明多余的光伏发电外送电网，则收益为 $-P_{\mathrm{grid}} C_{\mathrm{PV}}^{\mathrm{export}}$，表示成代数表达式：$0.5*(P_{\mathrm{grid}} - |P_{\mathrm{grid}}|) C_{\mathrm{e}}(t)$。

PVbattery.mod 第 2 部分

```
minimize //P_grid;
  sum(i in R)
  (0.5 * (P_grid[i]+abs(-P_grid[i])) * Ce[i]+0.5 * (P_grid[i]-
abs(P_grid[i])) * Csell-P_pv[i] * Csub);
```

（4）约束条件部分的代码编写如下：

PVbattery.mod 第 3 部分

```
subject to {
  Ebess[0]==Ebess_max*DoDmin;
  Ebess[48]==Ebess[0];
  forall(t in R){
      P_grid[t]==P_dmd[t]+P_charge[t]-P_pv[t]-P_discharge[t];  //电力平衡
    Ebess[t]==Ebess[t-1]+eta_ch* P_charge[t]-P_discharge[t]/eta_dis;//电池电量平衡
    P_charge[t]-Pbess_max<=0;//电池额定功率
    P_discharge[t]-Pbess_max<=0;
    Ebess[t]-Ebess_max * DoDmax<=0;//电池额定容量与 SoC
    Ebess[t]-Ebess_max * DoDmin>=0;
    P_grid[t]<=P_gridlimit+P_dmd[t];// 电力交换功率限制例如 1MW
  }
```

综上，最终软件的运行界面为：

《综合能源系统建模：从入门到实践》配套源码

附录C 温度降方程推导

管段末端的热媒温度表示为

$$T_{\text{end}}=(T_{\text{start}}-T_{\text{a}})\mathrm{e}^{-\frac{\lambda L}{c_p\dot{m}}}+T_{\text{a}} \tag{C.1}$$

式中，T_{start}与T_{end}是管段始端节点和末端节点的温度(℃)，T_{a}是环境温度(℃)，λ是管段单位长度的总传热系数($\mathrm{W}\cdot\mathrm{m}^{-1}\cdot℃^{-1}$)，$L$是管段长度(m)，$\dot{m}$是管段质量流率(kg/s)。

温度降方程(C.1)推导如下：

通过管段$\mathrm{d}x$热媒到环境的热传导速率为

$$\frac{\mathrm{d}\Phi}{\mathrm{d}t}=(T-T_{\text{a}})\lambda\mathrm{d}x \tag{C.2}$$

式中，T为热媒温度。

热传输导致热媒温度下降，表示为方程(C.3)

$$\mathrm{d}\Phi=c_p\mathrm{d}m\mathrm{d}T \tag{C.3}$$

将方程(C.3)$\mathrm{d}\Phi$代入到方程(B.2)

$$\frac{c_p\mathrm{d}m\mathrm{d}T}{\mathrm{d}t}=(T-T_{\text{a}})\lambda\mathrm{d}x \tag{C.4}$$

重新整理方程(C.4)

$$\frac{\mathrm{d}T}{(T-T_{\text{a}})}=\frac{\lambda\mathrm{d}x}{c_p\mathrm{d}m}\mathrm{d}t=\frac{\lambda\mathrm{d}x}{c_p\dot{m}} \tag{C.5}$$

对方程(C.5)求积分为

$$\int_{T_{\text{end}}}^{T_{\text{start}}}\frac{\mathrm{d}T}{(T-T_{\text{a}})}=\int_0^L\frac{\lambda\mathrm{d}x}{c_p\dot{m}} \tag{C.6}$$

因此

$$\ln\frac{T_{\text{start}}-T_{\text{a}}}{T_{\text{end}}-T_{\text{a}}}=\frac{\lambda L}{c_p\dot{m}} \tag{C.7}$$

$$T_{\text{end}}-T_{\text{a}}=(T_{\text{start}}-T_{\text{a}})\mathrm{e}^{-\frac{\lambda L}{c_p\dot{m}}} \tag{C.8}$$

附录 D 相关网络数据

本附录主要提供第 3 章、第 4 章和第 6 章中相关算例的管网参数数据，详见附表 D. 1～D. 4 和附图 D.1。

附表 D. 1 第 3 章中简单算例的数据

电 网
• 基准功率 1 MVA 与基准电压 11 kV • 源的电压幅值：$\|V_{1,\text{source}}\| = 1.05$p.u.，$\|V_{2,\text{source}}\| = 1.02$p.u. • 源 2 所在节点 4 的电压相角：$\theta_4 = 0°$ • 负荷的有功功率：$P_{1,\text{load}} = P_{2,\text{load}} = 0.15\ \text{MW}_e$ • 负荷的功率因数：$\cos\Phi = 0.95$ • 线路阻抗：$Y = 0.09 + \text{j}0.1577$p.u.
热 网
• $\Phi_{1,\text{load}} = \Phi_{2,\text{load}} = \Phi_{2,\text{load}} = 0.3\ \text{MW}_{\text{th}}$ • $T_{\text{s1},\text{source}} = T_{\text{s1},\text{source}} = 100℃$，$T_{\text{o1},\text{load}} = T_{\text{o2},\text{load}} = T_{\text{o3},\text{load}} = 50℃$ • 环境温度：$T_a = 10℃$ • 管段参数：$D = 0.15$ m，$\varepsilon = 1.25 \times 10^{-3}$ m，$\lambda = 0.2$ W/mK，$L = 400$ m • 水的密度：$\rho = 958.4\ \text{kg/m}^3$，$c_p = 4\,182\ \text{J/(kg·K)} = 4.182 \times 10^{-3}\ \text{MJ/(kg·K)}$
耦合设备
• CHP 机组的热电功率关系：$Z_1 = \dfrac{\Phi_{\text{CHP1}}}{1.5 - P_{\text{CHP1}}} = 10$，$c_{m2} = \dfrac{\Phi_{\text{CHP2}}}{P_{\text{CHP2}}} = 1.3$，式中，$Z_1$是 CHP1 的 Z 比率；c_{m2}是 CHP2 的热电比 • 循环水泵的效率：$\eta_p = 0.65$ • 最小允许的压力水头之差：$H_c = 100$ m • 热泵性能(COP)：COP = 3 • CHP1 机组分配给热泵的电力比例：$\alpha = 40\%$

附表 D.2　第 3 章中 Barry 岛电热网算例的管段参数

管段编号	起始节点	末端节点	长度/m	直径/mm	热传导系数/(W/mK)	粗糙度/mm
01	01	02	257.6	125	0.321	0.4
02	02	03	97.5	40	0.21	0.4
03	02	04	51	40	0.21	0.4
04	02	05	59.5	100	0.327	0.4
05	05	06	271.3	32	0.189	0.4
06	05	07	235.4	65	0.236	0.4
07	07	08	177.3	40	0.21	0.4
08	07	09	102.8	40	0.21	0.4
09	07	10	247.7	40	0.21	0.4
10	05	11	160.8	100	0.327	0.4
11	11	12	129.1	40	0.21	0.4
12	11	13	186.1	100	0.327	0.4
13	13	14	136.2	80	0.278	0.4
14	14	15	41.8	50	0.219	0.4
15	15	16	116.8	32	0.189	0.4
16	15	17	136.4	32	0.189	0.4
17	14	18	136.4	32	0.189	0.4
18	14	19	44.9	80	0.278	0.4
19	19	20	136.4	32	0.189	0.4
20	19	21	134.1	32	0.189	0.4
21	19	22	41.7	65	0.236	0.4
22	22	23	161.1	32	0.189	0.4
23	22	24	134.2	32	0.189	0.4
24	22	25	52.1	65	0.236	0.4
25	25	26	136	32	0.189	0.4
26	25	27	123.3	32	0.189	0.4
27	25	28	61.8	40	0.21	0.4
28	28	29	95.2	32	0.189	0.4
29	28	30	105.1	32	0.189	0.4
30	31	28	70.6	125	0.321	0.4
31	31	7	261.8	125	0.321	0.4
32	32	11	201.3	125	0.321	0.4

附表 D.3　第 4 章与第 6 章中曼彻斯特电热气网算例参数

配电网参数					
电网支路编号	起始节点	末端节点	电缆长度/m	电阻/Ω	电抗/Ω
1	13	1	374.3	0.037	0.029
2	1	2	131.7	0.013	0.010
3	2	3	269.9	0.027	0.021
4	3	4	184	0.018	0.014
5	4	5	42.6	0.004	0.003
6	5	6	130.2	0.013	0.010
7	7	8	280.4	0.028	0.022
8	8	9	316	0.032	0.024
9	9	10	92.8	0.009	0.007
10	10	11	226.2	0.023	0.017
11	11	12	178.7	0.018	0.014
12	12	13	352	0.035	0.027

供热网参数						
热网管段编号	起始节点	末端节点	长度/m	直径/mm	热传导系数/(W/mK)	粗糙度/mm
1	1	21	40	0.219 1	0.455	0.4
2	21	2	20	0.168 3	0.367	0.4
3	21	22	70	0.219 1	0.455	0.4
4	22	3	20	0.139 7	0.367	0.4
5	22	23	70	0.219 1	0.455	0.4
6	23	4	20	0.088 9	0.327	0.4
7	23	24	70	0.219 1	0.455	0.4
8	24	5	20	0.114 3	0.321	0.4
9	24	11	130	0.219 1	0.455	0.4
10	11	34	30	0.168 3	0.367	0.4
11	11	9	70	0.060 3	0.236	0.4
12	11	10	110	0.088 9	0.327	0.4
13	11	25	80	0.114 3	0.321	0.4
14	25	26	40	0.076 1	0.278	0.4
15	25	6	40	0.088 9	0.327	0.4
16	26	8	20	0.048 3	0.219	0.4
17	26	7	40	0.088 9	0.327	0.4
18	34	28	20	0.060 3	0.236	0.4
19	28	12	10	0.048 3	0.219	0.4

（续表）

供热网参数						
热网管段编号	起始节点	末端节点	长度/m	直径/mm	热传导系数/(W/mK)	粗糙度/mm
20	28	13	30	0.060 3	0.236	0.4
21	29	34	20	0.168 3	0.367	0.4
22	29	15	20	0.168 3	0.367	0.4
23	27	29	40	0.168 3	0.367	0.4
24	31	27	20	0.168 3	0.367	0.4
25	31	18	20	0.088 9	0.327	0.4
26	27	30	40	0.088 9	0.327	0.4
27	30	14	40	0.088 9	0.327	0.4
28	30	16	40	0.042 4	0.21	0.4
29	32	31	20	0.168 3	0.367	0.4
30	33	32	20	0.219 1	0.455	0.4
31	32	17	40	0.088 9	0.327	0.4
32	33	19	200	0.076 1	0.278	0.4
33	20	33	100	0.219 1	0.455	0.4
34	36	1	10	0.219 1	0.455	0.4
35	35	20	10	0.219 1	0.455	0.4

附表 D.4 预制保温钢管(pre-insulated steel pipe)的规格

直径 d/mm	热传导系数/(W/mK)	直径 d/mm	热传导系数/(W/mK)
15	0.122	100	0.327
20	0.155	125	0.321
25	0.18	150	0.367
32	0.189	200	0.455
40	0.21	250	0.549
50	0.219	300	0.631
65	0.236	350	0.576
80	0.278	400	0.62

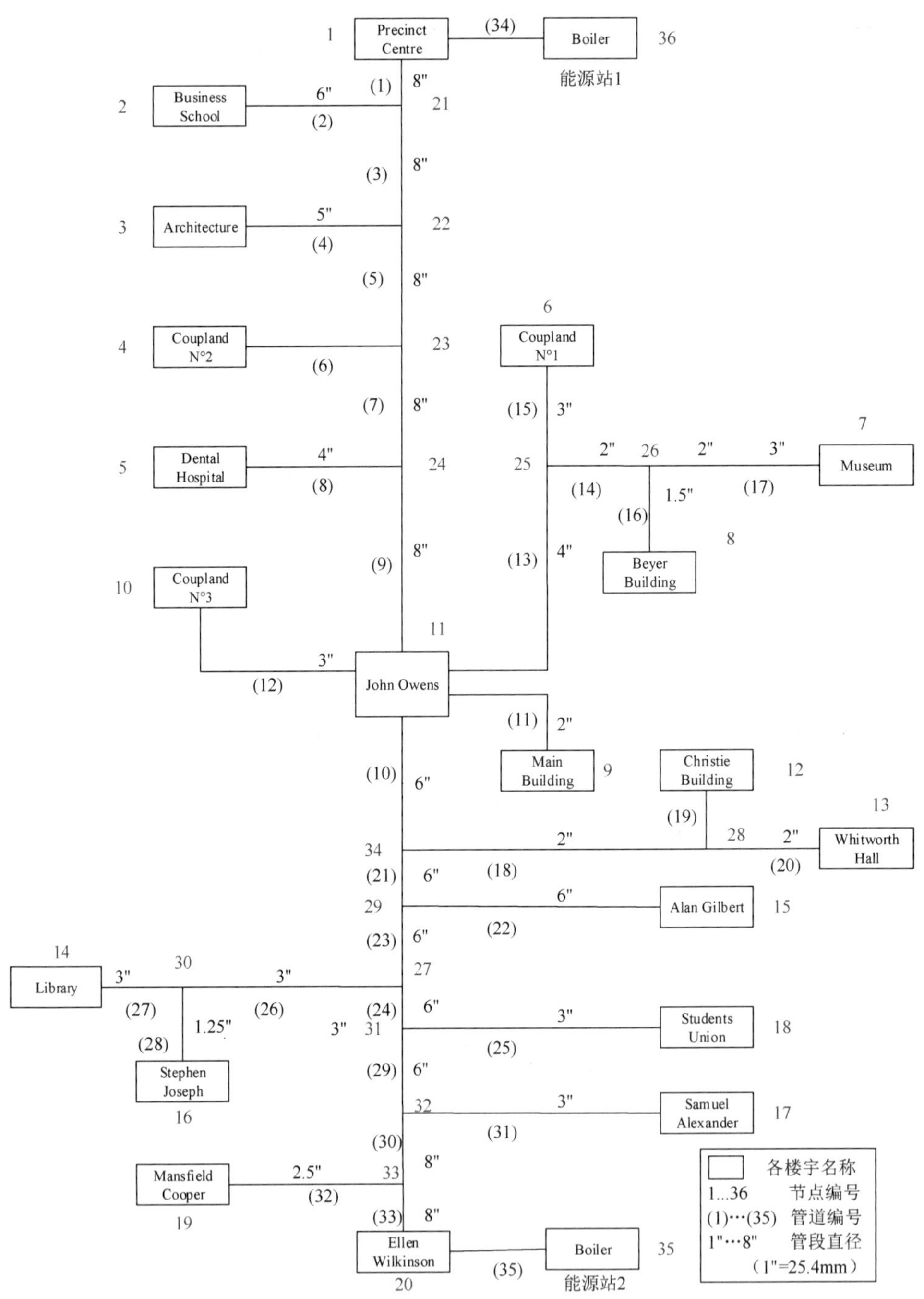

附图 D.1 第 4 章、第 6 章中曼彻斯特大学校园的供热网拓扑图(图中英文为各楼宇名称)